アクチュアリー数学シリーズ

6

保険リスクマネジメント

田中周二[著]

日本評論社

まえがき

　本書は，日本アクチュアリー会準会員資格に相当する知識と経験を有する読者を対象にした保険リスクマネジメントの教科書である．本書執筆の狙いは大きく分けて三つある．

　第1は，経済価値ベースのソルベンシー評価の枠組みと構造について概念的理解とともに実務に応用するための基本的な数理的基礎と手法を提供することである．また，このような規制の枠組みが形成されてきた背景や経緯についてもバーゼル銀行規制やスイス・ソルベンシー・テスト，EU ソルベンシー II を中心に解説する．

　第2は，保険 ERM についての基本的な知識や実務をコンパクトに整理することである．保険 ERM については内外問わず，すでに多くの書籍や論文が存在しているが，それらの内容をできるだけ易しく解説を試みる．一部は，CERA と呼ばれるグローバルな ERM 資格のシラバスの内容にも対応するように工夫した．

　第3は，日本のアクチュアリーにはあまり馴染みのないかもしれない金融商品について比較的詳細に解説し，保険会社における金融リスクのマネジメントの基礎知識を得られるようにすることである．特に，2008 年のリーマンショック以降，金利スワップや信用スワップ (CDS) を含む金融デリバティブと保険を含む証券化商品は，金融と保険のリスクマネジメント上の大きな課題となっている．

　本書の構成を述べる．

　第1章は，保険リスクマネジメントがどのように発展してきたのか，その経緯について鳥瞰する本書全体の導入部である．

　第2章は，保険会社のバランスシートの特殊性を論じ，古典的な Redington 理論を振り返りつつ，保険 ALM について簡単に説明する．

　第3章は，経済価値ベースの保険負債の考え方について数学を交えずに説明する．この章は，田中 [17] を本書の構成に合わせて加筆修正したものである．

　第4章は，経済価値ベースの保険負債の考え方について数理ファイナンスの

立場から論じた Wüthrich, M.V., Merz, M. [108] を要約したものである．経済価値ベースの責任準備金概念が，見事に再構成されてゆく姿に著者は感銘を受けた．数理ファイナンスの初歩については，Björk [36]，楠岡，長山 [13]，木島，田中 [10] などを参考にした．

引き続く第 5 章は，この数学理論を実務的な責任準備金評価に適用するための枠組みや諸技術についてさらに詳しく論ずる．特に複製法の基礎については SCOR Switzerland AG [95] I 章，複製ポートフォリオについては IAA Monograph [74] Case Study 5 を主に参照した．

第 6 章から第 11 章までは多くの類書にあるリスク評価手法のコンパクトな紹介である．第 6 章では，リスク・モデリング全般に共通する枠組みや統計手法について概論を述べ，以降の章では市場リスク (第 7 章)，保険リスク (第 8 章)，信用リスク (第 9 章)，オペレーショナル・リスク (第 10 章)，流動性リスク，エマージング・リスク，その他のリスク (第 11 章) とできるだけ例を交えて分かりやすく説明するようにした．第 6 章では，主に McNeil, Frey, and Embrecht [88]，Crouhy, Galai, and Mark [48]，IAA Risk Book [37] などを参照した．第 7 章と第 9 章は Hull [71]，IAA Monograph [75]，保険リスクは IAA Blue Book [72]，Kriele and Wolf [86] などを参照した．

第 12 章は，リスク管理で重要性が増してきているストレステストについて解説する．特に，規制上のストレステストと金融機関や保険会社が実施するストレステストについて両者の関係を含めて整理した．

第 13 章は，経済資本，資本統合，資本配分とパフォーマンス評価，企業の価値創造などについて説明している．引き続く第 14 章の ERM とともに多くの保険会社にとって大きな経営課題につながる重要なテーマである．ERM については，Sweeting [99] はじめ CERA 試験の参考書を参照されたい．

最終章の第 15 章は，金融機関と保険会社の規制についての備忘録である．付録の年表とともに歴史的な経緯と現状，さらに将来の方向性を確認するのに役立てていただきたい．

本書は，CERA 試験の参考書として使う読者の便宜を図るため，関連する章の中に例題として日本アクチュアリー会の翻訳による IFoA (英国アクチュアリー会) の ST9 の過去問題を挿入しておいた．解答は，日本アクチュアリー会のウェ

ブサイトの CERA についてのページ (http://www.actuaries.jp/cera) に掲載されているので，本書で説明できなかったリスクマネジメントの諸側面について学んでほしい．

　本書は多くの方々に原稿段階から見ていただき，さまざまな指摘を頂戴した．特に第 4 章，第 5 章を中心に数学の部分については清水泰隆教授 (早稲田大学基幹理工学部)，その他の事実確認や文章表現のチェックについては日本アクチュアリー会の CERA 資格委員会，ERM 委員会の一部委員にお世話になった．また，国際アクチュアリー会会長の吉村雅明氏には，さまざまな協力をいただいた．この場を借りて厚く御礼申し上げたい．しかしながら，なお残された誤りは著者の責任であることは言うまでもない．

　グローバル金融危機の教訓を受けて，金融機関は厳格な規制とリスク管理態勢を求められるようになり，保険会社も同様のグローバルな規制やリスク管理の枠組みが形成されつつある．日本の保険業界もその埒外ではない．保険業界に何らかの意味で関わりのある未来のアクチュアリーは，ソルベンシー評価の理論や技術的方法論について基本的な知識を有することが必須条件となるであろう．読者の皆様の今後の保険リスクマネジメントの業務遂行の中で座右の書として自己研鑽の一翼を担うことができれば望外の喜びである．

2018 年 8 月 17 日

著者　田中周二

目次

まえがき		i
記号表		x
第1章	**保険リスクマネジメントの発展**	**1**
1.1	保険会社とは何か？	1
1.2	保険事業の経済学	3
1.3	なぜ銀行や保険会社は，リスク管理が必要か？	4
1.4	保険事業を取り巻くリスク	7
1.5	ALM から ERM へ	9
1.6	保険監督：経済価値ベースのソルベンシー規制	10
	1.6.1　SST：スイス・ソルベンシー・テスト	11
	1.6.2　EU ソルベンシー II	14
第2章	**保険会社の貸借対照表とそのリスク**	**17**
2.1	保険会社の貸借対照表	17
	2.1.1　責任準備金	18
	2.1.2　資本 (剰余金)	19
	2.1.3　資産	19
2.2	法定会計	27
2.3	Redington 理論	29
2.4	Redington モデルの拡張と限界	31
2.5	生命保険 ALM への応用	35
2.6	金利リスクの計量化	37
	2.6.1　デュレーション, コンベクシティ	37
	2.6.2　キーレート・デュレーション (Key-rate duration)	39
2.7	生命保険のリスクとは何か？	39

第3章	経済価値ベースのソルベンシー管理と会計	44
3.1	市場整合性の概念	44
3.2	金融資産の評価原則と保険負債への適用	52
3.3	複製	54
3.4	リスクマージンの評価	57
3.5	割引	59
3.6	ソルベンシー規制と経済価値ベースの会計	62
第4章	ソルベンシー評価の数学的理論	66
4.1	リスク尺度	66
4.1.1	整合的リスク尺度	67
4.1.2	歪みリスク尺度	69
4.2	保険料計算原理	69
4.3	無裁定価格理論の復習	71
4.3.1	1期間の2資産2項モデル	71
4.3.2	1期間の多資産多状態モデル	75
4.3.3	確率過程の無裁定価格モデル	78
4.4	市場整合的評価の数学的モデル	80
4.4.1	数理モデルの導入	81
4.4.2	リスクフリーレートと割引債	84
4.4.3	マルチンゲール測度とFTAP	84
4.4.4	保険数理モデル	86
4.4.5	割増負債評価 (Protected Vapo)	89
4.4.6	確率的ディストーションの例	91
第5章	保険負債とリスクの評価モデル	93
5.1	リスクマージン評価法の基礎	93
5.1.1	完全複製と価値配分	93
5.1.2	不完全複製と最適化	95
5.1.3	年間最大カバー,資本コスト	96
5.1.4	期待キャッシュフロー複製ポートフォリオ	100
5.2	ソルベンシー計測モデル	102

5.2.1	MVM (マーケット・バリュー・マージン)	102
5.2.2	拡大資本と SCR	103
5.2.3	まとめ	105
5.3	複製ポートフォリオ法	106
5.3.1	複製ポートフォリオの構築	107
5.4	最小二乗モンテカルロ法 (LSMC 法)	112

第 6 章　リスク測定と評価のモデリングと統計手法　　120

6.1	モデリング	121
6.1.1	リスクモデルの設計から実施，検証までのプロセス	121
6.1.2	リスク尺度	121
6.1.3	データ	124
6.1.4	モデルの候補	125
6.1.5	モデルガバナンス	131
6.1.6	リスク測定文書と報告	132
6.2	保険数理モデル	133
6.2.1	生命保険リスクモデル	133
6.2.2	損害保険リスクモデル	134
6.3	統計手法	136
6.3.1	確率分布と当てはめ	136
6.3.2	金融時系列とボラティリティ	139
6.3.3	相関	141
6.3.4	コピュラ	144
6.3.5	極値理論	149

第 7 章　市場リスク　　151

7.1	市場リスク計測手法	151
7.2	ヒストリカル・シミュレーション手法	152
7.3	モデル構築手法	154
7.3.1	分散共分散法	154
7.3.2	線形商品のポートフォリオ	156
7.3.3	線形モデルの応用と欠点	156

		7.3.4	2次導関数モデル	158
		7.3.5	ポートフォリオ計算の効率化法	159
	7.4	確率論的シミュレーション法		162
	7.5	ブートストラップ法		168
		7.5.1	ブートストラップ法の手順	168
		7.5.2	経済変数の選択	169

第8章 保険リスク　　172

	8.1	保険リスクの特徴	172
	8.2	生命保険とそのリスク	173
	8.3	損害保険とそのリスク	182
	8.4	再保険	188
	8.5	大規模災害リスク	190

第9章 信用リスク　　192

	9.1	社債・貸付金		192
		9.1.1	デフォルト確率の推定方法	193
		9.1.2	経験データ	193
		9.1.3	信用格付け	194
		9.1.4	経験デフォルト確率	194
		9.1.5	社債データからのデフォルト確率推定	197
		9.1.6	経験確率とリスク中立確率	197
	9.2	ポートフォリオの信用リスクの計量化		201
		9.2.1	バーゼルIIによる信用VaR評価	201
		9.2.2	ソルベンシーIIにおけるポートフォリオの信用リスク評価 ...	203
	9.3	信用ポートフォリオのリスクモデル		204
	9.4	CDS		206
	9.5	証券化商品		209
	9.6	再保険		212

第10章 オペレーショナル・リスク　　213

	10.1	オペレーショナル・リスクの特徴	213
	10.2	銀行業界における定義	214

10.2.1　オペレーショナル・リスクの事例 215
　　　10.2.2　銀行業界と保険会社のオペレーショナル・リスクの比較 217
　　　10.2.3　定量的手法 220
　　　10.2.4　定性的手法とリスク文化 224

第11章　流動性リスク, エマージング・リスク, その他のリスク　226
　11.1　流動性リスク 226
　　　11.1.1　市場流動性リスク 226
　　　11.1.2　資金流動性 227
　11.2　エマージング・リスク 229
　11.3　モデルリスク 232

第12章　ストレステストとシナリオ分析　234
　12.1　当局のストレステストに関する関心 234
　　　12.1.1　バーゼル委員会の取り組み 234
　　　12.1.2　当局主導のマクロ・ストレステスト 235
　12.2　ストレステストの定義と課題 237
　12.3　ERMプロセスの一部としてのストレステスト 239
　　　12.3.1　ERMの中での利用法 239
　　　12.3.2　実務で使用されるストレスの種類とシナリオテスト 240
　12.4　ストレステストの手順と手法 241
　12.5　リバース・ストレステスト 243

第13章　経済資本と価値創造　246
　13.1　経済資本 246
　13.2　リスク統合 249
　　　13.2.1　リスク合算法 249
　13.3　リスク合算の計算例 250
　13.4　資本配分 251
　13.5　保険会社の価値創造 254
　　　13.5.1　経済資本の経営への利用法 254
　　　13.5.2　RAROC 255

第 14 章　保険 ERM の枠組みと ORSA　　258
- 14.1　ERM の体系　　259
- 14.2　組織とガバナンス　　265
- 14.3　リスクアペタイト・フレームワーク　　271
- 14.4　ORSA　　273

第 15 章　ソルベンシー規制の動向　　275
- 15.1　グローバル金融危機後の金融・保険監督　　275
- 15.2　バーゼル銀行規制　　277
- 15.3　保険会社のソルベンシー規制　　281
  - 15.3.1　日本：ソルベンシーマージン比率規制　　282
  - 15.3.2　健全性の基準　　283
  - 15.3.3　米国：RBC 規制　　284
  - 15.3.4　EU：ソルベンシー II　　287
- 15.4　グローバル金融危機後の規制の枠組みの変化　　290
  - 15.4.1　金融安定委員会 (FSB)　　290
  - 15.4.2　バーゼル III　　291
  - 15.4.3　EU：ソルベンシー II　　293
  - 15.4.4　IAIS　　294
  - 15.4.5　米国　　296
  - 15.4.6　日本　　296

Appendix　　301
- A.1　年表　　301
- A.2　CERA シラバスとの対応　　303

参考文献　　308

索引　　316

記号表

以下は本書で取り扱われる数学記号をまとめたものである.

$m \geqq 0$	割引債の満期.
$R(t, m)$	満期 $m > t$ の時点 t における連続複利のスポットレート.
$Y(t, m)$	満期 $m > t$ の時点 t における年単利のスポットレート.
$r(t)$	時点 $t \geqq 0$ における瞬間スポットレート.
$r_t = R(t, t+1)$	満期 $t+1$ の時点 t における連続複利のスポットレート.
$P(t, m)$	満期 $m > t$ の時点 t における額面 1 の割引債価格.
$pv_{(t \to m)}$	満期 $m > t$ の時点 t における割引関数. 額面 1 の割引債価格 $P(t, m)$ と同じ.
$F(t, s+1)$	時点 t における $s \geqq t$ までのフォワードレート.
$f(t, m)$	時点 $t < m$ における瞬間フォワードレート.
$\boldsymbol{\theta}$	Nelson-Siegel のパラメーター・ベクトル $(\beta_1, \beta_2, \beta_3, \tau_1)$.
ρ	リスク尺度, Spearman のロー.
ρ_t	条件付リスク尺度.
I_n	時刻の集合 $(0, 1, 2, \cdots, n)$.
$\mathbb{F} = (\mathcal{F}_t)_{t \in I_n}$	可測空間 $(\Omega, \mathbb{F})$ 上の $\mathcal{F}_0 = \varnothing, \mathcal{F}_n = \Omega$ を満たすフィルトレーション.
$\mathbb{P}$	可測空間 $(\Omega, \mathbb{F})$ 上の実確率.
$(\Omega, \mathcal{F}, \mathbb{P}, \mathbb{F})$	フィルター付確率空間.
$\mathbb{P}^* \sim \mathbb{P}$	可測空間 $(\Omega, \mathbb{F})$ 上の同値マルチンゲール測度.
$L_\infty := L_\infty(\Omega, \mathcal{F}, \mathbb{P})$	$\mathbb{P}$–本質的有界な確率変数全体の空間.
$L_{n+1}(\Omega, \mathcal{F}, \mathbb{P}, \mathcal{F})$	$n+1$ 次元の可積分な確率変数全体の空間.
$L_{n+1}^2(\Omega, \mathcal{F}, \mathbb{P}, \mathbb{F})$	$n+1$ 次元の二乗可積分な確率変数全体の空間.
$\boldsymbol{X} = (X_0, X_1, \cdots, X_n)$	$\mathbb{F}$-適合な $L_{n+1}(\Omega, \mathcal{F}, \mathbb{P}, \mathbb{F})$ 上の確率変数ベクトル.
ϕ	状態価格デフレーター.
ϕ^A	金融価格デフレーター.

ϕ^T		保険ディストーション.
$\mathbb{A} = (\mathcal{F}_t)_{t \in I_n}$		可測空間 $(\Omega, \mathbb{F})$ 上の金融フィルトレーション.
$\mathbb{T} = (\mathcal{T}_t)_{t \in I_n}$		可測空間 $(\Omega, \mathbb{F})$ 上の保険フィルトレーション.
$\mathbb{H} = (\mathcal{H}_t)_{t \in I_n}$		可測空間 $(\Omega, \mathbb{F})$ 上のヘッジ可能なキャッシュフローのフィルトレーション.
$\mathfrak{A}^{(i)}$		基本金融資産.
$\mathfrak{A}_t^{(i)}, t \in I_n$		基本金融資産の価格過程.
$\mathcal{L}_\phi$		状態価格デフレーター ϕ を固定した $\mathbb{F}$-適合なキャッシュフローの空間.
$\mathbb{Z}^{(m)}$		満期 m 年の割引債のキャッシュフロー.
$\mathfrak{U}$		金融資産ポートフォリオ.
$(U_t)_{t \in I_n}$		金融資産ポートフォリオ $\mathfrak{U}$ の価格過程.
$(\Lambda^{(k)})_{t \in I_n}$		$\mathbb{T}$-適合な保険の確率的ディストーション過程.
$\mathrm{Vapo}_t(\boldsymbol{X}_{(t)})$		時点 t におけるキャッシュフロー $\boldsymbol{X}$ の最良負債評価.
$\mathrm{Vapo}_t^{\mathrm{prot}}(\boldsymbol{X})$		時点 t におけるキャッシュフロー $\boldsymbol{X}$ の割増負債評価.
$\mathrm{Vapo}_t^{\mathrm{approx}}(\boldsymbol{X})$		時点 t におけるキャッシュフロー $\boldsymbol{X}$ の近似負債評価.
$Q_t[\boldsymbol{X}]$		時点 t における $\boldsymbol{X}$ の価値.
$Q_t^0[\boldsymbol{X}]$		時点 t における $\boldsymbol{X}$ の実確率による価値.
$\boldsymbol{X}_{(t+1)}$		$:= (0, \cdots, 0, X_{t+1}, \cdots, X_n) \in \mathcal{L}_\phi$ 保険契約キャッシュフローのベクトル.
$\mathfrak{R}_t^0(\boldsymbol{X}_{(t+1)})$		時点 $t \in I_{n-1}$ の最良推定負債.
$\mathfrak{R}_t(\boldsymbol{X}_{(t+1)})$		時点 $t \in I_{n-1}$ のリスク調整後負債.
$\mathfrak{R}_t^{\mathrm{nom}}(\boldsymbol{X}_{(t+1)})$		時点 $t \in I_{n-1}$ の名目負債.
$\mathrm{MVM}_t^\phi(\boldsymbol{X}_{(t+1)})$		状態価格デフレーター ϕ の下での MVM.
$\mathrm{VaR}_{1-p}(X)$		信頼水準 $1-p$ のバリュー・アット・リスク.
$\mathrm{ES}_{1-p}(X)$		信頼水準 $1-p$ の期待値ショートフォール.
$\mathrm{CTE}_{1-p}(X)$		信頼水準 $1-p$ の条件付テール期待値.
$\mathrm{TVaR}_{1-p}(X)$		信頼水準 $1-p$ のテール・バリュー・アット・リスク.
AD_{t+1}		時点 $t+1$ の資産欠損.
F_t		時点 t の自由資本.
SC_t		時点 t のソルベンシー資本.
TC_t		時点 t の目標資本.
RTK_t		時点 t のリスク耐久資本.
λ		リスクの市場価格.

第1章
保険リスクマネジメントの発展

　保険会社も一種の金融機関と考えられる．金融機関において資本は特別な役割を担っているが，保険会社もその点は同じである．いずれの事業もレバレッジが高く，自己資本に比べ大きなリスクを負うことが宿命となっている．したがって，資本の適切な評価と活用が事業の存続にとって枢要な経営目標となる．本章では，次章以降で展開する保険会社のリスクマネジメントの鳥観図を与える．

1.1 保険会社とは何か？

　保険会社の商品は，将来のある時点で金銭的な給付を支払うことを約束している．個人が保険を必要とする理由は明らかである．例えば，生命保険を考えると，世帯主が死亡すると所得が奪われ残された家族の生活は貧窮に陥ってしまう．大家族制では，このような場合でも一族からの援助が期待できたであろう．しかし，現代のような核家族世帯では共同体的なセーフティネットにはもはや期待できない．そこで，一家族の立場ではこのリスクをカバーしたいと考えるのは当然である．もちろん貯蓄によって賄えればよいが，収入のまだ少ない世帯では残された子供が成長するまでの生活費や教育費などの資金を賄うには到底不足するであろう．生命保険は，支払可能な負担額でこのようなリスクを移転できる最適な手段となる．

　保険があると便利なのは分かるが，しかし保険会社はどうして必要なのであ

ろうか.例えば,小さな町や村で互いに顔見知りであれば,世帯主が死亡したような場合,お互いに少額のお金を拠出することにより助け合うことができる.実際,共済制度は地縁や同業者のような小集団の助け合いの制度として自然発生的に生まれた.このような仕組みは小さな共同体的な組織であれば機能するかもしれない.しかし,お互い見ず知らず集団において相互扶助を成立させることは難しい.しかし,保険リスクのプーリング機能は統計学でいう**大数の法則**が働き,加入者数が増えれば増えるほど安定化するので,できるだけ加入者の規模は大きい方が**規模の経済** (economy of scale) を発揮できる.ところが,そのような集団の保険リスクを正しく見積もるにはアクチュアリーのような人材や危険選択を行う医師,あるいは支払・徴収などの事務組織を効率的に運営する必要がある.このようなインフラを提供する組織として,規模の経済を追及するために保険会社が生まれたのは経済合理的な必然であったといえよう.

ところで,**逆選択**と**モラルハザード**の現象とその対策は,保険機能と保険会社にとって重要な課題である.逆選択とは,保険に対するニーズの最も高い人が保険に入るという現象である.完全に健康な人は不健康な人に比べると生命保険の必要性は低い.しかし,不健康な人が多く入ってくると生命保険会社はリスク分散が働かなくなるため,保険のプーリング機能に支障をきたすようになる.モラルハザードは,保険に入ると損失の補償があるので,安心して,無保険のときよりもリスクに対し注意を払わなくなる現象をいう.これらの現象は保険会社の支払うコストに悪影響を及ぼすため,新契約あるいは既契約に対する危険選択が必要となる.保険会社が,このようなコストを支払うことで規模の経済を享受できるのである.

保険会社は,保険金支払いの決済にも留意しなければならない.損害が発生したときに加入者各人に確実に拠出してもらうには,損害発生後にそのコストを加入者に分担してもらう仕組みが考えられる.しかし,これは非効率的である.このため,加入者に事前に保険料を支払ってもらい,その後に保険会社が保険金を支払う仕組みになった.ところが,保険金支払額は不確実でリスクがある.この現象を**逆搾取サイクル**[1])と呼ぶことにしよう.例えば,保険金が予

---

[1]) Doff [53] で言及された用語.保険会社は,事前に契約者のリスクを負って対価の保険料は後払いになるので,通常の商取引とは逆になっていることを指摘している.

想を超えて巨額になったときに，保険料では賄いきれない場合には保険会社がそのコストを負担しなければならない．多くの場合には，加入者に追加負担は不可能であろう．これが，保険会社のリスクである．

今まで，保険会社がなぜ存在するのかについていくつかの理由を述べてきた．まとめると，最も重要な存在理由は，技術の集積とリスク分散の可能性，保険料を徴収して保険金を支払う能力にある．もちろん，最後の点については保険会社自身がリスクを負担しなければならない．

伝統的に保険事業は，生命保険 (life insurance) と損害保険 (general insurance) に分けられてきた．中間的な医療・介護・傷害の保険をわが国では第三分野保険と呼んでいるが，国際的には健康保険 (health insurance) と呼ばれることが多い．生命保険は人の生死を対象としており，保険期間が長期であり，一方の損害保険は財物を対象としており，保険期間も短い (通常 1 年) という特徴があったことから，二つの保険分野はリスクが異なるとみなされていた．このため日本などいくつかの国では，この法制上は生損保兼営禁止となっているが，第三分野保険は新保険業法 (1996) 制定以来，生損保で取り扱いが可能となっている．また，欧州を中心に生損保兼営の保険コングロマリットが大きな存在感を持つようになってきているが，日本でも損保会社のグループ化によって生損保の垣根は徐々に低くなってきている．

1.2　保険事業の経済学

保険会社の会計は独特の会計ルールに従っているため，事業会社の貸借対照表と保険会社の貸借対照表を単純に比較することはできない．事業会社では，貸借対照表の負債は銀行の借り入れや社債発行であり，事業活動とは直接の関わりを持たないことが普通である．ところが，金融機関や保険会社では，負債は預金や責任準備金や支払備金であり，これらは事業活動そのものとなっている．

生命保険会社の責任準備金は，商品の販売と同時に計上される．責任準備金は，将来の保険金や給付金の支払いの約束を表現した金銭的評価である．一方の損害保険では，支払備金は請求が報告されたときに計上される．その保険金

は実損填補額なので損害が発生してから支払額が確定するまでに時間がかかる．すなわち，事故発生から請求額確定までの支払時期や金額は不確定である．

　生命保険においては保険金額は決まっており，死亡保険金の金額はあらかじめ確定しているが，支払時期は不確定である．これらの不確実性は，技術的準備金の計算の基礎に**慎重性** (prudence) を含めることで補ってきた．安全割増は，技術的準備金の計算基礎の中に隠れている．アクチュアリーは，死亡率や事故発生率の算定に当たり，統計的手法を用いて十分な安全割増を付加することが普通であるが，保守性の程度は明らかにされてこなかった．

　保険会社の資産は，主に資産運用 (投資) であり，これも事業会社の貸借対照表とは異なっている．資産は，保険債務の決済のために用いられるものであり，さまざまな運用対象に振り向けられる．主な運用対象は，債券，ローン，株式，不動産であるが，商品，デリバティブ，ヘッジファンドなどにも投資されている．運用の目的は，確実な運用益を確保するためであり，その一部は保険契約者に保険料の引き下げや契約者配当の支払いの形で還元される．保険会社は本来的には保守的な機関投資家であり，長期の時間軸で投資を行い，資産を広く分散したポートフォリオを保有する．それは，資産運用の目的が，最終的には契約者の保険金の支払いを確実にし，余った利益を還元することだからである．たとえば，生命保険会社が 30 年間にわたり年金を支払わなければならないとしたら，30 年間のその支払いができる債券のポートフォリオを構築すれば最も確実な支払いが約束できる．

　最後の貸借対照表項目は資本である．これは資産から負債を差し引いたものである．資本の部は，株式会社の場合には株主資本と資本準備金からなる．ある条件の下で劣後負債資本 (例えば自社発行債券) を株主資本に付加することができる．しかし，貸借対照表に残余項目が付加されても，最終的なリスクの担い手は株主資本である．保険金の支払額が大きすぎて技術的準備金の安全割増で吸収できないような場合には，株主資本が最後の砦となる．

1.3　なぜ銀行や保険会社は，リスク管理が必要か？

　ところで，そもそも，銀行や保険会社は，なぜリスク管理を必要とするのであろうか？

この疑問に答えるのは，思ったほど簡単ではない．これには「リスクマネジメントに関する企業価値無関連性命題」の主張に対する有効な反証を行わなければならないからである．これは，企業金融 (コーポレート・ファイナンス) におけるモジリアニ・ミラーの**資本構成の企業価値無関連性命題** (MM 命題と称される) での議論と同様である．

MM 命題では，企業の資本構成，すなわち資金を株式で調達するか，債券で調達するかによって企業価値に変化はないとする．この前提には理想化された完全市場があり，その前提の下では投資家はリスクに応じた株価をつけるため企業価値には影響を与えないことになるという論理を展開する．完全市場の前提とは，

(1) 証券市場は効率的で取引コストなどの摩擦がない
(2) 法人税が存在しない
(3) 投資家は自由に投資先を選択できる
(4) 倒産しない

などである．

現実には，資本構成は企業価値に影響を与えている傍証があるため，完全市場の前提を緩和することによって，現実を説明しようとする．例えば，税制で株式は課税されるが，債券保有が非課税であるという非対称性，倒産が存在する場合，投資家が自由に投資先を選択できないという分散化制約がある場合，エージェンシー・コストが存在する場合など完全市場の前提が成り立たない場合にどのように理論が修正されるかを見てゆく．

リスクマネジメントに関する企業価値無関連性命題も同様に完全市場の前提を緩和することにより，理論的な必要性が支持される可能性が出てくる．例えば，分散化制約がなければ投資家は必ずしもリスク管理を行うことを企業に求めない．なぜなら，もし **CAPM (資本資産価格理論)** の示唆するところを認めるのであれば，株式投資のリターンはリスクに見合うものであるが，そのうちリスクはシステマティック・リスク (β) とノン・システマティック・リスク

(ε) に分けられ，後者は分散投資することにより低減ないし消去することができるためリスク管理は投資家側で行うことが可能だからである．個別証券 i のリターン R_i がリスクフリー金利 r_f を超える超過リターンが，市場全体のリターン R_M の超過収益率に比例するという以下の式を CAPM は主張する．

$$R_i - r_f = \beta_i(R_M - r_f) + \varepsilon_i$$

ところが銀行や保険会社側の事情はより複雑である．これらの機関はトータル・リスク，すなわちシステマティック・リスクのみならずノン・システマティック・リスクについても対処しなければならない．

なぜなら，一般投資家に比べて，分散によるリスク低減は容易ではないからである．一般投資家は，資金量などの投資制約を除けば，どの銘柄の株式を購入することも可能である．ところが，銀行や保険会社の負債は顧客である取引先企業や預金者，契約者で構成されており，資本関係や地域などに密接に結びついており，分散化制約は大きいのである．

しかも銀行や保険会社は，資本量に比べて負債額が大きく，いわゆる高レバレッジの財務構造を持つ産業である．いったんリスクが顕在化すると資本が毀損され，倒産リスクが直ちに高まるという宿命を持っている．

特に，銀行などの破綻は預金者のみならず，金融システムを麻痺させることにより経済社会に悪影響を及ぼす．2007〜2008 年のグローバル金融危機はそのことを知らしめる教訓となった．したがって，財務健全性が損なわれることによる倒産コストを回避することが至上命題となる．

銀行や保険会社に対する監督，規制が一般企業に比較して強力である理由は，以上のような議論から導かれる可能性がある．

しかしながら，銀行や保険会社も民間企業である以上，適切なリスクを取らなければ企業として生き残ることはできない．そこで，リスクを適切にコントロールしつつ，企業価値創造を目指す ERM という考え方が生まれてくる必然性がある．

1.4 保険事業を取り巻くリスク

　リスクマネジメントの必要性を認めたとして，その次は保険会社にとってのリスクとは何かという疑問が生まれる．例えば生命保険会社にとって，被保険者集団が死亡率どおりに死亡事故が発生し，その保険金を支払うことは何らリスクではない．会社は死亡率に見合う保険料を徴収しているので，予定どおりに死亡するのであれば保険金を支払う能力がある．保険会社の本業は保険金を確実に支払うことなのであるから，それがリスクであるというのはおかしな話である．そこで問題は，死亡事故がいつも予定通りに発生するかどうかということである．

　実際には，支払額は不安定のように見える．自動車保険や医療保険の毎年の請求額は，さまざまな要因によってかなりの変動がある．生命保険の死亡率のように経験上，安定している保険事故においても，毎年かなりの変動が観察される．もっとも予定死亡率に含まれるマージンのため，実際の死亡率が予定率を超えることは滅多にない．

　それよりも生命保険会社にとっての最大のリスクは，予定利率を保証するリスクであり，実際，長期間にわたる金利低下により過去の高い予定利率を保証していた生命保険契約の逆ザヤは資本を大いに毀損させる原因となった．

　このように保険会社にとってのリスクとは，「結果が予定していたよりも悪くなる事象」を意味する．リスク全体を一度に把握することは難しいので，通常はいくつかのリスク区分に従って，それぞれのリスクの性質を分析することが行われる．ソルベンシー規制上の分類法 (taxonomy) は，組織にとっての重要度や資産負債の規模やその構造の複雑性などから異なってくるが，例えば欧州連合の**ソルベンシー II** では大分類 (モジュール) として生保引受リスク，損保引受リスク，健保引受リスク，また，金融リスクとして市場リスク，カウンターパーティ・リスク，無形資産リスク，オペレーショナル・リスクがあり，それを必要ならば細分して小分類を設けている．

　これらのリスク分類はリスクの計量化が部分的にでも可能な範囲でリスクの識別を行い，リスクを分類したものである．しかし，全社的なリスクマネジメントを目指す ERM 経営では，計量化できないリスクであってもすべての想

定されるリスクを先ずは俎上に載せる．

まず，計量化リスクについては，

(I) データとモデルがあって，それなりに計量化されており推定が信頼できるリスク
(II) 原理的には計量化可能とされていてもその推定が困難なリスク

がある．

ソルベンシー II では，(I) は市場リスク，生保引受リスク，損保引受リスク，健保引受リスク，カウンターパーティ・リスクであり，(II) は無形資産リスク，オペレーショナル・リスクに当たるものとなろう．この分類は，必ずしも絶対的なものではなく，**スイス・ソルベンシー・テスト**では，オペレーショナル・リスクは定性的リスクとして，あえて計量化していない．しかし，計量化可能なリスクは一部でしかない．まず

(III) まったく計量化ができず定性的にしか表現できないリスク

がある．(III) の例としては，風評リスク (10 章)，戦略リスク (10 章)，ビジネスリスク，エマージング・リスク (11 章) などがある[2]．

次に証券市場や保険市場のような市場の観点がある．市場が存在していれば取引を通じて市場参加者の評価が行われるため，取引価格のデータが得られる．十分多くの取引機会がある市場では，効率的な価格形成を通じてリスクの推定はより正確になる．反対に一部の社債や不動産のような流動性の低い市場では一物一価という原則も成立せず，リスクの推定が困難な場合もある．

---

[2] しかし，その他にリスク (IV) とでも言うべきリスクがありうる．**ブラックスワン**は，タレフの同名の著作 [100] によってよく知られるようになった表現であるが，ごく稀にしか発生しない「想定外」のリスクを表し，計量化どころか想像することすら困難なものも含まれるということになる．ラムズフェルトによるリスクの 4 分類（「知るを知る」，「知らずを知る」，「知るを知らず」，「知らずを知らず」）はリスク管理者にとっての格言となっているが，「知らずを知らず」の場合にはリスク分類すらできないことになる．

1.5 ALM から ERM へ

生命保険会社についていえば，1990年代まではリスク管理はALM (Asset-Liability management; 資産負債管理) が主流であった．ALMは，資産と負債の期間のミスマッチから生じる金利リスクや金利上昇による流動性リスクに注目した手法であり，第2章で述べるデュレーションや M^2 という金利リスク指標が主な管理ツールとなっていた．これが，2000年代になると，より包括的にリスク管理を行うことの必要性が高まってきた．その背景は，グローバルなリスクの高まり，競争環境の変化，保険事業のグループ化，株主など利害関係者の要求の高まりなど経営環境に厳しさが増してきたからである．表1.1は，ALMなどの伝統的なリスク管理態勢とERM態勢の簡単な比較を示したものである．

第14章で説明するCOSOの枠組みでは，ERMはリスクを忌避すべきも

表 1.1 ERM と伝統的リスク管理の相違点

	ERM	伝統的リスク管理
対象とするリスク	ビジネスを行う上で想定されるあらゆるリスク	対応可能，保険可能，技術的に計量可能なリスクに限定
対応する組織	経営トップから末端の業務執行組織に至る全組織	リスク管理部門など専門的に特化した組織
リスクの捉え方	リスクの種類にかかわらず，あらゆるリスクを統合的に捉える	リスクの種類ごとに細分化してとらえる
リスクへの対応	構造的，継続的，組織的	一時的，アドホック
リスク把握の姿勢	潜在的なものも含めて，あらゆる可能性を把握	必要に応じてアドホックに把握
リスク認識の背景	ビジネスを行う上で不可避なもの．プラス面もマイナス面も，付加価値の源泉として積極的に受容	損失や危険をもたらすものとして，可能な限り回避・抑制する

のではなく，積極的に管理するもので，リスクに対する方針を決めて体系的に取り組むべき対象として提示したところが最大の功績である．

もう一つの ERM の特徴は，個々のリスクではなくリスクのある事業ポートフォリオとしてリスクを捉える点である．組織全体で考えることの利点は，経営の意思決定と整合性があることである．全体のリスク量を減らせば，資本が少なくて済み，コストも減少する．

もう一つはステークホルダーの視点と合致することである．保険会社の投資家は投資信託や年金の投資家と同様に会社全体のリスクとリターンに関心があるのだから，個々のリスクだけ見ても組織のパフォーマンスを評価することはできない．

ここで，以下の二つの例題を見ながら企業が ERM を採用するための動機について考えてみよう．

例題 1.1 (ST9：2010 年 9 月より抜粋) ERM を成熟した企業に適用する利点について述べよ．

例題 1.2 (ST9：2012 年 9 月) ある業界を支配する ERM を本格的に採用している A 社と正式には採用していない B 社がある．両者ともほぼ同じ商品と顧客基盤を有している．このとき，

(1) 両社の ERM 戦略について考えられる正当化の根拠を論じよ．
(2) B 社が十分に機能する ERM フレームワークを導入したと仮定した場合，A 社の株価に与えると考えられる影響について論じよ．

1.6 保険監督：経済価値ベースのソルベンシー規制

以上のようなことから，各国の銀行監督，保険監督では健全性の維持のため自己資本規制を中心とするさまざまな規制を課している．

特に最近では，経済価値ベースのソルベンシー規制に関心が集まっている．その代表的なものが，スイス・ソルベンシー・テスト (SST：Swiss Solvency

Test) と欧州連合におけるソルベンシー規制 (EU SolvencyII) である．関連する話題は，第 6, 7 章および第 15 章にもあるため，参照されたい．

1.6.1　SST：スイス・ソルベンシー・テスト

歴史的に見ると，スイスの金融セクターは健全であり，スイスの保険市場は比較的小さいが発展した市場であった．スイスの保険当局は，2002 年秋にスイス保険監督法改正案が連邦議会に提出されると同時に，保険監督システムの改革に乗り出した．これが 2003 年の SST (Swiss Solvency Test) の最初の提案と，その後の一連の改定案につながった．SST は 2006 年に施行された．

SST では，保険会社は最低法定資本 (ソルベンシー II の最低資本に相当) と市場整合的評価による目標資本 (Target Capital) を計算することが必要である．目標資本は，いわゆるリスク負担資本 (Risk-bearing Capital) と比較される．

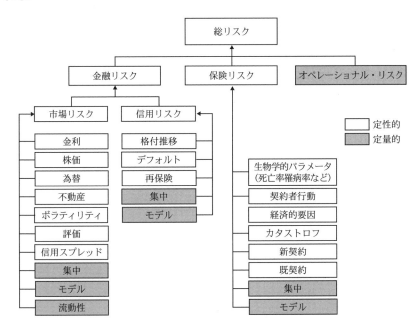

図 1.1　SST の体系

目標資本の計算は市場整合的評価により行われる．このため，保険会社は貸借対照表の資産・負債の市場整合的な価値を求める必要がある．技術的準備金では，資本コスト法に基づく公正価値を計算しなければならない．その中には保証と内在オプションの価値も含まれることに注意が必要である．確率論的シミュレーションを行わなければならないので，この評価計算に要する計算負荷は並大抵のものではない．

目標資本には二つの要素がある．TVaR と既定のシナリオ群に基づく標準的ないし内部モデル法による計算である．

保険会社は，目標資本の最初の要素を計算するために標準的方法と内部モデル法のいずれかを選択できる．しかし大きな保険会社は，実質的には内部モデル法を使用するものと考えられている．SST は，再保険会社に対しては，再保険事業の特殊性や複雑性に最もよく合った内部モデルの開発を要求している．会社の内部モデルは，優れた設計でなくてはならず，すべての重要な最新の情報に基づくものでなければならない．また，それらはリスク管理組織に正しく組み込まれており，検証とストレステストを含んでいることも要求される．

SST では，リスク耐久資本 RTK を，資産の市場価格 A と負債の市場整合価格 V の差額として定義する．t 年度の期始には，上付き添え字 Start により，

$$\mathrm{RTK}_t^{\mathrm{Start}} = A_t^{\mathrm{Start}} - V_t^{\mathrm{Start}}$$

が成り立ち，期末には上付き添え字 End により，

$$\mathrm{RTK}_t^{\mathrm{End}} = A_t^{\mathrm{End}} - V_t^{\mathrm{End}}$$

が成り立つ．

1 年間の RTK の損失を以下のように定義する．この損失の 99%ES[3]の値として，リスク資本が定義される．

定義 1.1 t 年度の 1 年間の RTK の損失は，

$$-\Delta \mathrm{RTK}_t = -(pv_{(t-1 \to t)} \mathrm{RTK}_t^{\mathrm{End}} - \mathrm{RTK}_t^{\mathrm{Start}})$$

---

[3] アクチュアリーには TVaR として知られるが，欧州の規制では ES が使われることが多い．第 6 章参照．

t 年度の法定のリスク資本 (Regulatory Capital) C_t^{Reg} は，

$$C_t^{\text{Reg}} = \text{ES}_{99\%}[-\Delta \text{RTK}_t]$$

目標資本 TC_t は，これに MVM の現価を加えて．

$$\text{TC}_t = C_t^{\text{Reg}} + pv_{(t-1 \to t)} \text{MVM}_t$$

となる．

　標準的手法には，市場リスク，生保引受リスク，損保引受リスク，健保引受リスク，信用リスクに対する資本賦課が含まれる．オペレーショナル・リスクは少なくとも 3 年ごとの定性的な自己評価の質問表への記入の提出を求められている．流動性リスクや集中リスクなどのその他のリスクについては定性的評価を提出する．標準的手法における資本賦課は，信用リスクを除くすべてのリスクについてある確率分布から得られる．SST は銀行と保険がシステムのいいとこどりをしないようにバーゼル II の規定に従っている．標準的手法は損保引受リスク・モジュールの方が生保引受リスク・モジュールよりも複雑である．損保引受リスクは，保険料リスクと準備金リスクに分かれている．保険料リスクについては，規定された前提により頻度と損害規模の確率分布をそれぞれ推計しなければならない．カタストロフ・リスクは高頻度，低損害規模のリスクとは別に推計される．備金リスクは，ロス・トライアングルのボラティリティとして計算される．最後に，分散効果を考慮して，二つの要素が統合される．確率分布の結果を統合するために相関行列を使うのではなく，SST では確率分布の和の分布を求めるのに畳み込み積のテクニックを使う．

　標準的方法や内部モデル法の結果に加えて，SST では会社に対し規定のシナリオの評価を行うように求めている．そこには大災害 (人災，自然災害)，パンデミック，金融危機 (仮定ないし歴史上のシナリオ)，気候変動などが含まれる．会社は，そのシナリオの重要性の程度についてその理由を当局に説明しなければならない．規定のシナリオに加えて，会社は独自のシナリオについても評価しなければならない．シナリオの結果は，分散効果を考慮した上で標準的方法や内部モデル法の結果と統合される．

最後に，会社は評価の方法論と前提，貸借対照表の市場整合的な評価，リスク・エクスポージャー，リスク負担資本の測定と構成，リスク削減戦略などを含む詳細なリスク報告書を提出する．このように SST は，会社にリスク管理モデルの開発とリスク管理基準の改善を促すものである．

1.6.2　EU ソルベンシー II

欧米の先進的な保険会社は，ここ 10 年間でリスク管理の高度化を飛躍的に推進してきており，欧州連合のソルベンシー II プロジェクトでは，標準的手法のレベルでも従来から比べるときわめて精緻なリスク規制の体系を作り上げようとしている．

ソルベンシー II の特徴は，

- 銀行規制のバーゼル II と同様，3 本柱アプローチを採用
- 第 1 の柱では経済資本の考え方を基礎に 1 年間のタイムホライゾンで 99.5% VaR (BBB レベル) の安全確率を確保するソルベンシー水準
- 広範なリスクを対象とし，リスク相互間の分散効果を考慮した規制体系としている
- 保険負債を公正価値評価 (最良推定値 + リスクマージン)
- 標準的手法のほかに，小規模会社のための簡便法，先進的会社のための内部モデル法を設けるなど柔軟な体系

が挙げられる．

保険会社は，最低所要資本 (MCR：Minimum Capital Requirements) およびソルベンシー資本要件 (SCR：Solvency Capital Requirements) を計算しなければならない．SCR は自己資本の額を上回ることが要求され，それを下回ると当局の介入があり，MNR は破綻のトリガーとなる．

SCR の計算においては，標準的手法の使用に加え，部分適用も含めて内部モデルの使用が認められる．先進的な会社やグループを除けば，標準的手法の使用が多い．

標準的手法では，モジュラー・アプローチが用いられており，生命保険引受

リスク，損害保険引受リスク，健康保険引受リスク，市場リスク，カウンターパーティー・デフォルト・リスク，無形資産リスクをまず基本必要資本とし，統合する．

SCR の計算は，図 1.2 のとおり，認識すべき個別のサブリスクを特定し，そのリスク量をショックシナリオ発生時 (計測期間：1 年，有効期間：保険期間，リスク水準：VaR 99.5%) の経済価値ベースの資産・負債差額の変動として測定する (ただしリスク軽減効果を反映する)．

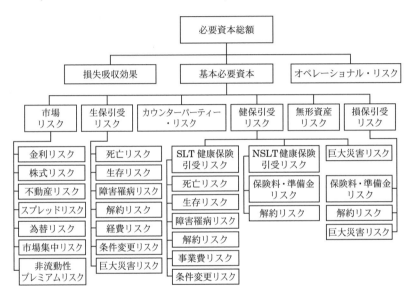

図 1.2　EU ソルベンシー II の体系

標準的手法では次の (1) ～ (4) のステップを踏むことにより算出する．

(1) サブリスクをリスク・モジュールに分類

(2) サブリスクを所定のショックに基づき測定

(3) 各リスク間の相関を考慮して順次統合・積上げ

(4) ソルベンシー必要資本の総額を算出

最終的には会社全体のソルベンシー資本要件 (SCR) を算出する．SCR は BSCR (基本 SCR) とオペレーショナル・リスクを最後に統合してもとめる．BSCR はモジュールの合算 (分散効果や損失吸収効果を考慮後)，モジュールは損保リスク (NL)，生保リスク (Life)，健保リスク (Health)，市場リスク (Mkt)，カウンターパーティ・デフォルト・リスク (CD)，無形資産リスク (IA) に分かれ，さらにサブモジュールに分かれるという構造になっている．

サブリスクおよびリスクモジュールは，指定された相関係数を用いて，分散共分散法で統合される．

SCR の総額はこのようにして求めた基本必要資本に，最後にオペレーショナル・リスクと将来利益 (一部のリスク) によるリスク軽減効果を反映して算出される．

第2章
保険会社の貸借対照表とそのリスク

2.1 保険会社の貸借対照表

　ある生命保険株式会社の会計上の財務報告を，法人税等を無視して思い切って単純化すると表 2.1 (次ページ) のような形になる．数値は架空である．簿価というのは帳簿価格であり，従来は「原価法」による会計を原則としてきた．一方の時価は，近年，わが国でも導入されてきた「市場価格」(「公正価格」) による評価額を示している[1]．

　資産の部には，わずかの現金 (あるいは現金同等とみなされる資産) と国内で発行された株式，債券，および外国の証券，貸付金や不動産がある．実際には，これに証券化商品やヘッジファンドなどのオルタナティブ投資や金利スワップや為替予約などの金融デリバティブを保有していることが多い．

　負債の部は単純で責任準備金と称する保険契約の支払い義務から生ずる保険債務がある．この項目は，保険数理で最重要項目の一つであり，平準純保険料式，チルメル式などお馴染みの概念である．その他の保険会社の負債には，支払備金や各種準備金などがあるが一般には重要ではない．資本の部は，資産−負債であり，株式会社ではほとんどが株主資本となる[2]．

---

[1] 現段階では分かりやすさのためあえて厳密な定義を行わない．
[2] 相互会社の場合には剰余金と呼ばれる．

表 2.1 簡略化した保険会社の貸借対照表

貸借対照表	資産		負債		貸借対照表
勘定科目	簿価	時価	簿価	時価	勘定科目
現金	1300	1300	34000	35400	責任準備金
国内株式	2000	2200	400	400	支払備金
国内債券	18700	20300	2300	3100	株主資本
外国証券	9300	9000			
貸付金	3500	3500			
不動産	1900	2500			
合計	36700	38900	36700	38900	

2.1.1 責任準備金

責任準備金は，特に生命保険会社にとっては最も大きな負債項目である．日本では，責任準備金は法定されており，**標準責任準備金制度**のもとで規制されている．積立方式は，**平準純保険料式責任準備金**を採用し，計算基礎である死亡率は**日本アクチュアリー会**が発行する生保標準生命表に準拠することになっており，死亡保険，第三分野保険，年金開始後それぞれの目的別の生命表が作成されている．予定利率も金融庁告示によって，商品区分別に定められている．また，いわゆるロックイン方式を採用しており，原則として販売時の保険料算出の計算基礎に基づく責任準備金を満期まで使用する．

類似の方式は，過去はほとんどの国で採用されており，例えば，米国でも標準責任準備金方式があり，法定の計算基礎率に基づく保険監督官方式と呼ばれる初年度定期式という保守的な積み立て方式を採用しており，今でも伝統的な終身保険や養老保険では同方式が使われている．

経済価値ベースの責任準備金では，このような責任準備金の概念が大きく変わる．標語的に言えば，責任準備金も簿価から時価に変更されることになる．スイス・ソルベンシー・テストや EU ソルベンシー II で採用された責任準備金は，**市場整合的準備金**と呼ばれ，市場金利と保険会社の経験データから導かれる最良推定負債とリスクマージンで構成される疑似時価方式の責任準備金であり，測定時点の経済状態を反映する**フレッシュスタート方式**となっている．

2.1.2 資本 (剰余金)

保険会社が資本 (剰余金)[3]を保有することには三つの理由がある．

一つ目は，一般的な企業と同様に，将来の事業拡大のための投資資金である．これには，M&A の資金も含まれる．

二つ目は，長期的な経営の継続性を保証するために，予期しない損失 (リスク) を吸収するために資本で準備しておくということである．

保険会社も企業である以上，その活動で利益を得て，長期的に事業を継続するように努力するであろう．しかも，保険会社は継続性がなければ将来の利益も獲得できないため，将来の損失に備える十分な資本を留保しなければ将来の利益も期待できないということになる．これが保険会社がリスクに対応する最低限の資本を必要とする内在的な理由である．

しかしながら，過大資本は高価であり収益性を危うくする．株主は高い資本収益率を要求するので，資本を節約して収益を上げることを要求するからである．経済資本の概念は統計上の計算と結びついており，できるだけ正確に最低必要資本を算出する努力がなされる．

三つ目は，保険監督者が，最低資本要件を課すことによって，保険契約者の保護と経済システムの安定化という政策目的を達成しようとすることがある．最低資本要件は，この目的のために設定される．外部の資本要件は，**法定資本**や**規制資本**の名称でも呼ばれる．

2.1.3 資産

●——**債券**

債券は，利付債券の形態で発行されることが普通である．政府などの公的機関や民間企業が債券を発行している．利付債券とは，毎期一定の利息 (クーポン，利札) を支払い，一定期間後に額面 (元本) の償還をする債務証書 (貸付金も経済効果は類似だが条件は複雑になる) のことをいう．過去には，紙に印刷された証券が存在していたが，現在は電子的に保管されているだけで取引も電

---

[3] 株式会社の場合には資本というが，相互会社では株主がいないので剰余金という言葉が用いられる．

子的に行われる[4]).

クーポンと元本の支払いが確実な債券 (例えば国債) は，割引率 (金利) が与えられれば価格が計算できる．生保数理では金利を一定と仮定していたが実際には金利は借り入れ (貸し出し) 期間によって異なる．

クーポンの支払いがない債券を**割引債** (ゼロクーポン債) という．実際の発行量・流通量は少ないが，理論的には割引債は取り扱いが容易なためモデリングでは重要な役割を果たす．

満期 n 年の割引債の価格 $P(0,n)$ が分かると，n 年の期間利回り r_n が以下のように定義でき，これをスポットレートと呼ぶ．

$$P(0,n) = (1+r_n)^n \longrightarrow r_n := (1+P(0,n))^{-\frac{1}{n}} - 1 \tag{2.1}$$

この $\{r_n\}, (n=0,1,2,\cdots)$ を金利の期間構造 (スポット・イールドカーブ) と呼ぶ．

実は，利付債の利回りをつなげたイールドカーブでは，歪みが生ずる．利付債の利回りは，測定時点の債券価格 (P) とその後に受け取るクーポンレート (c) と償還金額 (額面 1 と仮定) のキャッシュフローから求められ，**最終利回り**，あるいは単に**イールド**と言われる．これは，クーポンが年 1 回支払われると仮定した場合[5])には，以下の等式が成り立つような y であり，内部収益率 (IRR) の計算を行っていることにほかならない．容易に分かるように $\min(r_k) \leqq y \leqq \max(r_k)$ となる．割引債のイールドはスポットレートに一致する．

$$P = \sum_{k=1}^{n} \frac{c}{(1+y)^k} + \frac{1}{(1+y)^n} \tag{2.2}$$

y は，残存期間 n だけでなくクーポンレート c に依存するので理論的にはスポットレートを用いることが自然である．横軸に期間をとり，縦軸に金利水準 (スポットレート) をとったものをイールドカーブ (金利の期間構造) と呼ぶ．一般には長期になるほど金利水準は高くなる (順イールド) が，たまに逆転することがある (逆イールド)．

---

[4])この業務は，株式会社証券保管振替機構が担っている．
[5])実際には年 2 回支払われる債券が多い．

額面 1 で年 1 回クーポン c を支払う元本 1 の残存期間 n 年の利付債の価格は，

$$P = \sum_{k=1}^{n} \frac{c}{(1+r_k)^k} + \frac{1}{(1+r_n)^n} = \sum_{k=1}^{n} ce^{-\delta_k k} + e^{-\delta_n n} \quad (2.3)$$

最後の項は，利力表示 ($\delta_k = \log(1+r_k)$) である．

永久にクーポンを支払い続ける満期のない債券を永久債 (consol) という．永久債の価格は利付債の満期を $n \to \infty$ としたものである．

利付債しかない市場においても，十分多くの債券が流通していればスポットレートが推定できる．例えば，国債の流通市場に，測定時点で異なる残存期間を $\{t_i\}, (i=1,2,\cdots,N)$ を持つ N 銘柄の国債があると仮定する．最短期の残存期間内にクーポンの支払いがなければ，元本のみの支払いなので，その期間に対応するスポットレートが分かる．次に短い債券はクーポンと元本の支払いがあるが，すでに最短期のスポットレートが分かっているので，残存期間に対応するスポットレートが分かる．これを繰り返すと N 期間に対応するスポットレートが推定できる．銘柄数が十分多ければ，補間法などで滑らかなイールドカーブが引けるであろう．これをブートストラップ法という．

スポット・イールドカーブ $R(m, \boldsymbol{\theta})$ を近似する満期期間 m の関数としてよくつかわれるのが Nelson-Siegel 法による以下の関数である．

$$R(m, \boldsymbol{\theta}) = \beta_0 + \beta_1 \frac{1 - \exp\left(-\frac{m}{\tau_1}\right)}{\frac{m}{\tau_1}} + \beta_2 \left(\frac{1 - \exp\left(-\frac{m}{\tau_1}\right)}{\frac{m}{\tau_1}} - \exp\left(-\frac{m}{\tau_1}\right) \right) \quad (2.4)$$

のように $\boldsymbol{\theta} = (\beta_0, \beta_1, \beta_2, \tau_1)$ の 4 次元パラメータによって表される．

スポットレートが現時点から将来のある時点までの年率の金利であったのに対し，フォワードレートとは将来のある時点からさらに将来の別の時点に対する金利を意味する．

たとえば，1 年のスポットレートを r_1 とし 2 年のスポットレートを r_2 としたとき，1 年から 2 年にかけてのフォワードレート $f_{1,2}$ は裁定機会がないという条件で以下のように決まる．

$$1+f_{1,2} = \frac{(1+r_2)^2}{1+r_1} \tag{2.5}$$

一般には，$j > i$ に対し

$$f_{i,j} = \left[\frac{(1+r_j)^j}{(1+r_i)^i}\right]^{\frac{1}{j-i}} - 1 \tag{2.6}$$

● ── 株式

　株式は，企業の資金調達手段であるが，銀行の貸付や社債と異なり，出資という形で株主として (一部) 経営参加するという意味を持つ．米語の equity や英語の share にはそのニュアンスがある．株主になると，経営実績，すなわち利益に応じた分配金が株数に比例して，一般には現金で配当金が支払われる．しかし，企業が倒産すると，株券は無価値になる．残余利益はまず優先度の高い銀行や社債権者に割り当てられ，株主は劣後する．ただし，有限責任であり，倒産後に企業の債務が残っていても支払う義務は免れる．

　このように債券に比べて，ハイリスクの証券なので投資家は高いリターンを要求する．無リスク金利を超える超過収益率を**リスクプレミアム**と呼ぶが，証券投資論の基本原理であり，歴史的なデータに基づく実証研究によっても確認されている．

　個別銘柄と株式市場全体の期待リターンの関係は，有名な CAPM (Capital Asset Pricing Model) によって導かれた[6]．

● ── 外国証券

　外国証券も投資対象の大部分が，株式と債券ということになるが，日本の投資家が投資するときには必ず為替レートの変動を考慮しなければならない点が問題を難しくする．為替レートは，自国通貨と外国通貨の交換レートであり，現在は変動為替制をとっているので時々刻々と変化している．日本の投資家が米国の株式を購入したときに，株価が上がっても円高になると円に換算すると

---

[6] 第 1.3 節参照のこと．実証研究では，必ずしも CAPM は支持されていないが，規範的な理論として実務的には今でも使われている．

目減りする．為替は先渡し取引によりヘッジすることが可能であるが，その場合，ヘッジコストが生ずるためヘッジの有無，あるいは部分ヘッジするかどうかが大きな問題となる．

● ──オルタナティブ投資

　オルタナティブ投資とは，代替投資と翻訳され，伝統的な株式・債券のような資産とは異なる資産のことを言う．その語源であるオルタナティブ (alternative) とは，「既存のものに代わる，慣習にとらわれない」といった意味があり，具体的な投資対象としては，未公開株式やヘッジファンド，プライベート・エクイティ・ファンド (ベンチャーキャピタル，買収ファンド，再生系ファンド他)，証券化商品 (ABS，MBS 他)，コモディティ(現物，先物)，デリバティブ (金融派生商品) などがある．実際の運用にあたっては，さまざまな投資手法を用いたり，異なったリスクを持つ投資対象が組み込まれ，投資家にとって難しい投資対象である．

● ──不動産

　保険会社が保有する不動産資産は，投資用と営業用がある．後者は，本社や支店などの土地・建物などで保険事業を営むための不動産であり，基本的には利益を生むことを目的としていない．投資用不動産は，一般にはオフィスビルやショッピングセンターなどを建設し，賃料収入を得ることが多い．したがって，土地・建物の購入という投資に対する賃料収入という収益から管理費用や税金などの費用を差し引いた利益が不動産の運用収益ということになる．不動産市場は，物件ごとの個別性が大きく流動性が低いこともあり，運用には特別の専門性を必要とする．他の資産と相関が低ければ，生命保険会社や年金基金にとって魅力的な運用対象となりうる．

● ──デリバティブ：先物・オプション

　デリバティブ取引は資産そのものではなく，もとの資産 (原資産) に連動して価格が動く架空の証券の取引をいう．株式や債券などの証券や指数，為替レート，商品などが原資産となる．先物は，将来時点 T の原資産の価格 S_T に

ついて行使価格 K を決めて，$S_T - K$ を受け取る取引である．

オプションは，いろいろな種類があるが，上の先物と同じ条件の下で，最も簡単なヨーロッパ型のコール・オプションでは，$\max(S_T - K, 0)$，プット・オプションでは $S_T - K$ を受け取ることができる取引である．オプションの購入には保険料が必要である．逆に売却ではプレミアム (保険料) が受け取れる．

● ──デリバティブ：金利スワップとスワップション

もう一つあるデリバティブは金利スワップである．その基本について説明することにする．

金融スワップ

金融スワップ (swap) とは，二つの経済主体間で将来のキャッシュフローを交換する金融取引であり，金利スワップとは，その交換対象となるキャッシュフローがが変動金利 (Libor) と固定金利の利息であるような取引をいう．

Libor という用語は，London Inter Bank Offerd Rate の頭文字をとったもので，ロンドンのシティにある銀行間の短期 (1 日から 1 年未満) の資金の融通に使われたものであり，ユーロ市場が拡大する中で通貨スワップ市場や金利スワップ市場が発達した名残を留めている．なお，現在は銀行間金利として欧州では Euribor，東京では Tibor を基準とした取引も行われている．

これから，金利スワップの取引内容を見ることにしよう．例えば，ある企業が銀行に 5% の固定金利を払い，Libor (6 か月) の変動金利を受け取る 3 年間の金利スワップ取引を考える．スワップには想定元本という仮想的な元本が設定され，その元本に対する利息の交換という形をとる．元本は実際には交換することはない．キャッシュフロー (利息) の交換は以下のようになる．半年ごとなので，年間利息の半分となっていることに注意する．

表 2.2 (次ページ) では，変動金利 Libor が上昇したため，最初 2 回は払いの方が大きかったが，その後は受けの方が大きく最終的には利益を得た取引であった．ところで銀行は，スワップ取引で利鞘を稼ぐ必要があり，売り (bid) と買い (offer) で金利に差をつけている．表 2.3 (次ページ) は，Libor (3 か月)

表 2.2 金利スワップの取引例

期日	Libor	変動	固定	差
X5.3.1	1.2			
X5.9.1	1.8	0.6	−1.0	−0.40
X6.3.1	2.3	0.9	−1.0	−0.10
X6.9.1	2.5	1.15	−1.0	+0.15
X7.3.1	2.6	1.25	−1.0	+0.25
X7.9.1	2.6	1.30	−1.0	+0.30
X8.3.1	3.4	1.30	−1.0	+0.30

表 2.3 スワップ金利の期間構造

満期 (年)	売り (%)	買い (%)	スワップ金利 (%)
2	2.03	2.06	2.045
3	2.21	2.24	2.225
4	2.35	2.39	2.370
5	2.47	2.51	2.490
7	2.65	2.68	2.665
10	2.83	2.87	2.850

とそれぞれの年限の固定金利 (半年後との支払い) のレートである.

普通, スワップレートと呼ばれるのは売りと買いのレートの平均 (中値) である. 欧州では, (超) 長期ゾーンでも金利スワップの取引が活発に行われているので, 長期負債に対する ALM は容易に行うことができる. ただ, 日本では超長期の取引にはまだ問題があるほか, ヘッジ会計など会計上の問題があるので保険会社の利用は限定的である.

金利スワップ取引は, 大規模な市場があり, 流動性リスクはさほど大きくないと考えられる. 取引相手 (カウンターパーティ) のデフォルトなどのリスクもあるが, リーマンショック以前は銀行間ではほとんど意識されることはなかった. しかし, リーマンショック後にこの状況は一変し, 取引先 (カウンターパーティ) の信用リスクが顕在化し, 金利スワップ市場に大きな変化が生まれた.

また，2012 年に Barkleys 銀行などの Libor 不正取引が露呈したことから，CDS に続き金融市場の透明性に対する信頼が失墜した[7]．

リーマンショック前には，6 か月の Libor レート L_{6m} と 12 か月の Libor レート L_{12m} には，6 か月スタートの 12 か月後満期の FRA レート[8] $F_{(6m,12m)}$ との関係として，以下の式のように純粋期待仮説がほぼ成立していた．

$$1 + L_{12m} \sim (1 + 0.5 L_{6m})(1 + 0.5 F_{(6m,12m)})$$

ところが，リーマンショック後は，

$$1 + L_{12m} > (1 + 0.5 L_{6m})(1 + 0.5 F_{(6m,12m)})$$

となり，長い満期にはその間の信用リスクに見合うプレミアムを要求するようになった．このプレミアムを，CVA (Credit Valuation Adjustment) と呼び，Libor 金利市場では，期間 (テナーと呼ぶ) ごとにイールドカーブが異なるいわゆるマルチカーブが出現することになった．また，信用リスクを嫌って担保付きの契約 (CSA：Credit Support Annex) の取引が急拡大している．一方で，スワップ／Libor レートが金融危機の間，リスクフリーレートからかけ離れた挙動をすることが分かったため，超短期の金利 OIS (Overnight Index Swap) を基準にする動きが強まり，現在は OIS 金利をリスクフリーレートとみなす実務になっている．OIS はオーバーナイトの借り入れレートの幾何平均と交換できるレートとして定義されている．オーバーナイトの借り入れレートは，米国では FF レート[9]である．

次に，スワップションとはスワップとオプションの組み合わせの用語で，権利行使日に，一定の条件でスワップ取引を行う権利を原資産としたオプション取引のことである．スワップション市場は，金利のインプライド・ボラティリ

---

[7] このこともあり，英国の金融規制当局である金融行為監督機構 (FCA) は，LIBOR を 2021 年に廃止する方針を明らかにしている．

[8] "Forward Rate Agreement" の略で，日本語では「金利先渡取引 (金利先渡契約)」と呼ばれ，将来の金利を現時点で予約する相対のデリバティブ取引をいう．

[9] フェデラル・ファンド (Federal Funds) レートの略で，連邦準備銀行 (FRB) に預け入れる無利息の準備金 (フェデラル・ファンド) が不足している銀行が，余剰の出ている銀行に無担保で資金を借りるときに適用される金利を指す．

ティの推定を行うデータ源として有用で，オプションを含むキャッシュフローの複製ポートフォリオ構築においてきわめて重要な情報を提供する．

2.2 法定会計

日本を含め法定会計では，資産 (および負債) の評価は原則として「市場価格 (時価)」ないし「原価」で行われている．「原価法」は，資産を購入した時点の価格で評価することにより保守的な評価となるため企業の財務健全性の確保に資する立場から支持されてきた．その後の価格の値上がり益はいわゆる「含み益」となり，売却時までは利益として認識されない．逆に，価格が下がると「含み損」になるが，この場合には保守的な立場からは「低価法」を併用することにより，簿価を切り下げることで保守性を堅持できることになる．「原価法」への批判はこの「含み損益」の存在がしばしば不透明であることにある．例えば，決算時点に「利益」が必要となるとき，含み益のある証券を売却することにより望む水準の利益を捻出することができる[10]．

一方，「時価法」では，資産評価を測定時点の「市場価格」で評価する．証券市場で頻繁に売買が執行される上場株式や国債などの証券では「市場価格」はどの時点でも容易に決定することができる[11]．ところが，一部の社債や証券化商品では，取引が毎日のように執行されるわけではない．いわゆる「気配値」と呼ばれる価格の参考値が付けられるが，その値段で必ずしも執行されるわけではなく「市場価格」ではない．この種の証券では「市場価格」とは何かという疑問が生まれても不思議ではない．また不動産に至っては物件ごとの個別性が大きく，「市場価格」が分からないため一物四価[12]と呼ばれるような価格付けがある．また，設備や機械などの固定資産の評価はさらに難しいため，減価償却などの「人工的」な評価方法を導入している．このように「時価法」

---

[10] バブル時代には，いわゆる「益出し」による利益操作が横行していたと言われる．

[11] したがって，決算日である 3 月 31 日の終値の価格も容易に得られる．

[12] 時価 (実勢価格)，公示地価 (公示価格)，相続税評価額 (路線価)，固定資産税評価額の四つの価格があることを表している．この理由は，地価を国や地方自治体，売主や買主などが，それぞれ違った視点や基準から評価しているためである．

には流動性のない資産の評価をどうするかという問題が残る.

現在の我が国の法定会計では，表2.4のような折衷案を採用することになっている.

表 2.4 法定会計における資産評価

保有目的区分	定義	評価基準	評価差額の処理
売買目的有価証券	時価の変動により利益を得ることを目的	時価	当期の損益として PL に計上
満期保有目的有価証券	満期まで保有する意図を持って保有する証券	償却原価	
責任準備金対応債券	ALM 目的で保有する債券	償却原価	
その他有価証券	上記・下記以外の有価証券	時価	PL に計上せず BS の純資産の部に直入
子会社・関係会社株式	親会社が保有する株式	取得原価	
固定資産		(取得原価)－(減価償却)	

さらに，保険負債の評価は，そもそも保険契約ないし保険会社を取引する市場がきわめて小さいという問題がある．保険会社の売買は，M&A市場を通じて，時折見られるが，これらの例から保険負債評価を行うことは現実的ではない．保険契約そのものを売買する市場としては，ライフセツルメントなどの二次市場や保険契約証券化の市場があるがきわめて限定的である．日本を含め多くの国では責任準備金と呼ばれる保険数理による保険負債評価額を保険債務として採用してきたが，特に欧州では，ソルベンシー II，エンベッディド・バリュー会計[13]，国際会計基準など経済価値ベースの保険債務評価への転換の動きが加速している．そこでは「市場価格」がなくとも，市場の情報をできるだけ採り入れた「市場整合的評価」で代替することにより「経済価値ベース会

---

[13] 潜在価値会計と訳されるが，保険会社の企業価値をベースにした内部管理会計.

計」の実現しようとする強い意志を感じることができる.「経済価値ベース会計」がなぜ必要なのか？

次節では，その動機を探求してゆくことにしよう．

2.3 Redington 理論

経済価値ベース会計の起源は Redington [92] に遡ることができる．

生命保険会社の資金 (キャッシュ) の流入，流出 (フロー) は大別すると，保険契約に関わるものと資産運用に関するものがあり，それぞれ保険キャッシュフローと資産キャッシュフローと呼ばれる．

- 保険キャッシュフロー L_t = (保険料収入) − (保険金・給付金支払) − (解約返戻金支払)(−(配当金) − (税金))
- 資産キャッシュフロー A_t = (利息・配当金収入) + (償還元本)

簡単のため利力 (δ) を一定としよう．フラットなイールドカーブを仮定していると言ってもよい．このときの負債と資産の現在価値はどうなるだろうか？

$$
\begin{aligned}
(\text{負債時価}) \, \mathrm{MVL} &= \sum_{t>0} L_t \exp^{-\delta t} \\
(\text{資産時価}) \, \mathrm{MVA} &= \sum_{t>0} A_t \exp^{-\delta t}
\end{aligned}
\tag{2.7}
$$

資産は，株式などのリスク資産は保有せず，当面は確定利付証券のみであると考えておこう．

金利が $\Delta\delta$ だけ上昇した場合には，

$$
\begin{aligned}
\Delta\mathrm{MVL} &= -\sum_{t>0} tL_t \exp^{-\delta t} \Delta\delta = D_L \cdot L \cdot \Delta\delta \\
\Delta\mathrm{MVA} &= -\sum_{t>0} tA_t \exp^{-\delta t} \Delta\delta = D_A \cdot A \cdot \Delta\delta
\end{aligned}
\tag{2.8}
$$

ここで，D_L, D_A はそれぞれ以下のように定義される負債・資産のデュレーションである．

$$D_L = \frac{\sum_{t>0} tL_t \exp^{-\delta t}}{\sum_{t>0} L_t \exp^{-\delta t}}, \qquad D_A = \frac{\sum_{t>0} tA_t \exp^{-\delta t}}{\sum_{t>0} A_t \exp^{-\delta t}}$$

以降，サープラス (純資産) を $S = A - L$ と定義する．

現時点 0 で $S = 0$ と仮定し，直後に $\Delta\delta$ だけ上昇するものと考えると，純資産の変化 ΔS は，第 1 次近似まで評価すると，

$$\Delta S = \Delta A - \Delta L = (D_A - D_L)L\Delta\delta,$$

ここで，

$$D_A = D_L \quad \text{のときには} \quad \Delta S = 0$$

となる．これを，**Redington の第 1 条件**という．

さらに，Taylor 展開の 2 次項まで算出すると，

$$\Delta S = (D_A - D_L)L \cdot \Delta\delta + \frac{1}{2}(M_A^2 - M_L^2)L\Delta\delta^2 \qquad (2.9)$$

ここに，

$$M_A^2 = \frac{\sum_{t>0} A_t(t - D_A)\exp^{-\delta t}}{A}, \qquad M_L^2 = \frac{\sum_{t>0} L_t(t - D_L)^2 \exp^{-\delta t}}{L}$$

であり，ともにデュレーション周りのキャッシュフローの分散を表している．

このとき，**Redington の第 2 条件**：$D_A = D_L$ のときに $M_A^2 > M_L^2$ の下では，$\Delta S > 0$ が成り立つ．

例 2.1 (Redington の第 2 条件の確認) この二つのケースでは，利力ではなく年金利 $r = 10\%$ で考える．図 2.1 (次ページ) に示したように，ケース 1 では負債は 5 年目 10000 と 8 年目に 26620 だけ支払い義務があるが，資産として 7 年目に割引債 36300 を保有している．これに対し，ケース 2 では，同じ負債に対し，資産として 3 年目に割引債 10628，10 年目に割引債 27609 を保有している．

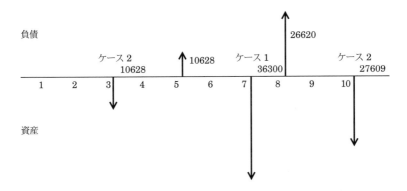

図 2.1 ケース 1 とケース 2 のキャッシュフロー

ケース 1. 条件に基づき計算すると，$D_A = D_L = 7$ 年 かつ $M_A^2 = 0 < M_L^2 = 2$ 年 となるので $D_A = D_L$ のときに $M_A^2 < M_L^2$ と Redington の第 2 条件を満たしていない．したがって，金利が上がっても下がっても純資産は負となるはずである．

ケース 2. 条件に基づき計算すると，$D_A = D_L = 7$ 年 かつ $M_A^2 = 12 > M_L^2 = 2$ 年 となるので $D_A = D_L$ のときに $M_A^2 > M_L^2$ と Redington の第 2 条件を満たしている．したがって，金利が上がっても下がっても純資産は正となるはずである．

金利を上下に変化させたケース 1, 2 の計算結果が表 2.5 (次ページ) に示されている．この表によって，Redington の主張の正当性が確認できる．

2.4 Redington モデルの拡張と限界

イールドカーブが微少に平行移動するときの債券価格の変動については，Redington の理論が成り立ったが，一般の変化に対してはこの理論は成立しない．それでは，どのような変化に対して Redington の理論は成立するのだろうか？

表 2.5 金利の変化に伴うサープラスの変化

	ケース 1			ケース 2		
$r(\%)$	A	L	S	A	L	S
8	21181	21188	−7.09	21223	21188	35.45
9	19857	19859	−1.65	19867	19859	8.26
10	18628	18628	0	18628	18628	0
11	17484	17486	−1.44	17493	17486	7.18
12	16420	16426	−5.36	16452	16426	26.83

Shiu [98] はフォワード利力の期間構造 $\delta(t)$ が $\varepsilon(t)$ だけ変化するときの，保険会社のサープラス S を調べた．

会社の資産キャッシュフロー A_t と負債キャッシュフロー L_t の差額を純キャッシュフローと呼び，N_t と表すと，

$$S(\delta) = \sum_{t \geq 0} N_t \exp\left(-\int_0^t \delta(s)ds\right) \tag{2.10}$$

かつ，

$$S(\delta + \varepsilon) = \sum_{t \geq 0} N_t \exp\left(-\int_0^t (\delta(s) + \varepsilon(s))ds\right) \tag{2.11}$$

かつ，

$$n_t = N_t \exp\left(-\int_0^t \delta(s)ds\right) \tag{2.12}$$

$$f(t) = \exp\left(-\int_0^t \varepsilon(s)ds\right) \tag{2.13}$$

と新たな関数を定義すると，

$$S(\delta + \varepsilon) - S(\delta) = \sum_{t \geq 0} n_t(f(t) - 1) \tag{2.14}$$

となる．

2.4 Redington モデルの拡張と限界 | 33

剰余積分項のあるテイラー展開により，

$$f(t) = f(0) + tf(0) + \int_0^t (t-w)f''(w)dw$$
$$= 1 - t\varepsilon(0) + \int_0^t (t-w)f''(w)dw. \qquad (2.15)$$

したがって，

$$S(\delta + \varepsilon) - S(\delta) = \varepsilon(0) \sum_{t \geqq 0} tn_t$$
$$+ \sum_{t \geqq 0} n_t \int_0^t (t-w)f''(w)dw. \qquad (2.16)$$

$x_+ = \max(x, 0)$ と定義すると，積分と和を入れ替えることができ (フビニの定理)[14]，

$$\sum_{t \geqq 0} n_t \int_0^t (t-w)f''(w)dw = \sum_{t \geqq 0} n_t \int_0^\infty (t-w)_+ f''(w)dw$$
$$= \int_0^\infty \sum_{t \geqq 0} (n_t(t-w)_+) f''(w)dw \qquad (2.17)$$

$\sum_{t \geqq 0} n_t(t-w)_+ \geqq 0$ か $\sum_{t \geqq 0} n_t(t-w)_+ \leqq 0$ のいずれかが成立するときには，積分の平均値の定理が成り立つため，$\exists \xi > 0$ に対し，

$$\int_0^\infty \sum_{t \geqq 0} (n_t(t-w)_+) f''(w)dw = f'(\xi) \int_0^\infty \sum_{t \geqq 0} (n_t(t-w)_+)dw \qquad (2.18)$$

が成り立つ．再び，フビニの定理により，

$$\int_0^\infty \sum_{t \geqq 0} n_t(t-w)_+ dw = \sum_{t \geqq 0} n_t \int_0^\infty (t-w)_+ dw$$
$$= \sum_{t \geqq 0} n_t \int_0^t (t-w)dw$$

---

[14] ある二変数函数が可積分であれば，以下のような二回の繰り返しの積分は等しいことを意味する．

$$= \sum_{t \geqq 0} n_t \frac{t^2}{2} \tag{2.19}$$

したがって,

$$S(\delta + \varepsilon) - S(\delta) = -\varepsilon(0) \sum_{t \geqq 0} t n_t + \frac{1}{2} f'(\xi) \sum_{t \geqq 0} t^2 n_t. \tag{2.20}$$

Redington の第 1 条件 (デュレーション・マッチング) が成り立てば, $\sum_{t \geqq 0} t n_t = 0$ なので,この式は,

$$S(\delta + \varepsilon) - S(\delta) = \frac{1}{2} f'(\xi) \sum_{t \geqq 0} t^2 n_t. \tag{2.21}$$

となる.この式の正負は, $\sum_{t \geqq 0} n_t (t-w)_+$ の正負に従う.また,

$$f''(s) = f(s)(\varepsilon(s)^2 - \varepsilon'(s)) \tag{2.22}$$

よって, $f''(s)$ の符号は, $\varepsilon(s)^2 - \varepsilon'(s)$ の符号に一致する.

したがって,Shiu による Redington 理論の拡張の結論は以下のとおりである.サープラスの絶対水準を守るための条件は,

- 資産と負債の金額デュレーションを一致させ,
- $f''(\xi)(\varepsilon(s)^2 - \varepsilon'(s))$ を最大にする.

特に, $\varepsilon'(s) = 0$ のときは, $\varepsilon'(s)$ が定数であり,イールドカーブが平行移動することを意味する.これはもともとの Redington 理論の主張であった. $\varepsilon(s)^2 - \varepsilon'(s) > 0$ となる金利変化を凸シフトと呼ぶ.

$\varepsilon'(s)$ の意味を考えると,これはイールドカーブの傾きの変化である.これが正の場合には傾きが急勾配 (shapening), 負の場合には緩勾配 (flattening) になることを意味する.実際のイールドカーブの変化はどちらもありうるので無裁定理論に矛盾するわけではない.

2.5 生命保険 ALM への応用

Redington の理論は生命保険会社のリスク管理の初期の橋頭保を示すものであった．このアイデアは，その後のリスク管理の発展においても重要な影響を及ぼし続けている．

Redington の理論を少し拡張すると，サープラス $S = A - L$ を対象にしたデュレーションを考えることもできる．こうすることで，保険会社や年金基金のソルベンシーに及ぼす金利の影響を見やすくできる．

$$D_S = \frac{1}{S} \sum_{t>0} t(A_t - L_t) \exp^{-\delta t} \tag{2.23}$$

このとき以下が成立することは容易に確かめられる．

(1) $SD_S = AD_A - LD_L$

(2) $D_S = \frac{A}{S}(D_A - D_L) + D_L$

(3) $D_S = D_A + \frac{L}{S}(D_A - D_L)$

$\frac{A}{S}$ や $\frac{L}{S}$ は一般に保険会社では大きいため，金利リスクは無視できない．生命保険会社は，デュレーションの長い負債を抱えているため，D_S をできるだけ小さくするようコントロールする必要がある．

一見，金利リスクは小さいように見えても，実は相当大きいことに注意すべきである．これは，デュレーションのミスマッチとサープラス比率の関係から生ずる．株式の保有比率を 20%，変動率を 20% とすると年間の変動率は高々負債の 4%，サープラスの 20% である．これに対し，サープラス・デュレーションが -15 の場合には，金利の 1% 上昇でサープラスの 15% を失う．表 2.6 (次ページ) の数字を眺めてみよう．

それでは，この設定で簡単な ALM モデルを考えてみよう．資産 A が債券ポートフォリオ B とリスク資産 (株式など) E で構成されており，

表 2.6　サープラス・デュレーション

A	L	S	D_A	D_L	AD_A	LD_L	D_S
120	100	20	10	15	1200	1500	-15
120	100	20	11	15	1320	1500	-9
120	100	20	12	15	1440	1500	-3
120	100	20	13	15	1560	1500	3
120	100	20	15	15	1680	1500	9
120	100	20	15	15	1800	1500	15

$$f_1 = \frac{B}{L}, \quad f_2 = \frac{E}{L}, \quad f = f_1 + f_2 = \frac{B+E}{L} = \frac{A}{L}$$

と負債に対する割合を定義しておく．資産の中での債券の割合は，$\dfrac{f_1}{f_1 + f_2}$, リスク資産の割合は，$\dfrac{f_2}{f_1 + f_2}$ となっている．負債と資産のリターンは近似的に以下のように表現する．金利の期間構造はフラットであると仮定していることになる．

$$\begin{aligned}
\tilde{R}_L &= r_L + D_L \sigma_L \tilde{\varepsilon}_L \\
\tilde{R}_B &= r_L + D_B \sigma_L \tilde{\varepsilon}_L \\
\tilde{R}_E &= \mu_E + \sigma_E \tilde{\varepsilon}_E
\end{aligned} \qquad (2.24)$$

ここで，ボラティリティ変数 $\tilde{\varepsilon}_L, \tilde{\varepsilon}_E$ は標準正規分布で，相関係数は ρ であるとする．すると，サープラスは，

$$\begin{aligned}
S &= A - L = B + E - L = f_1 L(1 + \tilde{R}_L) + f_2 L(1 + \tilde{R}_B) - L \\
&= (f-1)L + (f_1 - 1)r_L L + f_2 \mu_E L + (f_1 D_B - D_L) L \sigma_L \tilde{\varepsilon}_L + f_2 L \sigma_E \tilde{\varepsilon}_E
\end{aligned}$$

例 2.2 (サープラス・リスク最小化の資産配分)　さて，$L = 100, x = f_1, f = 1.2, D_L = 15, D_B = 12, r_L = 0.04, \sigma_L = 0.001, \mu = 0.1, \sigma_E = 0.2$ とおいて上の式を整理すると，

$$S = 200+4(x-1)+10(1.2-x)+(12x-15)\tilde{\varepsilon}_L+10(1.2-x)\tilde{\varepsilon}_E \quad (2.25)$$

したがって,

$$E(S) = 208 - 6x,$$
$$V(S) = (12x-15)^2 + (12-10x)^2 - 20.3(12x-15)(12-10x)$$

となる. $V(S)$ を最小化する x の値は 1.18 となり, このケースでは株式は $1.2 - 1.18 = 0.02$ しか配分されない. $f = 1.3$ の場合には, $x = 1.23$ であり, 株式は $1.3 - 1.23 = 0.07$ で配分が少し増える.

2.6 金利リスクの計量化

Redington 理論は, 資産, 負債の価格変化と金利変化の関係に基づいて保険会社のサープラス (純資産) の変化に与える影響を評価した. この考え方は, リスク管理にとって一つの重要な手法の萌芽と言える.

すなわち, 価値 V が, ファクターと呼ばれる変数 $\boldsymbol{f} = (f_1, f_2, \cdots, f_n)$ の滑らかな関数 p で決定されることが分かっているとき, すなわち

$$V = p(f_1, f_2, \cdots, f_n)$$

であるとき,

$$dV \sim \sum_{i=1}^{n} \frac{\partial p}{\partial f_i} df_i + \frac{1}{2} \sum_{i}^{n} \sum_{j}^{n} \frac{\partial^2 p}{\partial f_i \partial f_j} df_i df_j$$

となる. 特に, 価格がファクターの線形関数であるときは, 2 次以下の項は無視できる.

2.6.1 デュレーション, コンベクシティ

毎年クーポン C を支払い満期 n に元本 F を償還する利付債券の価格をイールド y の関数で表すと,

$$P = \frac{C}{1+y} + \frac{C}{(1+y)^2} + \cdots + \frac{C}{(1+y)^n} + \frac{F}{(1+y)^n} \quad (2.26)$$

このイールドが微少変化 Δy するとき，微分することにより，

$$\frac{\Delta P}{P} = \frac{\partial P}{\partial y}\frac{\Delta y}{P} = -D_M \frac{\Delta y}{1+y} \tag{2.27}$$

が得られる．ここに，D_M をマコーレー・デュレーション (Macaulay duration) ($\frac{D}{1+y}$ は修正デュレーション) と呼ぶ．

$$D_M = -\frac{\partial P}{\partial y}\frac{1+y}{P} = \frac{1}{P}\left(\frac{C}{1+y} + \frac{2C}{(1+y)^2} + \cdots + \frac{nC}{(1+y)^n} + \frac{nF}{(1+y)^n}\right) \tag{2.28}$$

この表示から，$D = \sum_{t=1}^{n} t \cdot w_t, w_t = \frac{C}{(1+y)^t} (t<n), w_n = \frac{C}{(1+y)^n}$ と書き換えることができ，これは各時点でのキャッシュフローの現価で加重を付けた平均であることを表している．また，$\sum_{t=1}^{n} w_t = 1, w_t > 0$ となっているのでこの加重は確率と解釈することもできる．デュレーションとは，金利弾力性 (感応度) という意味もあるが，平均するといつキャッシュフローが発生するかという平均時間を表している．

一般には期間構造を考えるのでスポットレートが微少に平行移動する，すなわち $r_k \to r_k + \Delta r$ と変化する場合を考えるが，$1+y$ のような修正がうるさいので利力 (瞬間スポットレート) 表示で考えるほうが便利である．

$$\frac{\Delta P}{P} = \frac{\sum_{k=1}^{n} e^{-t_k r_k} t_k CF_k}{\sum_{k=1}^{n} e^{-t_k r_k} CF_k} = -D_{FW}\Delta s \tag{2.29}$$

利力 (瞬間スポットレート) で考えたデュレーション D_{FW} を Fisher-Weil のデュレーションと呼ぶが今後は単に D で表す．デュレーションが金利変化に関する 1 次微分であるのに対し，コンベクシティは，2 次微分であり以下のように定義する．

$$C = \frac{1}{P}\frac{\partial^2 P}{\partial r^2} = \frac{1}{P}\sum_{k=1}^{n} t_k^2 CF_k e^{-t_k r k} \tag{2.30}$$

コンベクシティは原点の回りのキャッシュフロー現価の分散であるが，さらにデュレーションの回りの分散として $t_k^2 \to (t_k - D)^2$ と置いたものを M^2 (M-squared) と呼び，こちらのほうが使い勝手が良い．

$$M^2 = \sum_{k=1}^{n} (t_k D)^2 CF_k e^{-t_k rk} = C - D^2 \tag{2.31}$$

このことは，P を r の関数と見て2次の項まで Taylor 展開して見るとよく分かる．

$$\frac{\Delta P}{P} \sim \frac{\partial P}{\partial r}\Delta r + \frac{1}{2}\frac{\partial^2 P}{\partial r^2}(\Delta r)^2 = D\Delta r + \frac{1}{2}M^2(\Delta r)^2$$

2.6.2 キーレート・デュレーション (Key-rate duration)

イールドカーブのある年限 (key-rate) だけ変化するときの債券価格の弾力性をキーレート・デュレーションと呼ぶ．t_k 期のスポットレート r_k の変化を $r_k \to r_k + \Delta r_k$ とする．そこだけ変化したときの感応度は，

$$\frac{\partial P}{\partial r_k} = -t_k CF_k e^{-t_k rk}\Delta r_k = -D_k P \Delta r_k \tag{2.32}$$

偏微分と全微分の関係式から，デュレーションとキーレート・デュレーションの関係式が成り立つ．

$$D = \sum_{k=1}^{n} D_k \tag{2.33}$$

2.7 生命保険のリスクとは何か？

生命保険のリスクとは何かという問題とそのために経済価値ベース会計が必要であることを簡単な事例で説明することにしたい．リスク管理には，資産も負債も経済価値で考えなければならないということを納得してもらうことが目的である．

生命保険商品の群団として全員が保険金1の一時払い終身保険に加入している65歳(男子)1000人の集団を考える．前提条件は以下のとおりである．

- 死亡率：生保標準生命表 2018 の死亡保険用死亡率の 80%(中位)，高位死亡率は中位の 1.25 倍，低位死亡率は 0.75 倍．
- 利率：中位の金利水準は年率 1%フラット．高位利率は中位の 1.25 倍，低位利率は 0.75 倍．
- 事業費率，解約失効率など，その他の計算基礎は考慮しない．

三つの死亡率の前提での生存数 l_x と据置死亡数 $_td_x$ を図示すると図 2.2 のようになる．死亡率が低い (高い) と死亡数の水準が低くなるとともにピークの年齢が前倒しになるという傾向が観察される．

中位の金利 1%の下で死亡率を中位を最良推定値と考えて，低位と高位のシナリオでの現価をシミュレートしてみると，中位の 812.73 に対し，低位は 795.02，高位は 826.16 となる．もし，死亡率を中位シナリオで設定すると，高位シナリオが実現すると会社には現価ベースで 13.4 の損失が生ずる．これが死亡リスクということになる．

同様に，死亡率中位を仮定し，金利 1%を中位を最良推定値として，低位と高位のシナリオでの現価をシミュレートしてみると，中位の 812.73 に対し，高位は 772.81，低位は 855.21 となる．もし，金利を中位シナリオで設定すると，低位シナリオが実現すると会社には現価ベースで 42.5 の損失が生ずる．これが金利リスクということになる．

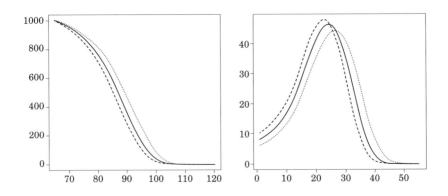

図 2.2　三つの死亡率前提に基づく生存数 (左) と死亡数 (右)

2.7 生命保険のリスクとは何か？

表 2.7　3本の死亡率による現価比較

年齢	中位	低位	高位
現価	812.73	795.02	826.16
65	8.08	6.06	10.10
66	8.60	6.46	10.73
67	9.13	6.88	11.36
68	9.72	7.34	12.07
69	10.38	7.86	12.85
70	11.14	8.45	13.76
⋮	⋮	⋮	⋮
80	26.32	21.10	30.76
⋮	⋮	⋮	⋮
90	35.30	34.39	33.81
⋮	⋮	⋮	⋮
100	8.28	15.07	4.05
⋮	⋮	⋮	⋮

表 2.8　3本の金利による現価比較

年齢	中位	高位	低位
現価	812.73	772.81	855.21
65	8.08	8.07	8.09
66	8.60	8.57	8.63
67	9.13	9.07	9.19
68	9.72	9.63	9.80
69	10.38	10.27	10.50
70	11.14	10.99	11.30
⋮	⋮	⋮	⋮
80	26.32	25.33	27.35
⋮	⋮	⋮	⋮
90	35.30	33.15	37.61
⋮	⋮	⋮	⋮
100	8.28	7.59	9.04
⋮	⋮	⋮	⋮

死亡率と金利の $3 \times 3 = 9$ とおりのケースで現価を計算すると最小は死亡率低位，金利高位の 751.94，最大は死亡率低位，金利高位の 751.94 となり，このシナリオの組み合わせでは九つの結果が生ずることになる．これが決定論的なシミュレーションの例となる．

表 2.9　決定論的シミュレーションの例

	死亡率：低	死亡率：中	死亡率：高
利率：高	751.94	772.81	788.71
利率：中	795.02	812.73	826.16
利率：低	841.12	855.21	865.85

死亡率と金利が中位の場合をベースライン・シナリオとして，デュレーションとコンベクシティを計算してみると，20.47 と 74.55 であった．

金利 1% が 0.75% に下落して継続するとき，負債価値は 855.21 − 812.73 = 42.48 だけ増加している．1.25% に増加して継続すると 812.73 − 772.81 = 39.92 となる．一方，修正デュレーションからと M^2 から計算すると

$$\frac{1}{1.01}(20.47 \cdot 0.0025 + 74.55 \cdot (0.025)^2) \times 812.73 = 41.58$$

となり，誤差はあるが，大体合っている．これが最も簡単な単一ファクターによるリスク計量の例となる．

$$\Delta P \sim D \times \Delta r + M^2 \times (\Delta r)^2$$

次に，この九つのシナリオを事象と考えて，それぞれ事象 $\omega_{i,j}$ ($i,j \in \{m,u,d\}$) に発生確率を以下のように付与する．ただし，i は死亡率シナリオ，j は金利シナリオである．

この確率により期待値をとると，

表 2.10　シナリオと発生確率

	死亡率：低	死亡率：中	死亡率：高
利率：高	0.018	0.084	0.018
利率：中	0.072	0.600	0.088
利率：低	0.022	0.076	0.022

表 2.11　シナリオと確率分布

事象	(d,u)	(m,u)	(u,u)	(d,m)	(m,m)
値	751.94	772.81	788.71	795.02	812.73
確率	0.018	0.084	0.018	0.072	0.600
分布	0.018	0.102	0.120	0.192	0.792
事象	(u,m)	(u,d)	(m,d)	(d,d)	
値	826.16	841.12	855.21	865.85	
確率	0.088	0.022	0.076	0.022	
分布	0.880	0.902	0.978	1.000	

$$\mathbb{E}[X] = \sum_{(i,j) \in (m,u,d)^2} P(\omega_{i,j}) = 812.73 = X[m,m].$$

X の分布関数は，表 2.11 (前ページ) のとおりとなる．これから，分布の 2%分位点は 812.73 なので，2%VaR は平均を差し引いて $53.12 = 865.85 - 812.73$ である．

最後に生保 ALM についての例題を挙げておこう．

例題 2.1 (ST9：2016 年 4 月より抜粋) ABC ライフは生命保険会社である．同社は資産ポートフォリオと負債ポートフォリオのキャッシュフローをできる限り密接に対応させることを望んでいる．このマッチングのために，同社は，キャッシュフローの最良推定値の対応づけよりも，保守性のためのマージンを含む，規制に基づいて予測される負債ポートフォリオから発生するネット・キャッシュフローを対応させることを選択した．

(1) 会社にとって資産・負債マッチングの程度がどのようにリスクを発生させる可能性があるかを説明せよ．
(2) マッチングに対するこの手法についてコメントせよ．

第3章
経済価値ベースのソルベンシー管理と会計

3.1 市場整合性の概念

市場整合性 (market consistency) の概念は，欧州の保険業界で独自の発展を遂げ，EU の保険リスク統一規制であるソルベンシー II や生命保険の潜在価値 (Embedded-Value) 会計にも採り入れられ，さらにはグローバルにも近い将来には保険の国際会計基準 IFRS17 の適用を通じて大きな影響を及ぼすことになろうとしている．

20 世紀後半までの伝統的なアクチュアリー実務では，保険債務として責任準備金 (liability reserve；欧州の表現では，技術的準備金：technical provision) の概念が利用されてきた．これは，伝統的な保険数理の枠組みで，利率や死亡率などの予定計算基礎率 (assumptions) に基づいて将来の保険キャッシュフローを割り引いて期待値をとることにより保険契約の負債とみなす考え方であった．この保険キャッシュフローの範囲や適用方法を特定することにより平準純保険料式やチルメル式などの責任準備金算定方式が考案されることとなった．

ところで，この予定計算基礎は，評価時点の金融資本市場や保険市場とは関わりなく，保険料の設定時に保険会社 (とそこに関与するアクチュアリー) やそれを裏付ける監督当局の規則により決定されている．その基本となる考え方は「適度の保守性」をそれぞれの計算基礎に反映させるというものであり，それにより保険会社の財務健全性 (ソルベンシー) の確保が可能とするソルベンシー重視の思想が反映されていた．特に生保相互会社の場合には，有配当保険

の営業保険料は事後の契約者配当による還元により実質的には軽減されるため，概算保険料の意味しかないため大きな問題にはならなかった．

このような状況に変化を引き起こした背景としては，金融資本市場のグローバルな進展がある．従来は，国内中心の市場で活動していた生命保険業も急速にグローバルな競争市場に参入することを余儀なくされ，保険市場の競争圧力が強まり，保険料率の自由化にともなって自社のソルベンシー評価とリスク管理を自己完結的に行うことが求められるようになった．保険会社の多くが株式会社化されると，株主への情報公開のため保険会社の損益とバランスシートを現実的な基礎に基づく「経済価値ベース」のものに一新すべきであるという機運が高まってきた．そこで問題になるのが，保険会社が保有する資産と負債の評価である．

資産を「時価」で評価する場合には，負債も「時価」で評価しなければ，資産と負債の差額である資本 (サープラス) の額は意味がない．自己資本は，会社のソルベンシー指標として最重要であるが，その評価に信頼性がなくなってしまうことになる．また，資産負債管理 (ALM) を機能させるためには，資産と負債を「時価」で評価することが基本である．

F. M. Redington [92] の古典的な論文では，もっとも単純な場合である確定的な資産・負債のキャッシュフローと一定の利力を仮定して資産と負債の差額であるサープラスの変動をモデル化して，デュレーションとコンベクシティという金利指標に基づく資産負債管理モデルの提案を行った．Redington のモデルの時代には，まだ金融経済学の価格理論や金利の期間構造モデルも存在していなかったが，市場整合的な評価の本質的なモデルを提供している．以来，英国においては資産と負債のマッチングという考え方は生命保険業界の常識として定着したが，市場整合的評価の概念の確立には至らなかった．

市場整合的評価の前身として公正価値 (fair value) あるいは市場価値 (market value) という概念が醸成されてきたのが 2000 年前後である．ニューヨーク大学の Irwin T. Vanderhoof と Edward Altman の編集による，タイトルも "The Fair Value of Insurance Liabilities" [105] と，"The Fair Value of Insurance Business" [106] という本が相次いで出版された．この事実から推測されるように，この時代から米国の保険学者やアクチュアリーの間で保険 ALM と保険

債務の公正価値についての議論が深まってきたように思われる．

その当時の画期的な論文として，Robert R. Reitano の "Two Paradigms for the Market Value of Liabilities" [94] がある．この論文で，彼は保険債務の時価評価手法について二つの方法論を展開した．この論文で，Reitano は保険負債の市場価値を評価する二つの方法，すなわち直接法と間接法について検討した．

- **直接法 (direct paradigm)**：保険会社債務をあたかも社債のようにみなすもので，保険キャッシュフローは保険契約の約定どおり支払われるものとして，その現在価値となる．このとき保険会社自体の信用力や内在する保険契約上のオプション (利率保証や契約者配当，更新権など) もキャッシュフローに反映する．
- **間接法 (indirect paradigm)**：この方法では時価ベースのバランスシートにおける (保険負債) + (株主資本) = (資産) という等式および (株主資本) = (配当可能剰余の現在価値) を代入することにより，(保険負債) = (資産) − (配当可能剰余の現在価値) から保険負債価値を評価しようとするものである．

間接法では，保険負債の評価としては，有形資産から株主資本の市場価格を差し引いて求めることになるが，問題は株主資本には暖簾 (franchise) とプットオプションの価値が含まれていることであり，その正確な評価とそれを除去することが一般には難しいことがある．したがって間接法による負債評価は技術的には困難であると考えられるため，直接法による評価のほうが可能性がある．

直接法による評価法は，保険アクチュアリーによって開発されてきた保険数理による将来にわたる保有する保険契約群団の保険キャッシュフローの見積もり額を現在価値で評価することが出発点となり，現在の実務が利用できる．以上の直接法の枠組みから市場整合的評価の Kemp [83] による定義が生まれる．

定義 3.1 (市場整合的価値)　資産ないし負債の市場整合的価値とは，ある

市場において評価時点で他の資産や負債と取引が迅速に行われるときの市場価格ないし，その評価時点で迅速な取引が行われたと仮定したときの市場価格の合理的な最善の推定値である．

さて，この定義にはいくつかのポイントがある．もっとも明らかな事実としては，資産ないし負債が市場で迅速に取引できる程度に応じて市場整合的価値をただ一つ定めることが可能である．すなわち，完全にそのような市場取引が可能ならば市場価格 (時価) に一致し，複製できない部分が大きくなるほどリスクの価格評価モデルに依存する度合いが大きくなる．

この「迅速な取引」という用語を，バーゼル委員会ではより詳しく「厚みのある流動的な (deep and liquid)」という用語で表現し，それぞれ以下のように定義している．

定義 3.2 (流動性と厚み) 流動性の高い市場とは，市場参加者が小さい価格変動で大きな量の取引を迅速に執行できる市場のことをいう．厚みのある市場とは，顕著な価格変化や一定時間内でマーケットメーカーの注文金額に影響することなく取引が可能である市場をいう．

市場整合性評価の枠組には，非流動性商品の評価を行うためにできるだけ適切な厚みのある市場で取引されている金融商品の信頼できる市場価格が必要である．なぜ，厚みのある流動的な市場で得られる価格は信頼できるのであろうか．このような市場では，多くの買い手と売り手が取引を頻繁に行っているため市場で合意される証券の価値が常に更新される．もちろん個々の参加者は個々の判断によって取引するのであるが，そこで生ずる取引価格は集団的な価値判断と効用の合意の産物である．

ここで得られた価格には以下のような魅力的な性質がある．

- 重要な情報に瞬時に反応する
- 価格は加法的である
- 証券価格は売り手にも買い手にも依存しない

- 与えられた時点の価格が一意に決まる

このように，市場価格は魅力的な性質を多く有しているものの，その限界も指摘されている．その一つは，厚みのある流動性の高い市場であっても「正しい価値」を示すとは限らないことである．たとえばバブル現象がある．バブルはその渦中にあるときに非合理的な熱狂状態にあるということを識別することは困難であり，事後的にその時期がバブルであったということが理解されるのである．しかし，市場はいずれは是正される．例えバブルの渦中にあっても資産価格は大多数の合意で形成されたものであり，冷静なる第三者が，その価格を異常と判断したとしても厚みのある流動的な市場で付いた価格であれば価値を体現するものとみなさざるを得ない[1]．もし，価値からかけはなれた価格であったとしても，その価格は投資家の合意を得たものであり，そこからランダムに乖離しているのであるから，そのことが分かっていても裁定取引で利益を得ることは難しい．

顧客に販売される保険商品の保険料は流通市場が未発達であり，したがって厚みも流動性もなく効率的でもないため市場整合的価格とは考えられない．多くの場合，保険会社は保険料に予定収益を組み込んでいる．また商品開発やマーケッティングその他の活動コストはサンクコストであり，これも保険価格に含まれる．流動性と透明性がなくなるほど市場整合的な価格から遠ざかる．保険会社は投資家と契約者の橋渡しとなってリスクを負うため，その乖離幅はプラスであることが普通であるが，マーケットシェアの獲得のために損失覚悟で販売することもあるかもしれない．保険負債の移転についても同様のことが起こりうる．

市場整合性とは，現実には存在しないときでも厚みのある流動的な市場を想定するということではない．定義により市場整合的評価を行う手続きは以下のようになるであろう．

---

[1] このようなミスプライスが起こる理論的な根拠としては，投資家の行動が完全に合理的ではない (限定合理性) とする立場，や心理学的なバイアスのためとする立場 (行動ファイナンス・行動経済学) がある．

- ある負債の市場整合的価値とは，まず最初に厚みのある取引がある金融商品を用いて，その負債に伴うキャッシュフローを可能な限り複製する．そのキャッシュフローで複製できなかった残余の部分は，あるモデルを用いて追加的なリスクマージン[2]を上乗せする．したがって，その負債の市場整合的価値は複製ポートフォリオの市場価格にリスクマージンの価値を加えたものになる．
- 複製とリスクマージンに用いられるキャッシュフローは，ともに評価の目的に依存する．それは，厚みのある流動的な市場がないとき，負債の潜在的な所有者が経営行為によってキャッシュフローに影響を及ぼすときに，負債価値に反映されることにより負債の市場整合的価格に差異が生じる．

    (1) 継続企業として負債を保有する保険会社の見方[3]
    (2) その負債を引き継ぐであろう仮想的な保険会社の見方[4]
    (3) 財務的困難のもとで負債が清算される状況における清算価値[5]

- 負債でも資産でも市場整合性評価は，商品の流動性を考慮に入れる．より厚みのある流動性の高い取引では金融商品は評価において市場価格の重要性が高くなる．より厚みがなく流動性の低い取引では金融商品の評価ではモデルによる評価が支配的になる．

いずれにせよ，この整理の仕方は証券の価格付け理論による市場に基づく評価方法 (mark-to-market) とアクチュアリアル・モデルによる評価方法 (mark-to-model) の混合物であるとも考えられるため「市場整合的」(market consistent) という用語法にはそのようなニュアンスが含まれていると考えることができる．つまり，

---

[2] これ以降，リスクマージンは複製できないリスクに対する対価ということを表す一般的な用語として使用する．
[3] 会計上の履行価値の評価 (後述) に対応．
[4] 会計上の現在出口価値の評価 (後述) に対応．
[5] 保険監督の立場から清算基準での負債評価に対応．

(1) リスクを複製可能なリスクと複製不可能なリスクに分離し，

(2) 複製可能なリスクはできるだけ市場の情報を取り入れることとし (市場価格アプローチ；mark-to-market 手法)，

(3) 複製不能なリスクについては何らかのモデルを策定して計量化を行う (モデルアプローチ；mark-to-model 手法) とする考え方である．

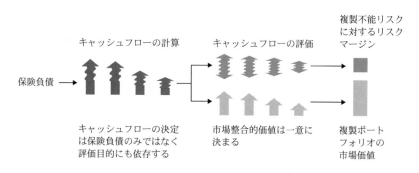

図 3.1　複製可能と複製不能なキャッシュフローの区分

複製可能リスクに市場の情報をとり入れる方法の一つは負債を資産ポートフォリオによって複製してしまうことであり，これが複製ポートフォリオである．

市場整合的評価におけるもう一つの特徴は，無裁定の原理である．裁定とは，ある価格で買った資産を同時に高い価格で売却し，元手なしで確実な利益を上げる戦略のことをいう．厚みのある流動的な市場では瞬時の取引以外に裁定取引ができる可能性が小さいことは経済理論の教えるところである．さらなる前提は厚みのある流動的な市場では取引コストが小さい (巨大な取引量ではないが相当の規模の取引でも) ということも意味する．無裁定の原理から以下の価値に関する公理が成立する．

(1) **存在**

どの時点でも特定の資産および負債の価値が存在する．一般的には単独の資産，負債だけでなく，そのポートフォリオとそれに付随するペイオ

フ (キャッシュフロー) a に対し，市場整合価値 $V(a)$ が存在することを仮定する．

(2) **一意性**
この価値 $V(a)$ が一意に定まるためには，市場の完備性を仮定する．すなわち，どんな評価対象の資産または負債も市場で取引されるある資産と負債の組み合わせで再構築できる．

(3) **加法性と同次性**
任意のペイオフ a, b とある定数 k が存在するとき，ペイオフ $k(a+b)$ について以下が成立する．

$$V(k(a+b)) = k(V(a)+V(b)) \tag{3.1}$$

逆に，これが成立する市場では，厚みのある流動的な市場が形成され，無裁定となり価格の一意性も保証される．また，$V(-a) = -V(a)$ であることから，取引コストは無視できることも含意している．また，$V(0) = 0$ である．

この金融資産評価原則は一部，資産 (負債) の公正価値評価に関する米国財務会計基準審議会基準書第 157 号，に反映されている．そこでは，非流動性資産 (負債) についてモデルアプローチを採ることを謳っている．例えば，リーマンショックで値付けができなくなった負債担保証券 CDO のトランシェの評価では以下の FASB 基準書にあるレベル 3 評価が用いられることになろう．

定義 3.3 (**米国財務会計基準審議会基準書第 157 号**)　測定日に市場参加者が秩序ある取引において資産 (負債) の対価として受け取る (支払う) 金額

- 公正価値の定義は「出口価値」
- 金融資産の測定をデータや前提により 3 分類

レベル1：活発な取引市場における同一商品の価格
レベル2：レベル1の情報が得られない資産に適用活発な市場の類似取引価格非活発な市場の同一または類似取引価格，取引価格以外の指標
レベル3：開示主体が取得できる：最善の情報に基づく内部価格等

- 金融商品の開示要件の拡大

次の節では，金融経済学における資産評価を保険負債に適用する原理について説明する．

3.2　金融資産の評価原則と保険負債への適用

米国アクチュアリー学会 (American Academy of Actuaries) の報告書 [33] によれば，金融資産の評価は金融経済学の価格理論に従って，次の3段階で行うべきとされる．

(1) まったく同一のキャッシュフロー (金額とタイミング) を持つ金融資産の価格は同一でなければならない (mark-to-market).
(2) 同一ではないが類似のキャッシュフローを持つ金融商品が売買されていれば，その価格に差異を反映した調整を行って求める．
(3) 類似のキャッシュフローを持つ金融商品がない場合には，モデルから得られる将来キャッシュフローからリスク調整済みの現在価値を求める (mark-to-model).

また金融経済学における基本的な評価原則は以下のとおりである．

原則1　もし，将来キャッシュフローにリスクがなければ，リスクフリー金利 (r_f と表記) で現在に割り引く．

原則 2 将来キャッシュフローにリスクが存在するならば，リスクの市場価格 (market price of risk) を反映した現在価値の計算が行われるべきである．この場合のリスク調整の方法は以下の三つがある．

(1) **割引率を調整する．** リスクのある金融資産のキャッシュフローは，その期待値をリスク・プレミアムを上乗せしたリスク割引率で割り引く．これをリスク調整済み割引率法 (RADR：Risk Adjustment Discount Rate) と呼ぶ．このため，リスクのある証券の価格は無リスク証券のそれに比べ低くなる[6]．逆に保険負債の場合には，リスクフリー金利より低い利率で割り引かなければならないので，リスクフリーの場合より高い価格となる．

$$P = \frac{E[X]}{1 + r_f + \text{リスクプレミアム}}$$

(2) **確率測度を変換して評価する．** 割引率を調整するのではなく将来キャッシュフローの経路 (path) に対し，リスクを反映した加重で調整した確率 (リスク中立測度) で平均した期待値を求める．

$$P = \frac{E^Q[X]}{1 + r_f}, \quad Q：\text{リスク中立測度}$$

いわゆるオプション価格理論に基づく方法であるが，市場の完備性を前提とする．完備市場においては金融商品のポートフォリオを連続的に組み替える動的複製を行うことで金融オプションなどの非線形的な取引でも価格を一意的に定めることができるというのが数理ファイナンスの成果である．例えば，Black-Scholes モデルを前提とすると，リスクフリー資産と株式の複製ポートフォリオがその役割を果たす．ところが，非完備市場においてはリスク中立測度は無数に存在するので一物一価の原則が成り立たない．保険負債は金融市場で取引されない死亡率・解約失効率などのリスクを含んだ負債であり，非完備である．したがって，何らかの価格付けの基準を設けなければ評価できない．

---

[6] 社債と国債の価格を考えると分かりやすい．

(3) リスクを反映したキャッシュフローを用いる.

$$P = \frac{E[X^*]}{1+r_f}, \qquad X^* = CE[X] : 確実性等価額$$

金融経済学では，金融資産の場合には実確率測度の下での期待キャッシュフローから一定のリスク調整分を差し引き，確実性等価となるキャッシュフローを計算しておいてから，それを無リスク金利で割り引くという手続きとなる．保険負債の場合には逆に期待キャッシュフローに一定のリスク調整分を加えた確実性等価キャッシュフローを無リスク金利で割り引くことになる．

原則 3 すべてのキャッシュフローを現在価値計算に当たって考慮する．会計原則で一部のキャッシュフローのみを評価対象とすることを認めているにせよ，金融資産評価においては契約に係る取引費用や税金，配当や条件付きの金利支払いなども含めて考慮しなければならない．

前節で説明した市場整合的評価は，確実なキャッシュフローについてはリスクフリーレートでそのまま割り引き，リスクのあるキャッシュフローについてはリスク中立確率によって加重してからリスクフリーレートで割り引くという考え方であるので，この (2) の方法を採用したものと考えることができる．

3.3 複製

これらの原則を非流動的な資産や負債に拡張する場合にはかなりの部分を複製の原理に頼ることになる．例えば，ある負債 a は非流動的な負債であるが，流動的な資産 b によって完全に複製 (ヘッジ) が可能であるとする．完全に複製可能とは，この場合符号を除き，満期までのキャッシュフローの確率分布が一致することを意味し，$b = -a$，すなわち $a = -b$ が成り立つときをいう．したがって負債の市場整合価値は $V(a) = V(-b) = -V(b)$ であり，符号が逆になることを除き両者は一致する．

以上の市場整合的評価の別の定義として，複製の概念を用いて非流動的な負

債の市場整合的価値は取引可能な金融商品の価格に -1 を乗じたものとすることもできる．しかしながら，より理論的に正当化するためには，複製の原理によって市場整合性を定義するのではなく複製を市場整合性の定義の結果として扱うほうがよい．

複製手法には静的複製と動的複製がある．静的複製は複製ポートフォリオをいったん構築すると負債の満期までポートフォリオを変えることなく保持する．動的複製の例としては，Black-Sholes モデルで，ヨーロッパ型のコール (プット) オプションを複製する場合に原資産である株価の変化に従って安全資産と株式のポートフォリオ構成を連続的に変化させることで完全な複製が可能となったことを思い出してみればよい．

市場整合的評価には動的複製が基本となる．一般に保険商品には金融的あるいは非金融的なオプションが組み込まれているからである．金融的オプションの例としては，変額年金商品のさまざまな給付の最低保証があり，非金融的オプションの例としては解約権や更新権などがある．

一般には，負債を完全に複製することはできず，大なり小なり近似にすぎない．市場が完備である場合には，市場に存在する証券は完全に複製できる．実際には，市場は完備でなく，したがって複製できないキャッシュフローが存在し，その評価には主観が入ってくる．これが非完備市場における資産の取引の本源的な不確実性の原因となる．したがって，市場整合的価値はもはや一意的には決定できない．しかしながら，複製が近似的にできる場合には，一般には市場整合的価値が含まれる範囲が定まる．同一のキャッシュフローの価値は同一であるが，近似的に等しいキャッシュフローの価値は近いからである．市場整合的評価において，複製ポートフォリオを構築することは必ずしも要請されない．別の方法として，特に内在オプションの評価においては経済シナリオ・ジェネレーター (Economic scenario generator；ESG) を使ったシミュレーションによる期待値計算やリスク中立確率による解析解が用いられることもよくある．これらは厚みのある流動的な市場における金融商品をリスク中立測度による期待値を計算して求めるので理論上は複製ポートフォリオと同じ計算を行っていることになる．

一般的には，最適な複製ポートフォリオの選択を行うための二つの概念的な

枠組みが存在する．

第1の概念的な枠組みは，負債キャッシュフローは厳密に複製可能な部分と複製不能な部分に分ける．複製不能な部分のリスクはリスクマージンのモデルで評価され，その期待値は最善推定値と呼ばれ，複製可能とは独立になる．結果的には，市場整合的評価は，一意的に定まる複製可能部分と複製不能部分の期待値(ゼロになるかもしれない)と複製不能部分のリスクマージンで決定されることになる．

第2の概念的な枠組みは，与えられた複製ポートフォリオの空間の中で可能な限り良い近似となる最適ポートフォリオを選択する．その空間に近似のために何らかの距離を定義する必要がある．この枠組みでは最適ポートフォリオは近似的な複製ポートフォリオとなり，残余のキャッシュフローがリスクマージンとなる．

第1の枠組みは最初に複製ポートフォリオを抽出，分解するのに対し，第2の枠組みでは距離空間の中で距離を最小化するポートフォリオを選択するという手続きが異なる．

どちらの方法を採用するにせよ，最も精確な複製を得る唯一の方法があるわけではないので，市場整合的評価を計算する正しい方法も一つではない．複製

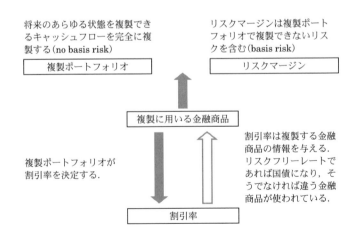

図 3.2 複製による市場整合的価値の評価手続き (第 1 の枠組み)

方法の選択は，市場整合的評価の目的によって行うことになる[7]．実際の複製がどのような証券で行われるかは例示的に以下のような分類で示される．

表 3.1　複製可能・不能な金融商品の例示

利用する金融商品の例		
リスクの種類	複製可能	複製不能
金融的	10 年物ユーロ金利 期間 10 年の株式オプション 契約者の合理的解約行動	60 年物ユーロ金利 15 年エマージングマーケットの債券 期間 30 年の株式オプション
非金融的	売買取引可能なカタストロフリスク 活発に取引されている証券化されているリスク	保険リスク (死亡率，損害率など) 契約者の非合理的解約行動

複製の可能性は，市場の状態によっても変化する．金融危機の時期には正常時と比べ厚みのある流動的な金融商品の売買が困難になり，複製可能な金融商品の範囲が急速に細ることがありうる．そのような時期でなくとも大量の証券売買はマーケットインパクトにより追加的な取引コストがかかることはよく知られている．

3.4　リスクマージンの評価

リスクマージンの評価は，負債の市場整合的評価において最も主観的な判断を必要とする．これはモデル依存であり，どのようなモデルが適切かどうかについて合意を形成することが現段階では困難だからである[8]．実際，ヨーロッ

---

[7] 複製の実務的な方法については第 5.3 節を見よ．また邦文論文では，三石 [26] に要領よくまとめられた解説がある．

[8] リスクマージンはしばしばマーケット・バリュー・マージン (MVM；Market Value Margin) と呼ばれるが，MVM には何らかの市場参加者の選好が反映していることを含意していると考えられる．

パのスイス・ソルベンシー・テストやソルベンシーIIでは，資本コスト法を採用することになったが，IAIS (保険監督者国際機構) より要請を受けてこの問題を検討した国際アクチュアリー会のリスク・マージン・ワーキング・グループの報告書では，資本コスト法のほかに明示的計算基礎法と分位点法を併記している．

表 3.2　MVM 評価モデル

手 法	内 容
明示的計算基礎法	基礎率に一定のマージンを含める伝統的手法であり，わが国をはじめ多くの国で採られている．死亡率や評価利率など個々の要素毎に一定の保守性 (安全な方向へのブレ) を考慮する．比較可能性に乏しいとされる．
分位点法	債務額に関して一定の分布と信頼水準を定め，それを前提としたパーセンタイル値と最良推定値との差額をマージンとする考え方である．
資本コスト法	全保険期間にわたって保険債務を果たすのに必要な要求資本額に等しい自己資本額を保持するために必要とされるコストとする考え方である．

そもそも保険債務の不確実性に対するリスクマージンは，株式や債券などの証券の不確実性に対する報酬であるリスクプレミアム (リスクの市場価格) に対応する概念である．株式では，市場価格データより，例えば CAPM (資本資産価格モデル) を使えば β 値によりリスクプレミアムを推定できるし，債券においては金利の期間構造の時系列データよりある確率金利モデルを採用すれば較正 (calibration)[9] を行って，それぞれのモデルのパラメーターからリスクプレミアム (リスクの市場価格) が推定できる．

これに対して保険債務には厚みのある流動性の高い市場は存在せず，したがって保険債務の価格データもないし，価格付けモデルも存在しないのでリス

---

[9] 元来は，実験に先立って，測定器の狂い・精度を，基準量を用いて正すこと (『広辞苑』第四版) であるが，リスク管理モデルの分野では目的適合性のある入力情報や計算基礎を設定するプロセスという意味で使われる．

クプレミアムの推定もできない．したがって，明示的計算基礎法や分位点法には，金融経済学的なモデルの背景はなく根拠に乏しいアドホックな手法と言わざるを得ない．

これに対し，スイス・ソルベンシー・テストやソルベンシー II で採用されている資本コスト法にはそれなりの根拠がある．資本コスト法では，善意の第三者としての保険債務の引き受け会社が存在することを前提として，その債務を引き受けるために必要な規制資本に対する資本コストの現在価値をリスクマージンとして評価するという発想に基づく．少なくとも引受会社にとって不利益は生じない条件での買収価格とするという考え方であり，会計概念上は出口価格の発想となっている．

この考え方は，規制資本である必要資本 (SCR；Solvency Capital Requirement) は実確率のもとでの VaR として決定されるので市場整合的ではないことから，厳密には経済価値ベースの評価ではないという見解もある．しかしながら，保険債務の引受リスクに対する適切なモデルがほかに存在しない以上，現在考えられるモデルの中では一定の合理性のあるものと評価されよう．

具体的な計算方法は以下のとおりである．保険債務を引き継いだ保険会社は各年度にリスクに備えるための SCR を積み立てるために資本を調達する．この場合，注意すべきなのは，必要資本のうちで複製可能な部分については，すでにリスクマージン以外に組み込まれているので複製不能リスクに対応する必要資本のみが資本コストの対象になることである．これは当該負債が満期になるまで必要とされるので，その資本コストの現在価値総額をその年度におけるリスク・マージン総額とする考え方である．

すなわち，t 期のリスク・マージン RM_t は，

$$RM_t = \sum_{s=0}^{\infty} [(t+s) \text{ 期における複製不能リスクに関する必要資本額} \\ \times \text{資本コスト} \times (1 + \text{リスクフリーレート})^{-s}]$$

3.5 割引

キャッシュフローの割引は，将来の発生時点ごとに貨幣の時間価値 (time value of money) を評価し，集合としてのキャッシュフローを価格に換算する目

的で行われる．リスクのある証券のキャッシュフローを割り引くための割引率の選択は，金融経済学の原則によれば，そのキャッシュフローの期待値をリスクプレミアムを考慮した期待収益率で割り引くか，あるいは割り引いた確率変数としての現在価値のリスク中立測度による期待値を求めるか，いずれかの方法で行われるのであった．市場整合的評価においては，後者の方法が採用されており，この場合には割引率としてリスクフリー金利のイールドカーブが使用されることになる．しかしながら，適切なリスクフリー金利を入手することは一般には簡単でない．通常は，各国の通貨に基づく国債金利がリスクフリーとされているが国債のイールドカーブを用いる場合にもいくつかの留意点がある．

まず，日本のように割引債の市場が発達していない場合にはスポットレート(割引債利回り)は利付債の価格より推定して求めることになる．しかし，市場規制や税制，市場慣行などによって国債価格にも歪みがあることがある．さらに，超長期ゾーンでは国債が発行されていないか，十分な発行量や流通量のない場合が多い．また，この場合，外挿 (extrapolation) の方法がとられるが，実際の取引がないのであくまでも参考値でしかない．ユーロ圏では，ユーロ加盟国がそれぞれのユーロ建て国債を発行しているが，それぞれの国の信用リスク(ソブリンリスク)を反映して価格差が生じている．特にリーマンショック後からギリシャ危機までの時期には大きな価格差が観察された[10]．

一方，ユーロ圏では，銀行間の金利スワップレートがリスクフリーレートの代替として利用されてきた．しかし，金利スワップレートは銀行の信用リスクを反映しており，リスクフリーレートより数十 bp は高いと考えられており，さらに金融の混乱時期には国債金利との乖離が生ずる (basis risk)．事実，そのような場合の保険会社の資産負債ミスマッチ・リスク (ALM リスク) をどのように捉えるべきかについては十分な検討を要する．

いくつかの文献では，リスクフリーレートを求めるための二つのアプローチを紹介している．

(1) 国債金利などについて，(a) 実質金利，(b) 期待インフレ率，(c) ソブリン信用リスク，(d) その他の控除要素の合計と考えて調整する．

---

[10] Tanaka, Inui [101] 参照のこと．

(2) 社債金利やスワップ金利などから，(a) 信用スプレッド，(b) 流動性スプレッド，(c) 制度要因，(d) その他要因を控除する．

第 1 のアプローチにおいては，実際にはこのような分解は困難なため制度要因などの影響が明らかな部分にのみ調整を加えることしか実際にはできない．制度要因として英国では，国債と現金の GC レポ取引があり，国債にも超過スプレッドが 5〜10bp 程度あるという報告もあり，事実ならその程度に応じた調整を行う必要がある．

第 2 のアプローチでは，金利スワップレートを使う場合には銀行間取引における信用リスクを反映すべきであるし，社債の流動性が低いことから非流動性プレミアムも考慮すべきことになろう．ただし，非流動性プレミアムの決定を合理的に行う方法について決定打はなく，今後の研究課題として残されている．さらに，リーマンショック後は，多くのスワップ取引が担保付になっており，さらに担保コストの控除の問題が生じてきた．現在は，OIS (Overnight Index Swap) 取引と呼ばれる，一定期間の無担保コールレート (オーバーナイト物) と固定金利を交換する金利スワップ取引が活発化しており，金利スワップのどのような商品を基準とすべきかということも今後検討すべき課題である．

ソルベンシー II では，保険負債は流動性がないので何らかの非流動性プレミアムの調整も考慮されるべきだという議論があり，実際に最終段階で適切な非流動性プレミアムを加算して調整する検討が行われた．非流動性プレミアムの測定は，いくつかの研究があるものの信用リスクとの分離が難しく，特に金融危機の混乱の時期には困難であることが実証されている．非流動性プレミアムの必要性は，金融危機の混乱の時期に最も大きくなる．すなわち，社債などの資産価格は流動性の枯渇により大幅に下落するが，保険負債の市場整合的価値は割引率が，それに連動して動かないので実態以上にソルベンシーポジションが悪化する現象が発生する．これを非流動性プレミアムで対応する案が検討されたが，LTGA (Long-Term Gaurantee Assessment; 長期保証契約影響度調査) によって決着を見ることになった[11]．

---

[11] これについては第 15.4.3 項の EU ソルベンシー II の項に詳しく説明した．

3.6 ソルベンシー規制と経済価値ベースの会計

　保険負債評価は，各国において現在までに多様なアプローチが採用されてきた．

　日本では，主要保険商品について標準責任準備金制度が採用され法定の責任準備金は平準純保険料式を基本として，保守的な計算基礎率を規制により規定するアプローチをとり，これが財務諸表の作成にも利用され，一般に公正妥当と認められる財務会計とされてきた．

　米国の場合には，同様のアプローチをとる法定の責任準備金と株式会社では別途，GAAP（一般に認められた会計原則）の保険財務会計に従う責任準備金があり，いずれも「繰り延べ法」を前提とした会計方式を採用してきた．

　ところが，経済価値ベースの保険負債が最近になって相次いで採用されることになった．ソルベンシーIIで採用された技術準備金，主にヨーロッパの保険会社で開示されている市場整合的潜在価値会計における保険債務，さらに国際保険会計基準のIFRS17における責任準備金である．

　一方，国際会計基準では，保険負債の評価における基本的なアプローチとして検討が始まった当初の2007年には「現在出口価値」が提唱されたが，2010年より「履行価値」を採用する方向に方向転換した．出口価値は「保険契約を第三者に移転する」ことを前提とする評価であり[12]，履行価値は「当該保険会社が保険契約上の義務を履行する[13]」という前提での評価ということになる．出口価値は，公正価値の考え方に近く市場整合的評価とは親近性が高い．履行価値においても貸借対照表上はその評価手法は大きくは変わらないが，損益計算書上は「契約上のサービスマージン」という調整項[14]を設けて初年度の利益を繰り延べる原価法的な手法を採り入れることになり，公正価値概念適用の一部修正となっている．

---

　[12] IASB [79] の表現では，現在出口価格とは「保険者が報告日に残存する契約上の権利と義務を別の企業に直ちに移転する場合に保険会社が支払うと見込まれる金額」である．

　[13] 保険契約によって創出されるネットの債務を履行するために必要とされる資源の現在価値の企業の現時点の見積もり．

　[14] IFRS17によるCSM (Contractual Service Margin) の和訳．

経済価値ベースの保険負債については，市場整合的潜在価値会計という内部管理会計が存在する．保険負債の会計基準の設定で大きな議論を巻き起こしたテーマの一つに保険会社が発行した保険債務に保険会社の信用度を反映すべきかどうかという論点がある．例えば，当該保険会社が社債を発行する場合には当然のことながら社債の価格には保険会社の信用度が反映される．問題は，社債と保険債務との違いがどこにあるかという問題でもある．

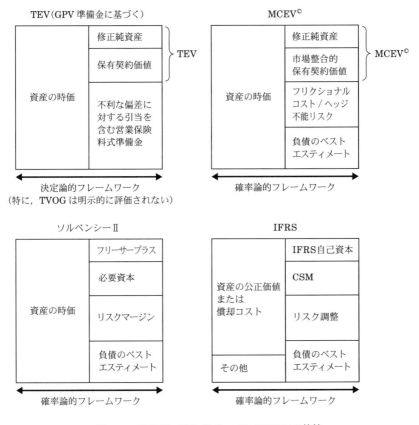

図 3.3　MCEV，ソルベンシー II，IFRS17 の比較

保険債務の信用リスクは，保険料のミスプライシングや経験率の大幅な変動などによってもたらされる倒産や債務不履行であるが，多くは会社の資産と負債のバランスから生ずるものであり保険契約自体から生ずる問題は少ないと考

えられている．

　もし，保険債務の評価に信用リスクを反映させるとしても，それは割引率を通じてではなくリスクマージンの構成要素の一部として評価すべきであろう．また，保険監督上の立場からは，信用度の低い会社にとって保険債務評価が低くなることは，リスク管理意欲を減退させモラルハザードを生じさせるとして保険監督者国際機構 (IAIS) は強く反対した．

　純粋な理論的立場では，信用リスクの反映は排除するものではなく保険会社の倒産や債務不履行のデフォルトオプションの存在とその評価は肯定されるが，保険会計上は信用リスクを反映しないことになっている．

　最後に，市場整合的な潜在価値会計 (MCEV；market-consistent embedded value[15]) に用いられる保険負債評価はどのような位置づけになるであろうか？ Kemp [83] によれば，ソルベンシー II の評価基準とは評価目的が異なるため違うものになるだろうと言う．潜在価値会計においては，株主の観点を重視しなくてはならないので保険会社のデフォルト・プット・オプションの価値を適切に反映することが望ましく，リスクフリーレートよりも標準的な信用スプレッドを反映したものが望ましい．

　また，契約者行動についても過度に悲観的な見方は不適切であるので「正常時シナリオ」を用いるべきであるが，ソルベンシー評価では「ストレスシナリオ」を反映すべきとしている．

---

[15] ヨーロッパでは，比較可能性や透明性で問題のあった伝統的な潜在価値会計，ヨーロピアン潜在価値会計を経て市場整合的な潜在価値会計のガイドラインが作成され，多くの会社がこれに従って開示している．

表 3.3　MCEV, ソルベンシー II, IFRS17 の比較

項目	MCEV	ソルベンシー II	IFRS17
将来利益の価値	保有契約価値として報告	自己資本として即時認識	CSM の解放として契約期間にわたり認識
リスク調整	ヘッジ不能リスクに対する 1 年間 99.5%に基づくコスト	将来 SCR の現価の 6% SCR は 1 年間 99.5%に基づくコスト フリクショナル・コスト：各社決定	リスク調整の水準, および算出に用いる手法については選択肢あり
費用	ベストエスティメイト負債に反映するすべての経費	ベストエスティメイト負債に反映するすべての経費	履行キャッシュフローに含まれる契約に直接起因する経費のみ 新契約経費は不成立であっても原則含める
割引率	ほとんどの場合, スワップレートに LLP または UFR を適用 国債利回りを使用する場合も同じ	EIOPA が提示する金利 ボラティリティ調整, 信用リスク調整あり 承認されれば, マッチング調整も認められる	IFRS17 に規定された原則に従って各社決定
目的	損益計算書と業績表	B/S とソルベンシー	損益計算書と業績表示
適用対象	MCEV 原則に準拠して開示している会社	欧州連合の全ての会社と域外でも欧州連合に本社を置く保険グループに属する会社	IFRS 適用地域の会社と IFRS を任意適用している会社

第4章
ソルベンシー評価の数学的理論

本章では，経済価値ベースのソルベンシー評価の数学的な基礎について定式化を行うことにする．内容は，まず，リスク尺度と保険料計算原理から始め，さらに前の章で一部，数式をできるだけ使わずに説明した無裁定価格理論の要点をある程度，数式を交えて復習を行った後，その延長線上の数学モデルである市場整合的負債モデルとリスク評価モデルを紹介する．このモデルはスイス・ソルベンシー・テストの枠組みを想定しているが，経済価値ベースのソルベンシー評価一般に適用可能である．

4.1 リスク尺度

Artznerたちは [32] にて，リスク尺度[1]についてそれを満たすことが望ましい性質を公理として与える公理論的なアプローチを導入した．彼らによれば，**損失 X をもたらすポジションが，外部あるいは内部のリスク管理者にとって許容範囲に収まるために，そのポジションに付加されるべき最低資本量**を表す．保険で言えば，**責任準備金**の相当する概念と言える．その最も重要な概念が整合的リスク尺度 (coherent risk measure) である．

---

[1] この節は，多くを塚原 [19] に負っている．

4.1.1 整合的リスク尺度

まず，数学的なセッティングを行う．確率空間 $(\Omega, \mathcal{F}, \mathbb{P})$ の下で，$L_\infty := L_\infty(\Omega, \mathcal{F}, \mathbb{P})$ を $\mathbb{P}$-本質的有界な確率変数全体とする．

この空間の要素 $X \in L_\infty$ は損失を表し，その $\mathbb{P}$ の下での分布関数を $F_X(x) := \mathbb{P}(X \leq x)$ とする．また，F_X の (一般化) 逆関数である $F_X^{-1}(u) := \inf\{x \in \mathbb{R} | F_X(x) \geq u\}$ は分位関数 (quantile) を表す．

以上の前提の下で，整合的リスク尺度 (coherent risk measure) の定義は以下のようになる．

定義 4.1 整合的リスク尺度とは，L_∞ から実数 $\mathbb{R}$ への写像 ρ で以下の四つの条件を満たすものである．

- **正値性** $X \leq 0$ a.s. $\iff \rho(X) \leq 0$.
- **並進不変性** すべての $c \in \mathbb{R}$ に対して，

$$\rho(X + c) = \rho(X) + c$$

- **正の同次性** すべての $\lambda > 0$ に対して，

$$\rho(\lambda X) = \lambda \rho(X)$$

- **劣加法性** 任意の $X, Y \in L_\infty$ に対して，

$$\rho(X + Y) \leq \rho(X) + \rho(Y)$$

定義 4.2 正の同次性から，$\rho(0) = 0$ がただちに導かれる．また，正値性と劣加法性から，

- **単調性** $X \leq$ a.s. ならば $\rho(X) \leq \rho(Y)$

が成り立つことが分かる．

これらの要請はリスク尺度の性質として望ましいものかどうかが議論になる．

正値性の意味は明快で損失がないリスクには資本が必要ないという事実を述べており，納得できる．次の並進性も当然で，確実に損失が増加するポジションを上乗せすると，その分のリスク量が増えるということである．

正の同次性には，一部の批判がある．$\lambda \gg 1\,(\lambda \ll 1)$ のとき，流動性の観点からリスクはポジションに比例しないかもしれないというのである．たしかに，株式を 1 単位売却するのと 100000 単位売却するときのリスクは 100000 倍ではないかもしれない[2]．

劣加法性は，いわゆるリスクの分散効果を表すもので，ことなるリスクを二つ合わせたリスク量は，それぞれのリスク量の和よりは少なくとも大きくならないことを要請する．

正の同次性の批判に対し，より一般化した凸リスク尺度という概念が考案された[3]．

定義 4.3 凸リスク尺度 (convex risk measure) とは，並進不変性と単調性に加えて，以下の凸性と正規化条件を満たす，L_∞ から実数 $\mathbb{R}$ への写像 ρ をいう．

- **凸性** $0 \leqq \lambda \leqq 1$ に対して，

$$\rho(\lambda X + (1-\lambda)Y) \leqq \lambda \rho(X) + (1-\lambda)\rho(Y)$$

- **正規化条件**

$$\rho(0) = 0$$

整合的リスク尺度は，凸リスク尺度であるが，逆は真ではない．凸リスク尺度の凸性も一種の分散効果を表しており，整合的リスク尺度の拡張と考えることができる．以下の命題により凸リスク尺度には (したがって整合的リスク尺度にも) ある種の連続性があることが分かる．

---

[2] 他方，リスク尺度は貨幣単位の変換について共変的であるべきであるという主張も存在する．

[3] Föllmer and Shied [59, 60], Frittelli and Rosazza Gianni [62].

命題 4.1 (リプシッツ連続性) $X, Y \in L_\infty$ に対して，凸リスク尺度 ρ は以下の不等式が成立する．ただし，$\|\cdot\|_\infty$ は L_∞ 上のノルムである．

$$|\rho(X) - \rho(Y)| \leq \| X - Y \|_\infty$$

何となれば，$X \leq Y + \| X - Y \|_\infty$ が成立することは明らか．これに並進不変性と単調性から，$\rho(X) - \rho(Y) \leq \| X - Y \|_\infty$ が得られる．X, Y を入れ替えると同じことが成り立つ．

4.1.2 歪みリスク尺度

歪み関数 h とは，$h(0) = 0$ かつ $h(1) = 1$ を満たす単調増加，右連続の $[0, 1]$ 上の関数である．このとき，任意の分布関数に対し，$h \circ F$ を歪み分布関数，

$$\int x \, dh \circ F(x) = \int_0^1 F^{-1}(u) \, dh(u)$$

を歪み期待値と呼ぶ．

歪みリスク尺度とは，整合的リスク尺度の条件に**ファトゥー (Fatou) 性**と**共単調加法性**の条件を追加することにより定義される．

ただし，ファトゥー性とは X_n が一様有界で，$X_n \to X$ (確率収束) のとき，$\rho(X) \leq \liminf_{n \to \infty} \rho(X_n)$ となる性質のことをいう．また，共単調加法性の共単調とは，直観的には同じ動きをする従属性の強い確率変数の組を表す．共単調加法性とは，共単調な確率変数 X, Y について $\rho(X + Y) = \rho(X) + \rho(Y)$ が成り立つ性質をいう．

4.2 保険料計算原理

保険料計算原理は簡単に言えば，安全割増 (リスクマージン) を考慮して純保険料をどう決定するかという原則を指す．古くはアドホックな定義から始まったが，近年は公理論的なアプローチや経済学的な根拠を持つアプローチも試みられてきている．一部の保険料計算原理は，リスク尺度の公理論的アプローチときわめて類似しており，特に歪み期待値を用いるリスク尺度は公理的

な保険料計算原理の一つともみなすことができる.

ρ を $L^\infty(\Omega; \mathbb{F})$ 上の凸リスク尺度とする. ρ は, 有限かつ $\rho(0) = 0$ と規格化されているとする. $L_\infty(\Omega; \mathbb{F})$ 上の汎関数 H を以下の式で定義する.

$$H(X) := \rho(-X)$$

明らかに, H は以下の性質を満たす.

(i) $H(0) = 0$,
(ii) $H(X + m) = H(X) + m$ for $X \in L^\infty(\Omega; \mathbb{F})$ and $m \in \mathbb{R}$,
(iii) $X \leqq Y \Longrightarrow H(X) \leqq H(Y)$,
(iv) H は $L_\infty(\Omega; \mathbb{F})$ 上で凸.

H は, ρ が右連続のとき右連続であることに注意する. このような汎関数は, Deprez and Gerber [54] により凸保険料計算原理として導入されている. 以下の説明では, 保険料計算原理は, 法則不変な凸保険料計算原理を前提とする.

定義 4.4 (法則不変性) 分布が同じ X, Y について, $\rho(X) = \rho(Y)$ がつねに成り立つとき, ρ は法則不変であるという.

正確に述べると, 汎関数 $H : L_\infty(\Omega; \mathbb{F}) \longrightarrow \mathbb{R}$ が凸保険料計算原理であるとは,

(i) $H(0) = 0$ (規格化),
(ii) $H(X + m) = H(X) + m$ for $X \in L^\infty(\Omega; \mathbb{F})$ and $m \in \mathbb{R}$ (並進不変性),
(iii) $X \leqq Y \Longrightarrow H(X) \leqq H(Y)$ (単調性),
(iv) H は $L^\infty(\Omega; \mathbb{F})$ 上で凸 (凸性).

(iii) の単調性は，(iii′) $H(X) \leqq \sup X$ で置き換えることができる．

$X \leqq Y$ と (i), (iii′) を合わせると，すべての $\lambda \in (0,1)$ に対し，

$$H(\lambda X) = H\left(\lambda Y + (1-\lambda)\frac{\lambda}{1-\lambda}(X-Y)\right) \leqq H(Y)$$

となり，(ii) を見ると $0 \leqq X$．左からの連続性を仮定すれば λ を 1 に近づければ $H(X) \leqq H(Y)$ が導かれる．

4.3 無裁定価格理論の復習

4.3.1 1 期間の 2 資産 2 項モデル

簡単な 1 期間の 2 項モデルを考えよう．例えば，日経平均指数のようなリスク資産と銀行預金のような無リスク資産を 1 年間運用する状況を想定する．

現在 ($t=0$) でリスク資産を S 円保有し，無リスク資産を B 円保有する．1 年後 ($t=1$) にリスク資産は二つの状態 H, L に変化して，価格は $S_H = uS, S_L = dS\,(0 < d < 1 < u)$ となるものとする．すなわち，現在より高くなる (S_H) か低くなる (S_L) か二つの価格に分岐する．無リスク資産は，どちらの状態でも $R = 1 + r_f > 1$ (r_f は 1 年間の無リスク金利，$1 \leqq R < u$ を仮定する) とすると，RB になるものとする．

ここで**裁定機会**を以下のように定義する．

定義 4.5 (裁定機会) 複数の資産が取引されている市場で，ゼロコストでリスクなしに利益が得られる取引戦略 (ポートフォリオ売買戦略) が存在するとき，裁定機会 (arbitrage opportunity) が存在するという．裁定機会のない市場で形成される価格を**無裁定価格**という．

裁定機会のない市場では，額面 1 円の 1 年満期の信用リスクのない割引債の現在価格は $\dfrac{1}{R}$ 円となるはずである．もし，この割引債と同じ条件の金融商品に $\dfrac{1}{R}$ 円より高い価格 p がついていれば，割引債を購入して，同時にその金

融商品を売却することで $p - \dfrac{1}{R} > 0$ の利益が得られる．1年後には，割引債が償還されて1円の現金の受け取りとなるが，金融商品も同様に1円の支払いとなり，二つの取引の結果は相殺される．一方で売却によって得た利益を銀行に預金すれば，その分は1年後に利息も付いてゼロコストでリスクなしの利益が得られたことになる．これは裁定機会のない市場という仮定に矛盾する．

ここで，架空のリスク証券[4]を二つ用意する．証券 A_H は状態 H のときに1円支払われ，それ以外は何も支払われない証券であり，証券 A_L は状態 L のときに1円支払われ，それ以外は何も支払われない証券である．それぞれの時点0における証券価格 π_H, π_L は，$\mathbb{1}_H, \mathbb{1}_L$，$\Omega = \{H, L\}$ と表される．一方，無リスク資産の価格 q_R は $\dfrac{1}{R}$ である．したがって，以下の等式が成り立つ．

$$\pi_H + \pi_L = \frac{1}{R} \tag{4.1}$$

ここで複製ポートフォリオについて定義を与える．

定義 4.6 (複製ポートフォリオ) 金融資産 X とまったく同じキャッシュフローを生成する金融資産ポートフォリオ Y が存在するとき，ポートフォリオ Y は X を**複製する** (replicate) という．

証券 A_H と証券 A_L が1単位ずつからなるポートフォリオを考えると，全集合が $\Omega = \{H, L\}$ なので1年後に確実に1円支払われることになる．これは無リスク資産と同じキャッシュフローを生成するので複製ポートフォリオになっており，$q_H + q_L = \dfrac{1}{R}$ が成り立つ．

一方，証券 A_H は1単位保有していると H の状態で1が支払われるので，u が支払われるリスク資産を複製するためには A_H を u 単位保有すればよい．同様に，d 単位の証券 A_L で L の状態にあるリスク資産の d の支払いを複製できる．

このことから，A_H を u 単位，証券 A_L を d 単位からなるポートフォリオ

---

[4] 考案した学者の名前にちなんでアロー–デブリュー (Arrow-Debrew) 証券と呼ばれる．

を保有しているとリスク資産が H, L のいずれの状態,すなわちすべての状態になっても複製できることになる.これから,リスク資産1単位の価格が1なので,以下の等式が成立する.

$$u\pi_H + d\pi_L = 1 \tag{4.2}$$

等式 (4.1) と (4.2) の連立方程式を解くことにより,

$$\pi_H = \frac{1}{R}\frac{R-d}{u-d}, \qquad \pi_L = \frac{1}{R}\frac{u-R}{u-d} \tag{4.3}$$

が得られる.

確率論の枠組みでは,それぞれの状態を事象とよび ω_i で表し,事象全体を $\Omega = \{\omega_i\}$ $(i = 1, 2, 3, \cdots)$ で表す.

上の議論は,2状態から n 状態の場合に拡張できる.ここでは簡単のため,事象全体の集合を有限 (元の数が $n > 1$) とする.事象 ω_i に対するアロー-デブリュー証券の価格 (状態価格) を $\pi_i(> 0)$ とする場合,事象 ω_i が生起してキャッシュフロー x_i が発生するとき,そのキャッシュフローの現在価値は,

$$\pi = \sum_{i=1}^{n} x_i \pi_i \tag{4.4}$$

で与えられる.

無リスク証券とは,すべての i について $x_i = 1$ が成り立つ資産で,**リスク証券**とはある i について $x_i > 0$ が成り立つ資産である.無リスク証券ではすべての事象 ω_i に対し, $x_i = 1$,すなわちアローデブリュー証券を1単位ずつ保有するポートフォリオということになる.無リスク証券の価格は,$\frac{1}{R}$ だったので,

$$\frac{1}{R} = \sum_{i=1}^{n} \pi_i, \qquad \pi_i > 0 \tag{4.5}$$

これから,両辺に R を乗じて $q_i = R\pi$ とおくと,

$$1 = \sum_{i=1}^{n} q_i, \qquad q_i > 0 \tag{4.6}$$

この式は，$q_i(>0)$ が確率としての性質を満たすことを示している．これを**リスク中立確率**と呼ぶ．

また，任意のキャッシュフロー (x_i) に対する現在価値 π は，

$$\pi = \sum_{i=1}^{n} x_i q_i, \qquad q_i > 0 \tag{4.7}$$

と表現できる．$\boldsymbol{Q} = (q_i)$ は**リスク中立確率**であり，確率変数 X を，$X(\omega_i) = x_i$ と定義すれば，キャッシュフロー $\boldsymbol{X} = (x_i)$ の現在価値は，

$$\pi(X) = \frac{1}{R}\mathbb{E}^{\boldsymbol{Q}}[\boldsymbol{X}] \tag{4.8}$$

とリスク中立確率 $\boldsymbol{Q}$ を測度とする期待値で表現できる．($\mathbb{E}^{\boldsymbol{Q}}$ は測度 $\boldsymbol{Q}$ による期待値を表している．)

一方で，事象 ω_i に対する現実の生起確率 (**実確率**と呼ぶ) を p_i とすると，

$$\eta(\omega_i) = \eta_i = \frac{q_i}{Rp_i}, \qquad i = 1, 2, \cdots, n$$

なる η を導入すると，X の現在価値は実確率 $\boldsymbol{P} = (p_i)$ によって

$$\pi(X) = \sum_{i=1}^{n} x_i \eta_i p_i = \mathbb{E}^{\boldsymbol{P}}[\eta \boldsymbol{X}] \tag{4.9}$$

と表される．仮定から，$\eta > 0$ なので，

$$\mathbb{E}^{\boldsymbol{P}}[\eta] = \sum_{i=1}^{n} \eta_i p_i = \frac{1}{R} \tag{4.10}$$

となる．以上のように，リスク中立確率 $\boldsymbol{Q}$ は実確率 $\boldsymbol{P}$ を正の確率変数 η を媒介して変換される．

定義 4.7 (状態価格密度) 上述で定義された $\eta_i = \dfrac{q_i}{Rp_i}$ を**状態価格密度** (state price density) と呼ぶ．

例 4.1 (ヨーロピアン・コールオプション) ヨーロピアン・コールオプショ

ンとは，リスク証券の将来の一時点 $(t = T)$ の価格 S_T が行使価格 K に対し $(S_T - K)_+$ $(x)_+ = \max(x, 0)$ というキャッシュフローを支払う金融商品である．

2項モデルで，$S = 100, u = 1.3, d = 0.8, R = 1, T = 1, K = 100$ とするとき，ヨーロピアン・コールオプションの価格を求める．リスク中立確率

$$q_H = \frac{1 - 0.8}{1.3 - 0.8} = 0.4, \qquad q_L = \frac{1.3 - 1}{1.3 - 0.8} = 0.6.$$

ヨーロピアン・コールオプションの価格は，$\pi = 0.4(30) + 0.6(0) = 12$．

4.3.2　1期間の多資産多状態モデル

今までの議論を多資産の場合に拡張しよう．

現時点を $t = 0$ とし，$t = 1$ のときの状態 $\omega_j, (j = 1, 2, \cdots, N)$ とする．市場には M 個のリスク証券が存在し，時点 t での価格を $S_i(t), (i = 1, 2, \cdots, M)$ とする．その状態1での $S_i(t)$ は確率変数となり，その実現値は，

$$s_{ij}(t) = S_i(1; \omega_j)$$

とする．ここでは，期中の配当(現金)の受け取りはないものと仮定する．

無リスク証券(添え字0)も存在し，価格は $S_0(t)$ とする．$S_0(0) = 1$ とすると，$S_0(1; \omega_j) = R \cdot S_0(1) = R, (j = 1, 2, \cdots, N)$ となる．状態価格密度 $\eta_j, (j = 1, 2, \cdots, N)$ を仮定する．このとき，**マルチンゲール確率**が以下のように定義される．

定義 4.8 (マルチンゲール確率)　確率 $q_j, (j = 1, 2, \cdots, N)$ が**マルチンゲール確率**であるとは，すべての証券について以下の等式が成立することである．

$$S_i(0) = \frac{1}{R}\mathbb{E}^Q[S_i(1)] = \frac{1}{R}\sum_{j=1}^{N} s_{ij}(1)q_j, \qquad j = 1, 2, \cdots, N \quad (4.11)$$

さらにマルチンゲール確率がすべて正であるとき(すなわち，$q_j > 0, (j = 1, 2, \cdots, N)$) に $Q = (q_j)$ は**同値マルチンゲール確率**という．

次に述べる基本定理の前半は無裁定条件と同値マルチンゲールの存在が同値であることを主張し，さらに後半では無裁定条件と市場の完備性を仮定すると同値マルチンゲール確率の一意性も主張する．

定義 4.9 (裁定機会の存在)　市場に裁定機会が存在する $\iff$ 以下の条件のいずれかを満たすポートフォリオ $\boldsymbol{w} = (w_i)$ がある．ただし，w_i は保有枚数で価値過程を $V^w(t) := \sum_{j=0}^{n} w_j S_j(t)$ とする．

(1) $V^w(0) \leqq 0$，かつ，すべての j について $V_j^w(1) \geqq 0$ で，少なくとも一つの j について $V_j^w(1) > 0$．

(2) $V^w(0) < 0$，かつ，すべての j について $V_j^w(1) \geqq 0$．

定義 4.10 (条件付請求権)　条件付請求権とは，Ω 上で定義された任意の確率変数 X のことである．

定義 4.11 (完備市場)　すべての条件付請求権がリスク証券のポートフォリオによって複製されるとき，市場は**完備** (complete) であるという．

定理 4.1 (資産価格付けの基本定理)　市場が無裁定 $\iff$ 同値マルチンゲールが存在する．さらに，市場が無裁定，完備 $\iff$ 同値マルチンゲールがただ一つ存在する．

●——ラドン–ニコディム微分

確率空間 $(\Omega, \mathcal{F}, \mathbb{P})$ 上に定義された正値確率変数 η に対して，集合関数 $Q : \mathfrak{F} \longrightarrow \mathbb{R}$ を，

$$Q(A) := \frac{\mathbb{E}^P[\mathbf{1}_A \eta]}{\mathbb{E}^P[\eta]}, \quad A \in \mathcal{F} \tag{4.12}$$

と定義する．$\mathbb{E}^P$ は確率測度 P に対する期待値を表す．簡単な考察により，$0 \leqq$

$Q(A) \leqq 1$ であることと Q が加算加法性を満たすことが分かるので Q は確率測度となっている. すなわち, $P \longrightarrow Q$ は, 確率測度の変換を表していることが分かる.

$\eta > 0$ は可積分なので, $\eta' = \dfrac{\eta}{\mathbb{E}^P[\eta]}$ と置いても一般性は失われない. そこで, $\mathbb{E}^P[\eta] = 1$ と規格化する. このような η では, $Q(A) = \mathbb{E}^P[\mathbb{1}_A \eta]$ となる.

さて, この変換の積分形を考える. $Q(A) = E[\mathbb{1}_A]$ に注意すると,

$$\int_A Q(d\omega) = \int_A \eta(\omega) P(d\omega) \tag{4.13}$$

となるが, これがすべての $A \in \mathcal{F}$ で成り立つので,

$$\eta(\omega) = \frac{Q(d\omega)}{P(d\omega)} \quad \text{(a.s.)} \tag{4.14}$$

$\eta = \dfrac{dQ}{dP}$ をラドン–ニコディム微分 (Radon-Nykodym derivative) と呼ぶ. $\dfrac{1}{\eta} = \dfrac{dP}{dQ}$ は正で可積分なので存在し, $P(A) > 0 \iff Q(A) > 0$ が成り立つが, これを**確率測度 P, Q は互いに同値である**という.

定義 4.12 (同値な確率測度) 確率空間 $(\Omega, \mathcal{F})$ の下で確率測度 P, Q が同値 $(P \sim Q) \iff \forall A \in \mathcal{F}, P(A) > 0 \iff Q(A) > 0.$

一方, その逆も成り立ち, 以下の定理がある.

定理 4.2 (ラドン–ニコディム微分の存在) 確率空間 $(\Omega, \mathcal{F})$ 上の確率測度 P, Q が同値 $(P \sim Q)$, すなわち

$$\exists \eta = \frac{dQ}{dP} \quad \text{s.t.} \quad \int Q(d\omega) = \int \eta(\omega) P(d\omega)$$

が成り立つとき,

$$\int_A Q(d\omega) = \int_A \eta(\omega) P(d\omega) \tag{4.15}$$

を満たす正で可積分な確率変数 η が存在する.

4.3.3 確率過程の無裁定価格モデル

以上までで述べてきたことは，一定の条件の下では，離散および連続の確率過程においても成立する．証明は交えずに事実のみを説明する．

●──証券価格変動の確率過程

数理ファイナンスでは，証券価格や金利などの変動を確率過程で表現する，よく使われるのが，伊藤過程である．

$$dX(t) = \mu(t, X(t))dt + \sigma(t, X(t))dW(t), \quad W(t) \text{ はブラウン運動} \tag{4.16}$$

金利モデルでは，短期金利 $r(t)$ やフォワードレート $F(t,T)$ を変数としたモデリングが行われている[5]．金利モデルの難しさは，イールドカーブ全体の動きを説明しつつ，無裁定条件を満たすモデルを作らなければならないことである．短期金利を変数としたモデルには，Vasicek, CIR, Hull-White など多数あるが，関数 μ, σ を特定化したものである．

$$dr(t) = \mu(t, r(t))dt + \sigma(t, r(t))dW(t), \quad W(t) \text{ はブラウン運動} \tag{4.17}$$

フォワードレートを変数としたモデリングの代表は HJM (Heath-Jarrow-Morton) の枠組みである．連続複利のフォワードレートが正規分布に従うモデルの場合，HJM の枠組みは，フォワードレート ($F(t,T)$) の変動について，次の確率微分方程式で表される．

$$dF(t,T) = \alpha(t,T) + \sigma(t,T)dW_t, \quad F(0,T) = F_0(0,T)$$

このような確率過程を証券価格の性質に適合させるためには，無裁定条件とマルチンゲール条件が必要である．

---

[5] この集大成とも言える文献が Brigo, Mercurio [39] であるが，和文では木島 [9] がまとまっている．

●──フィルトレーション

証券価格の変動は，投資家が新たな情報を得て，売買が発生すると考えるとその情報と価格を結び付けて考えることが自然であろう．投資家は，過去のすべての情報に基づいて投資するので情報集合は時間の経過とともに増大してゆく．これから情報集合としてのフィルトレーション (filtration) のアイデアが生まれた．Björk [36] に従って直観的な定義を与える．その前に記号を導入する．

定義 4.13 (X **により生成された情報**)　$\mathcal{F}_t^X$ は，「時間 $[0,t]$ の間に過程 X によって生成された情報」，または「時間 $[0,t]$ の間に過程 X に起こった事象」を表す．このとき $\mathcal{F}_t^X$ をフィルトレーションという．過程 X の軌跡 $X(s); s \in [0,t]$ が観測されたときに事象 A が起こったかそうでないかが確定できるとき，$A \in \mathcal{F}_t^X$ と表す．確率変数 Z の値が，$X(s)$ によって完全に決定づけられるとき，Z は $\mathcal{F}_t^X$-可測という．

定義 4.14 (**フィルトレーションに適合した確率過程**)　$\mathcal{F}_t^X$ は確率過程 X のフィルトレーションとする．確率変数 Z の値が，軌跡 $X(s), s \in [0,t]$ により完全に決定できるとき Z はフィルトレーション $\mathcal{F}_t^X$ に適合するという．確率過程 Y_t がすべての $t \geqq 0$ について $Y_t \in \mathcal{F}_t^X$ のとき，Y_t は $\mathcal{F}_t^X$ に適合するという．

●──確率積分と条件付期待値

ブラウン運動に適合的で 2 乗可積分のクラスに属する確率過程には，マルチンゲール性があることが証明されている．マルチンゲール性とは，過去の情報のすべての条件付期待値が現在の価格と等しい (すなわち過去の情報から利得は得られない) という市場効率性を表しており，望ましい性質である．フィルトレーション $\mathcal{F}_t$ による確率変数の条件付期待値は，$\mathbb{E}[X|\mathcal{F}_t]$ と書く．

定義 4.15 (**マルチンゲール性**)　X が $\mathcal{F}_t$ に適合的であり，すべての t について可積分であるとき，$s \leqq t$ なる s, t に関して，

$$\mathbb{E}[X_t|\mathcal{F}_s] = X_s$$

であるとき，X はマルチンゲール (martingale) であるという．

● ── ラドン–ニコディム密度過程

確率過程のラドン–ニコディム微分も確率変数と同様に定義できる．η_t は $\eta_0 = 1$ なる正値の $\mathcal{F}_t$ マルチンゲールな確率過程とする．$t \leqq u, A \in \mathcal{F}_t$ のとき，事象 A に対して，

$$\mathbb{E}^P[\mathbb{1}_A \eta_u] = \mathbb{E}^P[\mathbb{E}^P[\mathbb{1}_A \eta_u|\mathcal{F}_t]] = \mathbb{E}^P[\mathbb{1}_A \mathbb{E}^P[\eta_u|\mathcal{F}_t]] = \mathbb{E}^P[\mathbb{1}_A \eta_t] \tag{4.18}$$

なので，このような η_t は，$Q(A) = \mathbb{E}^P[\mathbb{1}_A \eta_t]$ を満たすので，フィルトレーションに適合する．したがって，$\dfrac{dQ}{dP}|_{\mathcal{F}_t} = \eta_t$ は，矛盾なく定められラドン–ニコディム密度過程と称する．

これで次の節への準備が整った．

4.4 市場整合的評価の数学的モデル

最近，市場整合的な保険負債評価を厳密に数学的に定式化する試みが行われるようになってきた．ここでは，Wüthrich,M.V., Bühlmann,H., Furrer,H. [107], Wüthrich,M.V., Merz,M. [108] で展開された市場整合的価値の負債評価モデルを紹介し，保険数理の新しい展開の方向性を探ることにしたい．

伝統的な保険数学は，利率は一定とし，死亡率を年齢の確定的な関数とするモデルを基本とした．その後の，SOA [91], Gerber [64] などの保険数学の教科書においても，余命を確率変数とする拡張が行われ確率論的保険数学と呼ばれた．

本来将来の利率も不確実な変数であるから，確率過程として扱うことが自然であるが，[64] では利率は一定の前提はあえて踏襲し，以下の二つの根拠を示した．

(1) 生命保険は超長期の利率と関係しており，利率を長期的に予測するモデルは確立されていない．
(2) 被保険者の余命が実質的に独立であることを認めれば，予定利率が一定ならば総和は畳み込みの計算で簡単に求められるが，利率が変動する場合は簡単ではない．

このような状況は，経済価値ベースのソルベンシー規制の導入が議論される中で一変した．保険数学に数理ファイナンスの成果を採り入れることによって一新し，保険料の決定だけでなく貸借対照表上の保険負債，資本を包括的に取り扱い，リスク管理の枠組みを与える理論的な基礎付けを行うニーズが高まってきたのである．これを，統合貸借対照表評価アプローチ（full balance sheet valuation approach）と呼ぶ．そこでは，資産を公正価値，保険負債を市場整合的価値で評価し，現在と1年後の資本の変動をリスクと捉えてソルベンシー評価を行うことができる．

4.4.1 数理モデルの導入

以下，ソルベンシー評価のための数理モデルを展開してゆくが，主にスイス・ソルベンシー・テストの枠組みの下での議論であることに注意を喚起しておく．

全体のストーリーをまず紹介する．資産・負債の評価の数理モデルは離散モデルとし，資産(負債)の将来のキャッシュフロー・ベクトルと状態価格デフレータを用意する．

資産評価については，数理ファイナンスの資産価格の基本定理の成果を利用でき，状態価格デフレーターを与えると同値マルチンゲール測度の存在が保証され，無裁定性と価格の一意性が証明される．

保険負債は，保険リスクが内在するため，同じように評価はできず，保険キャッシュフローの期待値については資産評価と同様の評価が可能だが，保険リスクによるヘッジ不能部分も含めて負債全体の評価は確率ディストーションに基づく評価(割増負債評価)を行う．この二つの評価の差額がリスクマージンであるという説明になっている．

まず記号を導入する．

- フィルター付確率空間を $(\Omega, \mathcal{F}, \mathbb{P}, \mathbb{F})$ と表し,その上の確率変数として,将来 n 年までの i 時点の資産 (負債) キャッシュフローを要素とする,キャッシュフロー・ベクトル $\boldsymbol{X} = (X_0, X_1, \cdots, X_n)$ を与える.X は,$\mathbb{F}$-適合な $L_{n+1}(\Omega, \mathcal{F}, \mathbb{P}, \mathbb{F})$ 上の確率変数ベクトルとする.
- 次に関数空間 $L_{n+1}^d (d=1,2) \iff$ (1) 各 $k(=0,1,2,\cdots,n)$ について X_k は $\mathcal{F}_k$-可測,(2) $\mathbb{E}_P[X_k^d]$ が存在.
- 割引債 (ZCB) のキャッシュフロー $\boldsymbol{Z}^{(m)} = (0, 0, \cdots, 1, 0, \cdots, 0) \in \mathbb{R}^n$,1 は $(m+1)$ 番目の要素とする.

定義 4.16 (**確率ベクトルの符号**) $(n+1)$ 次元の確率変数ベクトル $\boldsymbol{X} = (X_0, X_1, \cdots, X_n)$ は,以下のときに非負,正値,狭義正値という.

(1) 非負 $(\boldsymbol{X} \geqq 0) \iff X_k \geqq 0$, $\mathbb{P}$–a.s. for all k

(2) 正値 $(\boldsymbol{X} > 0) \iff \exists k$ s.t. $\mathbb{P}(X_k > 0) > 0$, $\mathbb{P}$–a.s.

(3) 狭義正値 $(\boldsymbol{X} \gg 0) \iff X_k > 0$, $\mathbb{P}$–a.s. for all k

まず,資産価格を状態価格デフレーター ϕ により評価する.Q を $\mathbb{F}$ 適合で二乗可積分のキャッシュフロー $\boldsymbol{X}$ の空間 $L_{n+1}^2(\Omega, \mathcal{F}, \mathbb{P}, \mathbb{F})$ 上の正値線形汎関数で,$Q[\boldsymbol{Z}^{(0)}] = 1$ を満たすものとする.

Riez の定理により,狭義正値 $\mathbb{F}$ 適合の確率変数ベクトル $\boldsymbol{\phi} = (\phi_0, \cdots, \phi_n) \in L_{n+1}^2(\Omega, \mathcal{F}, \mathbb{P}, \mathbb{F})$,$\phi_0 \equiv 1$ で以下を満たすものが $\mathbb{P}$–a.s. で唯一存在する.

$$Q[\boldsymbol{X}] = \mathbb{E}\left[\sum_{k=0}^n \phi_k X_k\right] \quad \text{for all} \quad \boldsymbol{X} \in L_{n+1}^2(\Omega, \mathcal{F}, \mathbb{P}, \mathbb{F})$$

次に,保険キャッシュフローの場合には L^2 空間は制約が強いため,L^1 空間に緩和する.

定義 4.17 $\boldsymbol{\phi} = (\phi_0, \cdots, \phi_n) \in L_{n+1}^1(\Omega, \mathcal{F}, \mathbb{P}, \mathbb{F})$, $\phi_0 \equiv 1$ は $Q[\boldsymbol{Z}^{(0)}] = 1$.

保険数学では状態価格デフレーター (state price deflater) あるいは確率

的ディストーション (stochastic distortion), 数理ファイナンスでは金融価格カーネル (financial pricing kernel), 金融経済学では状態価格密度 (state price density) あるいは確率的割引ファクター (stochastic discount factor) という用語が用いられることが多いが, 概念的には同一のものである.

ここで, 状態価格デフレーター ϕ を固定し, この ϕ によって価格付けが行われる $\mathbb{F}$–適合なキャッシュフローの空間を

$$\mathcal{L}_\phi = \left\{ \boldsymbol{X} \in L^1_{n+1}(\Omega, \mathcal{F}, \mathbb{P}, \mathbb{F}) ; \mathbb{E}\left[\sum_{k=0}^n \phi_k |X_k| \Big| \mathcal{F}_0 \right] < \infty \right\}$$

と定める. このようにして状態価格デフレーター ϕ に対するキャッシュフロー $\boldsymbol{X} \in \mathcal{L}_\phi$ の時点 0 における価格は,

$$Q_0[\boldsymbol{X}] = \mathbb{E}\left[\sum_{k=0}^n \phi_k X_k \Big| \mathcal{F}_0 \right]$$

となる.

次に, 時点 t における価格として,

$$Q_t[\boldsymbol{X}] = \frac{1}{\phi_t} \mathbb{E}\left[\sum_{k=0}^n \phi_k X_k \Big| \mathcal{F}_t \right]$$

を定義する. このとき, 以下の命題が成立する.

命題 4.2 状態価格デフレーター ϕ と価格過程 $Q_t[\boldsymbol{X}], \boldsymbol{X} \in \mathcal{L}_\phi$ の仮定の下で, $(\phi_t Q_t[\boldsymbol{X}])$ は, $(\mathbb{P}, \mathbb{F})$-マルチンゲールである.

証明 4.1 $\mathcal{F}_t \subset \mathcal{F}_{t+1}$ と重複期待値の計算より,

$$\mathbb{E}[\phi_{t+1} Q_{t+1}[\boldsymbol{X}] | \mathcal{F}_t] = \mathbb{E}\left[\mathbb{E}\left[\sum_{k=0}^n \phi_k X_k \Big| \mathcal{F}_{t+1} \right] \Big| \mathcal{F}_t \right]$$
$$= \mathbb{E}\left[\sum_{k=0}^n \phi_k X_k \Big| \mathcal{F}_t \right] = \phi_t Q_t[\boldsymbol{X}]. \qquad \square$$

この命題は, 意味ある価格システムの条件を示すものである. 固定した ϕ

による割引価格過程が $(\mathbb{P}, \mathbb{F})$-マルチンゲールなので，この条件は「資産価格の基本定理 (FTAP：Fundamental Theorem of Asset Pricing)」により無裁定条件と同値だからである．

定義 4.18 (整合性) 状態価格デフレーター $\phi \in L_{n+1}^1(\Omega, \mathcal{F}, \mathbb{P}, \mathbb{F})$ を選んだとき，割引価格過程 $(\phi_t Q_t[\boldsymbol{X}])$ が，$(\mathbb{P}, \mathbb{F})$-マルチンゲールであるならば，$(Q_t[\boldsymbol{X}])$ は ϕ に整合的であるという．

4.4.2 リスクフリーレートと割引債

特に，時点 t における満期 m ($t \leqq m \leqq n$) の割引債の価格 $P(t, m)$ を考えると，

$$P(t, m) = Q_t[\boldsymbol{Z}^{(m)}] = \frac{1}{\phi_t} \mathbb{E}[\phi_m | \mathcal{F}_t]$$

であることから，$R(t, t+1), Y(t, t+1)$ を連続複利スポットレート，年複利スポットレートとすると，

$$P(t, t+1) = e^{-R(t, t+1)} = (1 + Y(t, t+1))^{-1} = \frac{1}{\phi_t} \mathbb{E}[\phi_t | \mathcal{F}_t]$$

の関係が導かれる．$r_t = R(t, t+1)$ と表記する．

これから銀行預金勘定 $B_t = \exp \sum_{s=0}^{t-1} r_s = \exp \sum_{s=0}^{t-1} R(s, s+1) > 0$, ただし，$B_0 = 1$ を導入すると，FTAP により，$\mathbb{P}$ の同値マルチンゲール測度 $\mathbb{P}^*$ が存在して，$(B_t^{-1} Q_t[\boldsymbol{X}])$ は $(\mathbb{P}^*, \mathbb{F})$-マルチンゲールとなる．また，$r_t$ に具体的な表現を与えることにより，リスクの市場価格の具体的表現を得ることができる．

4.4.3 マルチンゲール測度と FTAP

銀行預金勘定 $(B_t)_{t \in \mathcal{T}}$ に関連する以下の補題を見てゆく．

補題 4.1 状態価格デフレーター $\phi \in L_{n+1}^1(\Omega, \mathcal{F}, \mathbb{P}, \mathbb{F})$ を選んだとき，$\xi_t = \phi_t B_t$ は期待値 1 の狭義正値 $(\mathbb{P}, \mathbb{F})$-マルチンゲールである．

証明 4.2 マルチンゲールであることは,
$$\mathbb{E}[\xi_{t+1}|\mathcal{F}_t] = B_{t+1}\mathbb{E}[\phi_{t+1}|\mathcal{F}_t] = B_{t+1}\phi_t P(t,t+1) = \phi_t B_t = \xi_t.$$
一方,
$$\mathbb{E}[\xi_{t+1}|\mathcal{F}_0] = \mathbb{E}[\xi_1|\mathcal{F}_0] = B_1\mathbb{E}[\phi_1|\mathcal{F}_0] = B_1 P(0,1) = 1 = \xi_0 \qquad \square$$

このことから, 銀行預金勘定 $(B_t)_{t\in\mathcal{T}}$ はニューメレール[6]の候補となりうる. ラドン–ニコディム微分により, $\mathbb{P}^*$ を,

$$\frac{d\mathbb{P}^*}{d\mathbb{P}}|_{\mathcal{F}_n} = \xi_n = \phi_n B_n > 0 \tag{4.19}$$

$\mathbb{P}^*$ による期待値を $\mathbb{E}^*$ と書く. すると, 以下が成立する.

命題 4.3 状態価格デフレーター ϕ と価格過程 $Q_t[\boldsymbol{X}]$ $\boldsymbol{X} \in \mathcal{L}_\phi$ の仮定の下で, 銀行預金割引過程 $(B_t^{-1}Q_t[\boldsymbol{X}])$ は, $(\mathbb{P}^*,\mathbb{F})$-マルチンゲールである.

この第 1 の系として,

系 4.1 時点 t における満期 m $(t \leqq m \leqq n)$ の割引債の価格 $P(t,m)$ は,

$$P(t,m) = \frac{1}{\phi_t}\mathbb{E}^*[\phi_m|\mathcal{F}_t] = \frac{1}{B_t^{-1}}\mathbb{E}^*[B_m^{-1}|\mathcal{F}_t] = \mathbb{E}^*\left[\exp\left\{-\sum_{s=t}^{m-1} r_s\right\}\bigg|\mathcal{F}_t\right].$$

また, 第 2 の系として,

系 4.2 キャッシュフロー $\boldsymbol{X}_k = (0,\cdots,0,X_k,0,\cdots,0) \in \mathcal{L}_\phi$, $t \leqq k$ の価格は,

$$Q_t[\boldsymbol{X}_k] = \frac{1}{\phi_t}\mathbb{E}\left[\sum_{k=0}^n \phi_k X_k\bigg|\mathcal{F}_t\right] = \mathbb{E}^*\left[\exp\left\{-\sum_{s=t}^{m-1} r_s X_k\right\}\bigg|\mathcal{F}_t\right].$$

---

[6]基準財と訳され, この財の価格で除した相対価格がマルチンゲールになる.

が得られる.

4.4.4　保険数理モデル

保険負債モデルでは，フィルトレーション ϕ を資産 ϕ^A と負債 ϕ^T に分けて使い分けて市場整合的評価を導く道具とする．それぞれが独立であると仮定する基本モデルでは $\phi = \phi^A \phi^T$ となり，評価モデルの展開が容易になる.

資産と保険負債を同時に取り扱うために，まず基本保険数理モデルを導入する．資産・負債全体のフィルトレーションは $\mathcal{F} = \{\mathbb{F}_t\}$ としたが，資産側を $\mathcal{A} = \{\mathbb{A}_t\}$，負債側を $\mathcal{T} = \{\mathbb{T}_t\}$ とする．基本保険数理モデルでは，(1) $\mathbb{F}_t$ が $\mathbb{A}_t$ と $\mathbb{T}_t$ から生成され，(2) 測度 $\mathbb{P}$ に関し，$\mathcal{A}$ と $\mathcal{T}$ は独立と仮定する．このとき，状態価格デフレーター ϕ は以下の性質がある.

(1) $\phi = \phi_t^T \phi_t^A$ の ϕ_t^T を保険ディストーション (insurance technical probability distortion)，ϕ_t^A を金融デフレーター (financial deflator) と呼ぶ.

(2) $\phi^A = (\phi_t^A)$ は $\mathbb{A}$–適合 $(\mathbb{P}, \mathbb{A})$–マルチンゲール.

(3) $\phi^T = (\phi_t^T)$ は $\mathbb{T}$–適合で $(\mathbb{P}, \mathbb{T})$–マルチンゲール.

基本金融資産 $\mathfrak{A}^{(i)}$ は可積分かつ ϕ–整合的な価格過程 $A_t^{(i)}$ に従うものとする．基本金融資産で構成される資産は同じ性質を持つ．基本的保険数理モデルでは，簡単な計算により，

$$A_t^{(i)} = \frac{1}{\phi_t^A} \mathbb{E}\left[\phi_{t+1}^A A_{t+1}^{(i)} \Big| \mathcal{A}_t\right]$$

と ϕ_t^T には無関係になる．実際には，保険と金融のフィルトレーションが独立という仮定は必ずしも満たされない場合もあるが，拡張モデルでの分析はきわめて複雑になるため，ここでは扱わない.

●──**保険負債評価 (Vapo)**

一方，$\phi^T \neq 1$ として保険の価格付けのための状態価格デフレーターを選択

して，上と同じ計算を行うと $\mathrm{Vapo}_t^{\mathrm{prot}}$ という写像が定義され，状態価格デフレーター ϕ^A による条件付期待値をとったものが割増負債評価となる．リスク回避的な投資家を前提とすると，ϕ^T と保険可測な確率変数は相関が正となり，この場合には (割増負債評価) > (最良推定負債) の関係が成立する．この差額がマーケット・バリューマージンとして定義されることになる．

保険のキャッシュフローを $\boldsymbol{X} = (X_0, X_1, \cdots, X_n) \in \mathcal{L}_\phi$ とする．ここで，各要素は $X_k = \Lambda_k U_t^{(k)}$ であり，Λ_k は $\mathcal{T}_k$-可測，$U_k^{(k)}$ は $\mathcal{A}_k$-可測であると仮定する．すなわち，保険キャッシュフローは，金融資産で複製できる部分と複製不能の部分からなる．ここで $U_t^{(k)}$ は，$\mathbb{A}$-適合な資産ポートフォリオ $\mathfrak{U}^{(k)}$ の価格過程であり，基本金融資産 $\mathfrak{A}^{(i)}$ の線形結合であると考えるので，$\mathfrak{U}^{(k)} = \sum_i y_i^{(k)} \mathfrak{A}^{(i)}$ と表すことができ，対応する価格過程は，$U_t^{(k)} = \sum_i y_i^{(k)} A_t^{(i)}$ となる．

すると以下の定理が成り立つ．

定理 4.3 $\boldsymbol{X}_k = X_k Z_k = (0, \cdots, 0, \Lambda^{(k)} U_k^{(k)}, 0, \cdots, 0) \in \mathcal{L}_\phi, t \leqq k$ に対し

$$Q_t[\boldsymbol{X}_k] = \frac{1}{\phi_t^T} \mathbb{E}\left[\phi_k^T \Lambda^{(k)} \Big| \mathcal{F}_t\right] U_t^{(k)} = \Lambda_t^{(k)} U_t^{(k)}.$$

金融資産ポートフォリオ $\mathfrak{A} := \mathfrak{A}(\boldsymbol{y}) = \sum_i y_i \mathfrak{A}^{(i)}$ に対し，対応する価格過程は，$U_t = \sum_i y_i A_t^{(i)}$ であり，基本保険数理モデルのもとでは，

$$U_t = \frac{1}{\phi_t} \mathbb{E}\left[\phi_{t+1} U_{t+1} | \mathcal{F}_t\right] = \frac{1}{\phi_t^A} \mathbb{E}\left[\phi_{t+1}^A U_{t+1} | \mathcal{A}_t\right]$$

が成り立つ．これから，以下のように保険負債の評価手順を構築できる．

(1) 保険負債ポートフォリオ $\boldsymbol{X} \in \mathcal{L}_\phi$ が，金融資産ポートフォリオ $\mathfrak{A}^{(k)}$ によって，$\boldsymbol{X} = \boldsymbol{\Lambda} \cdot \boldsymbol{U} = (\Lambda^{(0)} U_0^{(0)}, \cdots, \Lambda^{(n)} U_n^{(n)})$ と表されるとき，次のような写像が構成できる．

$$\boldsymbol{X} \mapsto \sum_k \Lambda^{(k)} \mathfrak{A}^{(k)}$$

(2) 時点 t を固定すると，1 の $\Lambda^{(k)}$ を時点 t における条件付期待値で置き換えて，以下の Vapo_t 写像が得られる．

$$\boldsymbol{X} \mapsto \mathrm{Vapo}_t(\boldsymbol{X}) = \sum_k \mathbb{E}\left[\Lambda^{(k)}|\mathcal{F}_t\right] \mathfrak{A}^{(k)}$$

(3) 最後に Vapo_t を貨幣価値 $Q_t^0[\boldsymbol{X}]$ に変換する．

$$\mathrm{Vapo}_t(\boldsymbol{X}) \mapsto Q_t^0[\boldsymbol{X}] = \sum_k \mathbb{E}\left[\Lambda^{(k)}|\mathcal{F}_t\right] U_t^{(k)}$$

いままでの議論から最良推定負債は以下のように定義できる．保険契約キャッシュフロー

$$\boldsymbol{X}_{(t+1)} := (0,\cdots,0,X_{t+1},\cdots,X_n) \in \mathcal{L}_\phi$$

は $t+1$ 年以降のみのキャッシュフローを考慮した未払ポートフォリオ (outstanding portfolio) で，t 保険年度の負債評価に用いられる．**最良推定負債** $\mathfrak{R}_t^0(\boldsymbol{X}_{(t+1)})$ の定義は，

$$\begin{aligned}\mathfrak{R}_t^0(\boldsymbol{X}_{(t+1)}) &= Q_t^0(\boldsymbol{X}_{(t+1)}) = \sum_{k=t+1}^n \mathbb{E}\left[\Lambda^{(k)}|\mathcal{F}_t\right] U_t^{(k)} \\ &= \sum_i (\mathbb{E}\left[\Lambda^{(k)}|\mathcal{F}_t\right] y_i^{(k)}) A_t^{(i)}.\end{aligned}$$

これから，式の変形により以下の命題が得られる．

命題 4.4 基本保険数理モデルの下で，以下の関係式が成立する．

$$\mathrm{Vapo}_t(\boldsymbol{X}_{(t)}) = \mathrm{Vapo}_t(\boldsymbol{X}_{(t+1)}) + \mathrm{Vapo}_t(\boldsymbol{X}_t)$$
$$\mathrm{Vapo}_t(\boldsymbol{X}_{(t+1)}) = \mathbb{E}\left[\mathrm{Vapo}_{t+1}(\boldsymbol{X}_{(t+1)})|\mathcal{F}_t\right]$$
$$\mathfrak{R}_t^0(\boldsymbol{X}_{(t+1)}) = \frac{1}{\phi_t^A}\mathbb{E}\left[\phi_{t+1}^A(\boldsymbol{X}_{(t+1)} + \mathfrak{R}_{t+1}^0(\boldsymbol{X}_{(t+2)}))|\mathcal{F}_t\right].$$

4.4.5 割増負債評価 (Protected Vapo)

これから割増負債評価 (protected Vapo) は，リスク回避的な投資家が，保険ポートフォリオを購入するときに支払うであろうリスク調整済みの価格評価であるが，これは適当な確率ディストーション $\phi^T \neq 1$ のもとで期待値をとることで実現できる．

(1) 保険負債ポートフォリオ $\boldsymbol{X} \in \mathcal{L}_\phi$ が，金融資産ポートフォリオ $\mathfrak{A}^{(k)}$ によって，$\boldsymbol{X} = (\Lambda^{(0)} U_0^{(0)}, \cdots, \Lambda^{(n)} U_n^{(n)})$ と表されるとき，次のような写像が構成できる．

$$\boldsymbol{X} \mapsto \sum_k \Lambda^{(k)} \mathfrak{A}^{(k)}$$

(2) 時点 t を固定すると，1 の $\Lambda^{(k)}$ を時点 t における条件付期待値で置き換えて，以下の $\mathrm{Vapo}^{\mathrm{prot}}$ 写像が得られる．

$$\boldsymbol{X} \mapsto \mathrm{Vapo}_t^{\mathrm{prot}}(\boldsymbol{X}) = \sum_k \frac{1}{\phi_k^T} \mathbb{E}\left[\phi_k^T \Lambda^{(k)} | \mathcal{F}_t\right] \mathfrak{A}^{(k)} = \sum_k \Lambda_t^{(k)} \mathfrak{A}^{(k)}$$

(3) 最後に $\mathrm{Vapo}^{\mathrm{prot}}$ を貨幣価値に変換する．

$$\mathrm{Vapo}_t^{\mathrm{prot}}(\boldsymbol{X}) \mapsto Q_t[\boldsymbol{X}] = \sum_k \Lambda_t^{(k)} U_t^{(k)}$$

このように割増負債評価の評価手順は，$\phi^T \neq 1$ とする以外には最良推定負債とまったく同じである．割増評価と最良推定評価との違いは，$\Lambda_t^{(k)}$ が $\mathbb{E}\left[\Lambda^{(k)} | \mathcal{F}_t\right]$ に置き換わったことであるが，リスク回避的な投資家の場合には，$\Lambda^{(k)}$ と ϕ_k^T は正の相関になる．これは，以下の補題に基づく．

補題 4.2 (FKG 不等式[7]**)** $f : \mathbb{R}^d \to \mathbb{R}, g : \mathbb{R}^d \to \mathbb{R}$ を各座標に関し非減少関数とする．各要素が独立な確率変数ベクトル $\boldsymbol{Y} = (Y_1, Y_2, \cdots, Y_d)$ と

---

[7] Fortuin-Kasteleyn-Ginibre equation.

$f(\boldsymbol{Y}), g(\boldsymbol{Y}) \in L^2(\Omega, \mathbb{P}, \mathbb{F})$ に対し，以下が成り立つ．

$$\mathbb{E}[f(\boldsymbol{Y})g(\boldsymbol{Y})] \geqq f(\boldsymbol{X})g(\boldsymbol{Y})$$

この補題より，

$$\Lambda_t^{(k)} = \frac{1}{\phi_k^T} \mathbb{E}\left[\phi_k^T \Lambda^{(k)} | \mathcal{F}_t\right] > \mathbb{E}\left[\Lambda^{(k)} | \mathcal{F}_t\right]$$

となる．このことから，正値の $U_t^{(k)} > 0, (t < k)$ のもとで，

$$Q_t(\boldsymbol{X}_{(t+1)}) = \sum_{k=t+1}^{n} \Lambda_t^{(k)} U_t^{(k)} > \sum_{k=t+1}^{n} \mathbb{E}\left[\Lambda^{(k)} | \mathcal{F}_t\right] U_t^{(k)} = Q_t^0(\boldsymbol{X}_{(t+1)})$$

が成立する．すなわち，(割増評価) > (最良推定評価) となり，この差額が MVM (Market Value Margin) と呼ばれるものに当たる．

割増負債についても，最良推定評価と同様に以下のように定義できる．**割増負債評価** $\mathfrak{R}_t(\boldsymbol{X}_{(t+1)})$ の定義は，

$$\mathfrak{R}_t(\boldsymbol{X}_{(t+1)}) = Q_t(\boldsymbol{X}_{(t+1)}) = \sum_{k=t+1}^{n} \Lambda_t^{(k)} U_t^{(k)}$$

これから，式の変形により以下の命題が得られる．

命題 4.5 基本保険数理モデルの下で，以下の関係式が成立する．

$$\mathrm{Vapo}_t^{\mathrm{prot}}(\boldsymbol{X}_{(t)}) = \mathrm{Vapo}_t^{\mathrm{prot}}(\boldsymbol{X}_{(t+1)}) + \mathrm{Vapo}_t^{\mathrm{prot}}(\boldsymbol{X}_t)$$

$$\mathrm{Vapo}_t^{\mathrm{prot}}(\boldsymbol{X}_{(t+1)}) = \mathbb{E}\left[\mathrm{Vapo}_{t+1}^{\mathrm{prot}}(\boldsymbol{X}_{(t+1)}) | \mathcal{F}_t\right]$$

$$\mathfrak{R}_t(\boldsymbol{X}_{(t+1)}) = \frac{1}{\phi_t} \mathbb{E}\left[\phi_{t+1}(\boldsymbol{X}_{(t+1)} + \mathfrak{R}_{t+1}(\boldsymbol{X}_{(t+2)})) | \mathcal{F}_t\right].$$

また，正値の $\Lambda^{(k)}$ と ϕ_k^T が非負相関の場合には，$\mathfrak{R}_t(\boldsymbol{X}_{(t+1)}) \geqq \mathfrak{R}_t^0(\boldsymbol{X}_{(t+1)})$ となり，MVM は

$$\mathrm{MVM}_t^\phi(\boldsymbol{X}_{(t+1)}) = \mathfrak{R}_t(\boldsymbol{X}_{(t+1)}) - \mathfrak{R}_t^0(\boldsymbol{X}_{(t+1)}) \geqq 0$$

と定義できる．

さらに，実際上は多くの商品を保有する生命保険会社は非常に複雑な内在オプションを含む保険負債を評価する必要があるが，負債キャッシュフローの複製を完全に行うことは実務的に困難である場合も多い．第 4.4 節で説明した複製の第 2 の概念的な枠組みでは，最良近似ポートフォリオを複製ポートフォリオとみなすアプローチを紹介したが，数学的には十分大きな要素数 K の有限のシナリオ集合 $\Omega_K \subset \Omega$ もとで適当に定義された距離 $\mathrm{dist}\,(\cdot,\cdot;\Omega_K)$ のもとで $\mathrm{dist}(\boldsymbol{X}_{(t+1)},\boldsymbol{Y}_{(t+1)})$ が最小値をとる $Y_{(t+1)}$ として最良近似ポートフォリオを求めることができる．

このようにして，数理ファイナンスに基づく市場整合的保険負債の定式化が可能となる．しかし，実際の評価をこの枠組みで行うためには，ディストーション ϕ^T をどのように決定するのかという問いに答える必要がある．これは，保険負債の移転を受け入れる保険会社の効用に依存すると考えられるので，何らかの合理的な推論に基づいてさらに検討を要する課題となる．SST やソルベンシー II で採用した資本コスト法は，その一つの解答である．

4.4.6 確率的ディストーションの例

$\Lambda^{(n)}$ と正の相関をもつようなディストーション ϕ_t^T を構成する必要がある．2 番目の TVaR をリスク尺度とする方法が資本コスト法である．

(1) **エッシャー (Esscher) 変換**：$Y = Y_1 + \cdots + Y_d$ は非負 $\mathcal{T}_n$-可測なリスクの和．

$$\phi_t^T = \frac{\mathbb{E}[\exp(\alpha Y)|\mathcal{F}_t]}{\mathbb{E}[\exp(\alpha Y)]}$$

が存在すれば，これは $\Lambda^{(n)} = Y_i$ と正の相関を持つことが示される (Fortuin-Kasteleyn-Ginibre 不等式による)．

(2) **TVaR**：資本コスト係数 $r_{CoC} \in (0,1)$ と安全水準 $1 - p \in (0,1)$ を選んで，

$$\phi_t^T = (1 - r_{CoC}) + \frac{1}{p}\mathbb{E}[\mathbf{1}_{\{Y > \mathrm{VaR}_{1-p}(Y)\}}]$$

とすると ($\mathbf{1}_{\{\cdot\}}$ は指示関数で，$\{\cdot\}$ 内が正しければ 1，間違いなら 0 を表す)，$g : \mathbb{R} \to \mathbb{R}$，狭義増加，連続，可積分なる関数 g で $\Lambda^{(n)} = g(Y)$ と表せるときには，$\Lambda_0^{(n)} = \mathbb{E}[\Lambda^{(n)}] + r_{CoC}\mathrm{ES}_{1-p}(\Lambda^{(n)} - \mathbb{E}[\Lambda^{(n)}])$ と表現でき，第 1 項と第 2 項がそれぞれ最良推定とリスクマージンと解釈できる．

なお，以下のように死亡保険 (生命年金) の死亡率に安全割増 (割引) を賦課することは，確率的ディストーションの一種と解釈することも可能である．

- すべての被保険者の生存 (死亡) が独立で第 i 番目の被保険者の生死を表すベルヌーイ確率変数を $Y_{x+t+1}^{(i)}$ とすると，

$$\mathbb{E}[L_{x+t+1}|\mathcal{F}_t] = \sum_{i=1}^{L_{x+t}} \mathbb{E}\left[Y_{x+t+1}^{(i)}\bigg|\mathcal{F}_t\right] = p_{x+t+1}L_{x+t}$$

- これから，確率的ディストーションを生命表に適用すると，生存率 (死亡率) p_{x+t+1}, q_{x+t+1} を p_{x+t+1}^+, q_{x+t+1}^+ に変換することに相当することが分かる．前者を第 2 基礎，後者を第 1 基礎とする，一部の国で行われているアクチュアリー実務と対応する．

- 終身年金の場合には $\dfrac{p_{x+t+1}^+}{p_{x+t+1}} > 1$ とすれば，MVM > 0 となる．養老保険の場合には，条件を確かめることは一般に容易ではない．

第5章
保険負債とリスクの評価モデル

5.1 リスクマージン評価法の基礎

　本章では，第4章で展開した経済価値ベースの評価について，複製可能なキャッシュフローの評価と複製できないキャッシュフローの評価についてより深く考察する．また，実務的な複製方法と内在オプションの評価に用いられる最小二乗モンテカルロ法 (LSMC) についても紹介する．

5.1.1 完全複製と価値配分

　すでに第3章で説明したように，負債を完全に複製できる金融商品が存在するとき「完全複製」と呼んだ．例えば，年1回期末払いの10年確定年金は，1年から10年までの割引国債が存在すれば，年金額と同じ額面の満期1年から10年までの国債を購入すればよい[1]．いわゆるキャッシュフロー・マッチング法は，「完全複製」ということになる．これは複製ポートフォリオを当初決定すると，その後は変更が必要ないため静的複製 (static replication) と呼ぶ．
　別の例として，摩擦やコストのない理想的な金融市場を仮定すれば，ヨーロピアン・コール・オプションは原資産とリスクフリー資産により完全複製できるはずである．この場合には，自己充足的なポートフォリオの連続的な変更を

---

[1] このキャッシュフローを描くと梯子のようになるためラダー (ladder) 型ポートフォリオという．

必要とし,「動的複製」(dynamic replication) と呼ぶ.

確率論の用語法を用いると,完全複製とは,すべての事象 $\omega \in \Omega$ ごとに複製されることであるから,実確率が何であっても問題ではない.完全複製ができない場合には,次の方法として「法則複製」がある.法則不変な凸リスク尺度 ρ が存在するとき,法則不変であることから,損失を表す確率変数と同じ分布の別の確率変数も同じリスク量となる.完全複製は法則複製であるが,逆は真ではない.

法則複製であって,完全複製でない例として,あるリスク Z がリスク X, Y によって $Z = X + Y$ と法則複製される場合を考えよう.法則不変な凸リスク尺度 ρ によって $\rho(Z) \leqq \rho(X+Y) = \rho(X) + \rho(Y)$ となるが,第 4 章で述べた歪み尺度 ρ をとれば,リスク X, Y が共単調のときには等号が成り立つ.

再び完全複製の「動的複製」の場合に戻ってみよう.そこでは理想的な市場を前提にしていたが,実際には取引コストの問題は無視できない.取引コストを考慮する場合には最早ある特定の金融商品だけが独立しているものと考えることはできず,ポートフォリオ全体に依存することになる.もちろん売買を抑制する戦略を考えることによって取引コストを削減することは可能かもしれないが,ゼロにすることはできない.さらに,オプションの例では,取引コストは特定の金融商品に付随するものではなく,ポートフォリオ内の商品全部に依存するので価格に比例して発生するわけではない.したがって,それぞれの金融商品にそのコストを割り当てる必要がある.結論としては,

- 経済価値ベースの保険債務の価値は,完全複製が可能であれば,複製ポートフォリオの価値である.
- 個々の金融商品の価値は,ポートフォリオ全体の価値を配分することにより求められる.

経済価値ベースの貸借対照表の負債側のポートフォリオに対応するポートフォリオの中のある商品の完全複製が可能であったとしよう.その場合でも,ポートフォリオのある商品の価値は一般にはポートフォリオに依存し,配分方法の選択によって変わる.したがって,一般には一物一価にはならない.しかし,完全複製自体が実際には滅多に実現できず,通常は,不完全複製となる.

5.1.2 不完全複製と最適化

典型的な(再)保険債務は，完全複製できない．すなわち，すべての事象について負債のキャッシュフローが**厚みのある流動的な資産**により複製できない．

そこで，このような場合に，最適な複製ポートフォリオ(ORP；Optimal Replication Portfolio)を，負債キャッシュフローを「最適複製」できる厚みのある流動的な資産のポートフォリオと定義する．ORPと実際の負債キャッシュフローには乖離があり，これをベーシス・リスク(basis risk)と呼ぶ．「最適」の意味は後で定義するが，とりあえずベーシス・リスクを最小化するという意味で解釈する．**厚みのある市場の流動的な資産**という条件がポイントとなる．

不完全複製には，いろいろな定義を与えることができる．例えば，事象のある部分集合のキャッシュフローのみにマッチする複製やすべてのキャッシュフローをある誤差の範囲内で複製することが考えられる．この二つの適切な組み合わせが「最適複製」の基本戦略となる．

「最適複製」は完全複製ではないのでベーシス・リスク，すなわち本質的な確率変動性が存在する．定義により，ベーシス・リスクは取引資産によって複製することができなため，この評価については別の方法をとる必要がある．

ベーシス・リスクの期待値については，必ずしもゼロであることは要請しない．ゼロになるような特別のORPを選択することもできるが，これは「期待キャッシュフロー複製ポートフォリオ」と呼び，次の小節で説明する．

ここで，**架空**の金融資産を導入することによって，すべての事象の負債キャッシュフローも複製可能な複製ポートフォリオ，**擬似複製ポートフォリオ**の概念を導入する．

そのために，負債キャッシュフローがORPを超えるときに行使され，その差額を受け取る権利のあるキャッシュイン・コールオプション(cash-in call option)と負債キャッシュフローがORPを下回るときに行使され，その差額を支払う義務のあるキャッシュイン・プットオプション(cash-in put option)を導入する．

この金融商品が存在すれば，ベーシス・リスクはキャッシュフローの発生する各時点においてキャッシュイン・コールオプションとキャッシュイン・プットオプションのペア取引によって複製できることになる．一方，企業はすべての

事象に対応して負債を決済できるわけではなく，支払不能になること（デフォルト）もある．これをデフォルトオプション (default option) と呼ぶ．これにより，企業のデフォルト事象にも対応できる．

以上により，擬似複製ポートフォリオは以下の四つの構成要素からなる．

- 最適複製ポートフォリオ (ORP)
- キャッシュイン・コールオプション
- キャッシュアウト・プットオプション
- デフォルトオプション

簡単のため，二つのキャッシュオプションとデフォルトオプションを併せて，デフォルタブル・キャッシュオプションと呼ぶことにする．

時刻 t_k を満期とするキャッシュオプションの価格は時間 t に依存する．なぜなら，通常，時刻 t が t_k に近づくにつれて情報が増大するからである．これはキャッシュオプションをいつ購入したかが問題となるため，評価に固有の時間を導入することになる．キャッシュオプションの価値（価格）は $t \to t_k$ と近づくときに，実際の不一致量になるとする仮定は合理的である．（特に支払時点についてある程度の融通が効く場合には意味がある．）その結果，キャッシュオプションは支払時点より前に購入されなければ無価値である．デフォルトしない事象のみの集合 Ω_t^* を考える[2]．これは，全事象の集合 Ω の部分集合である．

5.1.3 年間最大カバー，資本コスト

このようにデフォルタブル・キャッシュオプションは負債と ORP との間のキャッシュフローのミスマッチに対するベーシスリスクに対する取引である．このデフォルタブル・キャッシュオプションによって提供されるキャッシュフローの最大量は有限であると考えてよい．したがって，このキャッシュフローのカバーを可能にする方法の一つは，「年間最大カバー」を提供する金融商品の購入によるものである．

---

[2] デフォルトが t に依存することを強調するために添え字に t を付ける．

- 第 i 年度期初に，(利用可能な情報に基づく) その年度の正の最大可能ミスマッチ額 K_i を借り入れ
- 年度末に，借り入れ金額 K_i と実際のキャッシュフローのミスマッチ（正負ともありうる）とクーポン c_i を差し引いて返済

ベーシス・リスクの評価は，c_i は「年間最大カバー」に必要なクーポンとして評価されている．しかしながら，この「年間最大カバー」のヘッジ戦略のクーポンは二つの意味で最適ではない．

まず，借入期間が丸 1 年である必要はなく，キャッシュフローのミスマッチが発生した時点でのみ必要である．この事実は，ベーシスリスクに対し年間最大カバーはオーバーヘッジであることを意味する．

第 2 に，最大ミスマッチ量 K_i の決定には時間的確率性を考慮しなければならない．$t\,(<i)$ までの情報の変化に応じて，K_i の額が再計算されるからである．したがって，経路ごとの最大値が最適であるが,「年間最大カバー」はそれを上回る保証を与えている．

より詳しく「年間最大カバー」を式により定義する．X_i を年度 i の負債キャッシュフローとし，ORP_i を年度 i の最適複製ポートフォリオ，またその年度 j におけるキャッシュフローを $f_j(\text{ORP}_i)$ とする．$t \leq i$ の時点における，

$$\Omega_t^* \subsetneq \Omega \tag{5.1}$$

を会社のデフォルトという事象を除外した全事象 Ω の部分集合とする．

このとき，i 年度のキャッシュフローのミスマッチ M_i は，

$$M_i := X_i - f_i(\text{ORP}_i) \tag{5.2}$$

デフォルトしない場合の，このミスマッチの上限

$$K_i = \sup_{\Omega_t^*} M_i \tag{5.3}$$

が借入額となる．

クーポンの支払いを無視すると,「年間最大カバー」の時点 t における返済額は，

$$0 \leq K_i - M_i \leq \sup_{\Omega_t^*} M_i - \inf_{\Omega_t^*} M_i$$

$K_i - M_i$ の期待値は必ずしも K_i に等しくないので，クーポン c_i は「年間最大カバー」の期待値に等しくならない．そこで，どの年度のミスマッチ M_i の期待値もゼロになるような ORP のことを**不偏最適複製ポートフォリオ**と称することにする．

しかしながら,「年間最大カバー」を含むポートフォリオの価格は，i 年度末にクーポン c_i が支払われるものとして計算されている．したがって，時点 $t \leq i$ では,「年間最大カバー」を含むポートフォリオは，**流動性条件**の下で適当な通貨の満期 $i-t$ で額面 c_i の無リスク割引債を含むポートフォリオと等価である．

流動性条件を金融商品の用語で表現すると，第 i 年度の「年間最大カバー」を第 i 年度の初めに購入することを確約する**購入保証契約**ということになる．すなわち,「年間最大カバー」＝「無リスク割引債」＋「購入保証」という関係が成立する．

よって，一つの優複製ポートフォリオ戦略[3]は，

- 最適複製ポートフォリオ (ORP)
- 無リスク割引債
- 購入保証
- デフォルトオプション

となる．若干の考察を経て，この無リスク割引債の額面は，$\sup_{\Omega_t^*} \sum_{i \geq 0} c_i$ とすれば良いことが分かる．年間最大カバーは，年度 $i = 0, 1, 2 \cdots$ の年度始に購入保証により確実に購入され，無リスク割引債は年間最大カバーのために必要なクーポン c_i を支払う．

$\mathcal{C}_i$ を負債と同じ通貨の満期 $t = i+1$ の額面 c_i の割引債とすると，時点 $t \leq i$ のベーシス・リスクの価値は，時点 t の割引債価格

---

[3] 自己充足的な複製を超える資金を外部調達しているので優複製となっている．

$$\sum_{i \geqq t} V_t(\mathcal{C}_i) \tag{5.4}$$

と購入保証とデフォルトオプションの価値で評価できる．簡単な考察により，このときの割引債の額面は，$\sup_{\Omega_0} \sum_{i \geqq 0} c_i$ でよいことが分かる．

以上で実際のキャッシュフローと ORP キャッシュフローのベーシス・リスクのヘッジによるソルベンシー問題は解決できたが，求めるヘッジは貸借対照表のヘッジであり，よって，将来キャッシュフローの価値も考慮する必要がある．このためには，将来時点でも資産価値が負債価値を上回っている必要がある．

真の経済価値ベースの貸借対照表では，t 時点での将来キャッシュフローの最良推定値は t 時点までのすべての情報を用いて最適化した ORP_t にほかならない．このことを仮定すると，$t = i$ で構築した現在の ORP_i は，$t = i+1$ で最適な ORP_{i+1} に再構築されることになる．自己調達的にこれができるかどうかは，$t = i+1$ における二つのポートフォリオの市場整合的価値による．

結論として，「年間最大カバー」は両者の差額をカバーする必要がある．

$$V_{i+1}(\mathrm{ORP}_{i+1}) - V_{i+1}(\mathrm{ORP}_i) \tag{5.5}$$

このような経済価値ベースの貸借対照表では，年度 i のはじめに借り入れる「年間最大カバー」の額 K_i は，時点 $t < i$ で，

$$K_i = \sup_{\Omega_t^*} M_i \tag{5.6}$$

となり，ミスマッチ額 M_i は，

$$\begin{aligned} M_i = {} & pv_{(i+\frac{1}{2} \to i)}(X_i - f_i(\mathrm{ORP}_i)) \\ & + pv_{(i+1 \to i)}(V_{i+1}(\mathrm{ORP}_{i+1}) - V_{i+1}(\mathrm{ORP}_i)), \end{aligned} \tag{5.7}$$

ここで，pv は無リスク金利による現価であり，簡単のためキャッシュフロー X_i は年央 $i + \dfrac{1}{2}$ に発生するものと仮定している．

ところで，「年間最大カバー」に最適な資産は何であろうか？ それは自社株式である．外部の投資家から出資されている株式は，資産の市場価値と負債の市場整合的価値との差である資本に対応する．したがって損失を吸収する良

い性質を持つ,「年間最大カバー」の評価に翻訳されたベーシス・リスクの評価は, 資本コスト法 CoCM にさらに翻訳することができる.

- 各 i 年度に必要な株主資本を $\tilde{K}_i$
- 資本コスト率 η_i

第 i 年度の優複製ポートフォリオは, 以下のようになる.

- 最適ポートフォリオ ORP
- デフォルトオプション
- 年間のリスクをカバーする株主資本 $\tilde{K}_i = K_i$
- 将来の資本コストを賄うための無リスク割引債 $\mathcal{C}_i$ ($j \geqq i$)
- 購入保証

購入保証は, 将来必要となる投資家 (ないし保険会社の買収者) が存在することを保証する.

5.1.4 期待キャッシュフロー複製ポートフォリオ

時点 t における最も単純な不偏最適ポートフォリオは, 負債と同一通貨の, キャッシュフローの (時点 t までに得られた情報の下での条件付きの) 期待値を額面とし, 満期が合致する割引債のポートフォリオである. 簡単のため, 年度 i のキャッシュフローは年央 $i + \frac{1}{2}$ に発生するものと仮定し, 期待キャッシュフロー複製ポートフォリオ (ERP_t) を以下のように $i \geqq t$ 時点での割引債 $\mathcal{D}_i^{(t)}$ として定義する.

$$\mathrm{ERP}_t = \{\mathcal{D}_i^{(t)} | i \geqq t\} \tag{5.8}$$

この割引債の満期は, $(i + \frac{1}{2} - s)$, 額面は以下の $d_i^{(t)}$ である.

$$d_i^{(t)} = f_i(\mathrm{ERP}_t) = \mathbb{E}[X_i | \mathfrak{F}_t] \tag{5.9}$$

$\mathfrak{F}_t$ は時点 t までに得られた情報である.

$t \leqq i$ の時点 $s \leqq i$ における割引債の価値は,

$$V_s(\mathcal{D}_i^{(t)}) = pv_{(i+\frac{1}{2} \to s)}(\mathbb{E}[X_i|\mathfrak{F}_t]) \tag{5.10}$$

となる.

第 i 年度の貸借対照表のソルベンシー条件は,

$$V_{i+1}(\mathrm{ERP}_{i+1}) - V_{i+1}(\mathrm{ERP}_i) = \mathbb{E}[R_{i+1}|\mathfrak{F}_{i+1}] - \mathbb{E}[R_{i+1}|\mathfrak{F}_i], \tag{5.11}$$

ここに, R_i は, 年度 i 時点の責任準備金に当たる量である.

$$R_i := \sum_{j \geqq i} pv_{(j+\frac{1}{2} \to i)}(X_j). \tag{5.12}$$

デフォルトオプションの価値を見るために法則不変のリスク尺度 ρ を使うと, K_i の額は,

$$\begin{aligned} K_i = &\rho(pv_{(i+\frac{1}{2} \to i)}(X_i - f_i(\mathrm{ORP}_i)) \\ &+ pv_{(i+1 \to i)}(\mathbb{E}[R_{i+1}|\mathfrak{F}_{i+1}] - \mathbb{E}[R_{i+1}|\mathfrak{F}_i]) \end{aligned}$$

となる.

X_i は, 時点 $i+1$ で分かっているので, $X_i = \mathbb{E}[X_i|F_{i+1}]$ となることから,

$$K_i = \rho(M_i) \tag{5.13}$$

となる. ここに,

$$M_i = \mathbb{E}[R_i|\mathfrak{F}_{i+1}] - \mathbb{E}[R_i|\mathfrak{F}_i] \tag{5.14}$$

である. キャッシュフロー X_j $(j = 0, \cdots, i-1)$ は, 時点 $t = i, i+1, \cdots$ で分かっているので, ミスマッチ額 M_i は 1 年間の極限推定額の変化で表されるため,

$$M_i = \mathbb{E}[R_0|\mathfrak{F}_{i+1}] - \mathbb{E}[R_0|\mathfrak{F}_i] \tag{5.15}$$

となる. ERP の場合には不偏最適複製ポートフォリオとなるので M_i の期待値はゼロとなる. したがって, 資本コスト法を使うと, 資本コスト率 η を定

数とすると，以下の表現を得る．

$$c_i = \eta \tilde{K}_i \tag{5.16}$$

5.2 ソルベンシー計測モデル

5.2.1 MVM (マーケット・バリュー・マージン)

SST では，ベーシス・リスクのリスクの価値を MVM と呼び，市場整合的価値と ORP の差額に等しい．負債ポートフォリオを $\mathcal{L}$，時点 t の市場整合的価値を $V_t(\mathcal{L})$ と表すと，

$$V_t(\mathcal{L}) = V_t^0(\mathcal{L}) + \mathrm{MVM}_t(\mathcal{L}) \tag{5.17}$$

となる．ここに，

$V_t^0(\mathcal{L}) = V_t(\mathrm{ORP}_t)$ は，最適複製ポートフォリオの価値

$\mathrm{MVM}_t(\mathcal{L})$ はマーケット・バリュー・マージン，すなわちベーシス・リスクのリスクの価値

SST では，会社が時点 $t=0$ でソルベントであるとは，$t=1$ 時点で十分高い確率で市場 (整合) 的な資産価値が，市場整合的な負債価値を上回っていること，すなわち

$$V_1(\mathcal{A}_1) \geqq V_1(\mathcal{L}_1) \tag{5.18}$$

であることである．

この意味を少し掘り下げて考えてみる．負債価値を，優複製ポートフォリオで表現することができたので，$t=1$ 時点で保有資産をそのような優複製資産ポートフォリオに変換することが可能なはずである．したがって，負債の清算しても契約者に対する支払い義務は履行できる．ここでは資産が即座に (あるいは短時間に) 転換できることを仮定している．SST ではベーシス・リスクを株主資本でヘッジする戦略を仮定している．すなわち，$t=1$ で，

- 期待キャッシュフロー最適複製ポートフォリオ ERP_1

- デフォルトオプション
- 第 1 年度のリスクをカバーするための株主資本 $\tilde{K}_1 = K_1$
- 将来 $(j \geqq 1)$ の資本コストを支払うための額面 c_j の割引債 $\mathcal{C}_j$
- 購入保証

ERP は不偏なので，資本コストをクーポン率と同じであるとみなしてよい．

ところで，資産を $t = 1$ までに最適ポートフォリオに転換すると保険会社が存続するためには，第 1 年度始の資本

$$V_1(\mathcal{A}_1) - V_1(\mathcal{L}_1) \tag{5.19}$$

は正値をとらなければならない．資本の用途はさまざまであり，株主配当として支払ってもよいし，新規投資してもよいし，内部留保してもよい．株主配当しない内部留保には，資本コストがかかってくる．

5.2.2 拡大資本と SCR

さて，$V_1(\mathcal{A}_1) \geqq V_1(\mathcal{L}_1)$ という条件を $t = 0$ 時点での条件に書き換えるために，

$$AC_0(1) := V_1(\mathcal{A}_1) - V_t^0(\mathcal{L}_1) \tag{5.20}$$

を考えてみる．ここに，$V_t^0(\mathcal{L}_1)$ は負債の市場整合値ではなく最適複製ポートフォリオの価値であることに注意．

ソルベンシー条件は，あるリスク尺度の下で「十分高い確率で」現存資本が MVM より上回ることである．

$$AC_0(1) \geqq \mathrm{MVM}(\mathcal{L}_1) \tag{5.21}$$

あるリスク尺度の下で十分高い確率とは，SST では，信頼水準 99%の期待ショートフォールを意味している．これは，$t = 1$ で Ω_1^*（デフォルトオプションが行使されない）という条件の下での評価である．

$$AC_0(1) = AC_0(0) + (AC_0(1) - AC_0(0))$$

と書き換えると，$t=0$ でのソルベンシー条件はさらに以下の式に再定式化される．

$$AC_0(0) - \mathrm{SCR}(0) \geqq pv_{(1 \to 0)} \mathrm{MVM}(1) \tag{5.22}$$

ここで，t 時点の $\mathrm{SCR}(t)$ は，

$$\mathrm{SCR}(t) := \mathrm{ES}_\alpha [pv_{(t+1 \to t)}(AC_0(t+1) - AC_0(t))] \tag{5.23}$$

また，MVM は記号の乱用ではあるが以下のように定義する．

$$\mathrm{MVM}(1) := \sup_{\Omega_1^*} \mathrm{MVM}(\mathcal{L}_1) \tag{5.24}$$

しかしながら将来の必要資本が提供されるという優複製ポートフォリオは購入保証が含まれている[4]．これにより，以下が成り立つ．

$$AC_0(0) \geqq \mathrm{SCR}(0) + pv_{(1 \to 0)} \mathrm{MVM}(1) \tag{5.25}$$

$\mathrm{SCR}(0)$ と $AC_0(0)$ の計算には，実際の会社の資産ポートフォリオが使用される．これらには，負債の市場整合価値は関係していないことに注意．

●——MVM の計算

時点 $t=1$ の MVM は，無リスク割引債 $\mathcal{C}_i$ のポートフォリオの価値で表されるから，

$$\mathrm{MVM}(1) := \sum_{i \geqq 1} V_1(\mathcal{C}_1) \tag{5.26}$$

で，$\mathcal{C}_i$ の額面 c_i は，資本コスト η で以下のとおり表される．

$$c_i = \eta \tilde{K}_i = K_i. \tag{5.27}$$

リスク尺度 $\rho = \mathrm{ES}_\alpha$ を選んで，今までの議論から，

$$K_i = \sup_{\Omega_1^*} M_i = \mathrm{ES}_\alpha [M_i] \tag{5.28}$$

---

[4] 会社が財務上の困難を抱えている場合どうなるかという議論の余地はある．

であり，M_i は，

$$M_i = pv_{(i+\frac{1}{2}\to i)}(X_i - f_i(\mathrm{ORP}_i)) \qquad (5.29)$$
$$+ pv_{(i+1\to i)}(V_{i+1}(\mathrm{ORP}_{i+1}) - V_i(\mathrm{ORP}_i))$$

となる．

特に，ORP として ERP を選択すると，

$$M_i = \mathbb{E}[R_0|\mathfrak{F}_{i+1}] - \mathbb{E}[R_0|\mathfrak{F}_i] \qquad (5.30)$$

リスク尺度として $\rho = \mathrm{ES}_\alpha$，ORP として ERP を選択すると，

$$\mathrm{SCR}(i) = \mathrm{ES}_\alpha[M_i] \qquad (5.31)$$

となるので，

$$\mathrm{MVM}(1) = \eta \sum_{i\geqq 1} pv_{(i+1\to 1)}(\mathrm{SCR}(i)) = \eta \sum_{i\geqq 1} pv_{(i+1\to 1)}(\mathrm{ES}_\alpha[M_i]) \qquad (5.32)$$

となる．この公式は，各 M_i 間には分散効果がないということを意味しており，M_i が共単調であることを仮定していることになる．

5.2.3 まとめ

今までの説明をまとめておく．負債として，以下の四つを考える．

- $\mathcal{L}_0$：年度 $i = -1$ 末の貸借対照表上の負債
- $\mathcal{N}_0$：年度 $i = 0$ の新契約負債
- $\mathcal{L}_1$：年度 $i = 0$ 末の貸借対照表上の負債
- $\mathcal{L}_i$ $(i \geqq 2)$：i 年度におけるポートフォリオ $\mathcal{L}_1$ の閉鎖契約ブロック

資産としては，

- $\mathcal{A}_0$：年度 $i = -1$ 末の貸借対照表上の実際の資産ポートフォリオ
- $\mathcal{A}_1$：年度 $i = 0$ 末の貸借対照表上の実際の資産ポートフォリオ

負債をリスクが類似するバスケット b に分解しておく.

$$\mathcal{L}_i = \bigcup_b \mathcal{L}_i^b \tag{5.33}$$

バスケットは，損害保険や短期の生命保険，長期の生命保険，変額商品などリスクや保険期間など保険会社の特性によって分類する.

(1) 拡大資本 $AC_0(0)$ $(t=0)$ は，$t=0$ の複製ポートフォリオの価値 $V_0^0(\mathcal{L}_0)$ により,

$$AC_0(0) = V_0(\mathcal{A}_0) - V_0^0(\mathcal{L}_0). \tag{5.34}$$

(2) 拡大資本 $AC_0(1)$ $(t=1)$ は,

$$AC_0(1) = V_1(\mathcal{A}_1) - V_1^0(\mathcal{L}_1). \tag{5.35}$$

(3) ミスマッチ額 M_i は,

$$\begin{aligned} M_i &= pv_{(i+\frac{1}{2} \to i)}(X_i - f_i(\mathrm{ORP}_i)) \\ &\quad + pv_{(i+1 \to i)}(V_{i+1}(\mathrm{ORP}_{i+1}) - V_{i+1}(\mathrm{ORP}_i)), \end{aligned} \tag{5.36}$$

特に ERP の場合には,

$$M_i = \mathbb{E}[R_0|\mathfrak{F}_{i+1}] - \mathbb{E}[R_0|\mathfrak{F}_i] \tag{5.37}$$

また，$\mathrm{SCR}(i)$, $i \geqq 1$ は,

$$\mathrm{SCR}(i) = \mathrm{ES}_\alpha[M_i] \tag{5.38}$$

M_i はバスケット b により分解される.

$$M_i = \sum_b M_i^b \tag{5.39}$$

5.3　複製ポートフォリオ法

この節では，第 5.1 節で説明した複製の理論を具体的に実現するための手法について説明する.

負債キャッシュフローの市場整合的価値は，負債キャッシュフローの特性を合理的に複製することができる金融商品のポートフォリオの市場価値である．しかし，利率保証の投資契約や解約不能な定額年金を含む金融商品を除けば，ポートフォリオが保険リスクの特性を正確に複製し，金融市場で市場整合的価値が得られる状況はほとんどない．

　それでも，複製ポートフォリオ技術は，他の応用分野も含めて，市場リスク管理を行う上で有用な目的がある．複製ポートフォリオが，金利感応度や株価変動などの市場リスク特性を合理的に再現できる限り，膨大な時間がかかる負債キャッシュフローの確率的シミュレーションを実行する代わりに，時々刻々の負債の市場リスクを定量化するために使用することができる．

　この節では，複製ポートフォリオ構築プロセスを選択する際の考慮すべき事項を検討し，それらの方法の共通の利点および限界を記述し，複製ポートフォリオと現実のキャッシュフローとの乖離 (あるいは適合度) を表す尺度を定義する．

5.3.1　複製ポートフォリオの構築

　複製ポートフォリオを構築するための一般的な手順は

(1) 複製方法の決定

(2) 経済シナリオの選択

(3) 較正データの生成

(4) 金融商品のユニバースの定義

(5) 現実からの制約条件の定義

(6) 適合最適化法の決定と判定基準

●——**複製方法の決定**

　複製ポートフォリオの枠組みを前提とすると，複製法は「キャッシュフロー」と「市場価値」の二つに分類できる．

キャッシュフローの複製は，異なるシナリオでの時点ごとの将来のキャッシュフローを再現，**市場価値の複製**は負債の市場価値を再現することを目指している．

両者の差異はデュレーション・マッチングと比較することができる．デュレーション・マッチングは金利変化の一次近似を与えるが，正確な金利エクスポージャーは複製できない．

キャッシュフローの複製には，二つのアプローチがある．

(1) **時間依存複製**：各時点の各状態のすべてのキャッシュフローが複製される．
(2) **集計値複製**：異なる期間のキャッシュフローが一つの集計値で表され，その値になるようにキャッシュフローが複製される．この値としては，以下が挙げられる．

- 集計キャッシュフロー
- 割引キャッシュフロー
- 累積キャッシュフロー

集計値複製は集計値のみを合致させるだけで，タイミングを正確に合致させることはできない．完全複製はタイミングまでできるだけ正確に一致させる．

●──時間依存複製

時間依存複製は，各時点でのキャッシュフローを**独立に**合致させる．複製の全体は複数の各年度の小さい複製ポートフォリオから構成される．各年度で，そのキャッシュフローを読み込んで最適化が行われる．後で説明する累積キャッシュフロー法とは各年度で独立に複製を繰り返すところが異なる．

複製公式は，

$$CF_\text{liab} \sim \sum_{p=1}^{P} w_p CF_\text{asset}(p, s, t)$$

ここに，

- s はシナリオ
- t は時点
- w_p は s シナリオの時点 t の資産 p の複製資産ユニバース (P 個) の中での構成比
- $CF_{\text{asset}}(p,s,t)$ は s シナリオの時点 t の資産 p の複製資産のキャッシュフロー

ここで，$\sim$ は，誤差を最小化するように w_p を最適化して得られた資産ポートフォリオを意味している．

●――集計キャッシュフロー

主に貨幣の時間価値が無視できる短期の負債キャッシュフローで用いられる方法で，複製の基準にキャッシュフローの合計値を使用する．

●――割引キャッシュフロー

この方法はリスクフリー金利で割り引いた負債と複製ポートフォリオのキャッシュフローを合致する．

複製公式は，

$$CF_{\text{liab}} \prod_{j=0}^{t}(1+R(s,j))^{-j} \sim \sum_{j=0}^{t}\left[\sum_{p=1}^{P} w_p CF_{\text{asset}}(p,s,t)\right] \prod_{j=0}^{t}(1+R(s,j))^{-j}$$

ここに，$R(s,j)$ は，シナリオ s，満期 j のスポットレートである．

●――累積キャッシュフロー

この方法では，キャッシュフローはタイミングを考慮してフォワードレートを用いて終価を求め，合致させるようにする．結果としてすべての将来年度について一つの複製ポートフォリオで対応できる．累積キャッシュフロー法の顕著な特徴は，異なる年度のキャッシュフローが独立であることを要請しないことである．

複製公式は，

$$CF_{\text{liab}} \prod_{j=0}^{t}(1+FR(t,n))^{n-t}$$
$$\sim \sum_{j=0}^{t}\left[\sum_{p=1}^{P}w_{p}CF_{\text{asset}}(p,s,t)\right]\prod_{j=0}^{t}(1+FR(t,n))^{n-t}$$

ここに，$FR(t,n)$ は t 年度から n 年度までのフォワードレートである．

●──市場価格複製法

この複製方法は，負債の市場価値と複製ポートフォリオ市場価値を一致させることを目標とする．しかし，保険負債の市場価値の一部を構成するリスク調整については，複製できない．市場リスク調整の省略を強調するために，以下の式の負債の値にアスタリスクを付している．グリーク・フィッティングとも呼ばれるこの方法では，市場価値をいくつかのシナリオの下で比較することが多い．

以下の式は，シナリオ一つの場合である．

$$\text{MarketValue}_{\text{liab}}^{*} \sim \sum_{p=1}^{P} w_{p}\text{MarketValue}_{\text{asset}}(p) \tag{5.40}$$

この方法の主な欠点の一つは，異なるストレスシナリオに対して負債の市場価値を決定することにある。オプションと保証を伴う負債の場合，そのオプションと保証の価値はすべてのストレスに対して決定する必要がある．

シナリオオプションと保証の計算のためには，相当数（例えば 1000）のリスク中立シナリオが含まれているため，複製に必要な確率的シナリオの総数は急速に増加してしまう．保証の計算においてオプションに閉形式の解があれば，プロセスを円滑に実行できる．その場合，計算するのはストレスシナリオだけになる．

●──複製対象資産のユニバース

複製資産としては十分な流動性のある市場の存在と単純な商品性が必要である．下のリストは，複製によく利用される資産の候補である．

―――――――― 複製対象資産のユニバース ――――――――

割引債 (Zero-coupon bond)，利付債 (Coupon-bearing bond)，モーゲージ債 (MBS)，変動金利ノート (FRNs)，金利スワップ (Swaps)，一定満期スワップ (CMS)，スワップション (Swaptions)，バリア・スワップション (Barrier Swaptions)，金利キャップ／フロア (interest rate caps/floors)，指数資産 (Index Assets)，指数デリバティブ (Index Derivatives)，インフレ連動債 (Indexed-linked Bonds)，為替オプション (FX options)

●―― 複製の精度判定

複製の良し悪しの程度を評価するためには精度判定の指標が必要となる．よく使われるのは，最小二乗誤差と R^2 である．最小二乗誤差は小さければ小さいほど良く，

$$\sum_{t}^{T}\sum_{s=1}^{S} q(s)[CF_{\text{liab}}(s,t) - CF_{\text{replicate}}(s,t)]^2 \tag{5.41}$$

R^2 は 1 に近ければ良い．まず，時間とシナリオについて平均した負債キャッシュフロー $\overline{CF}_{\text{liab}}$ を求める．ただし，$CF_{\text{replicate}}$ は推定した複製ポートフォリオのキャッシュフローである．

$$\overline{CF}_{\text{liab}} = \sum_{t}^{T}\sum_{s=1}^{S} q(s) CF_{\text{liab}}(s,t) \tag{5.42}$$

ただし，$\sum_{s=1}^{S} q(s) = 1$ とする．R^2 は，

$$R^2 = 1 - \frac{\sum_{t}^{T}\sum_{s=1}^{S} q(s)[CF_{\text{liab}}(s,t) - CF_{\text{replicate}}(s,t)]^2}{\sum_{t}^{T}\sum_{s=1}^{S} q(s)[CF_{\text{liab}}(s,t) - \overline{CF}_{\text{liab}}]^2} \tag{5.43}$$

また残差を分析することも重要である．

$$r(s,t) = \frac{CF_{\text{liab}}(s,t) - CF_{\text{replicate}}(s,t)}{CF_{\text{liab}}(s,t)} \tag{5.44}$$

●——異なる方法の利点と欠点

それぞれの方法には利点と欠点があるため，どの明らかに優位な方法はないが，キャッシュフロー複製法が最も頻繁に使用される．実際には，複製の種類の選択は，保険負債構造，利用可能なリソースと時間によって変わる．

5.4 最小二乗モンテカルロ法 (LSMC 法)

より複雑な保険債務の内在オプション評価には複製ポートフォリオ法だけでは対応できない．そこで確率論的シミュレーションと ESG を用いた LSMC (Least Square Monte Carlo) 法がよく使われるようになってきている．

確率論的シミュレーションはある確率分布にしたがって無作為に生成される乱数によって，将来の必要期間にわたる経済変数シナリオを作成することである．そのシナリオを出力する仕組みを，経済シナリオ・ジェネレーター (ESG: Economic Scenario Generator) と呼ぶ．その目的は，ESG を利用して財務モデルの結果の分布を出力することで，変数の感応度を分析することで，資産や負債のポートフォリオにどういうファクターが影響を及ぼしているか定量的に把握できるのである．

一方，LSMC 法は最初にファイナンスの分野で研究され，アメリカン・プット・オプションの価格評価に利用された[5]．この方法は，保険分野にも応用できることが分かり，多くの文献や実務的応用が現れるようになった[6]．

この方法による金融商品の価格評価では，実確率で多くの経路を発生させて，その経路ごとにまたリスク中立確率に基づき多くの経路を発生させて価格評価を行うことが必要となる．これを入れ子型シミュレーション (nested simulation) あるいは「2 重のモンテカルロ法」という．

入れ子型シミュレーションは，オプションや保証が含まれる保険負債や資産のキャッシュフローの評価に利用されることが多い．その構造は，図 5.1 にあるように，この確率的シミュレーションを 2 層化，すなわち確率論的「外部シナリオ」の中に，1 組以上の入れ子の「内部パス」が組み込まれたものである．

---

[5] Longstaff, F.A. and Schwartz, E. S. [89].

[6] Bauer, Kiesel, Kling and Rus [34], Furrer [69] など．

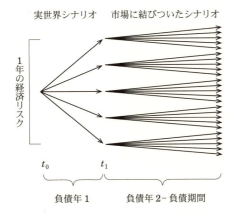

図 5.1 入子型シミュレーションの概念図

内部パスが始まる時点を「結節点」と定義する．

例えば，変額年金商品の場合の満期保証では，株価の外部パスを実確率で発生させ，ある時点での外部パスの結節点ごとに，リスク中立確率の内部パスを発生させて，その期待値で満期保険金を行使価格とするプットオプションの評価を行うことになる．

この計算は膨大なものになるので，ハードでは並列処理などを行って時間短縮を行うなどの工夫があるが，数値計算の工夫としては，精度をあまり落とさずに外部パスや内部パスの削減を行ういろいろな方法がありうる．

以下ではまず，シミュレーションによって，合理的なアメリカン・プットオプションの価値の評価を行う方法を簡単に説明し，それを解約返戻金の保証がある有配当保険の場合にどのように応用できるかを説明する．

この例では，説明のためシナリオは 8 本としているが，実際には何十万，何百万のシナリオを発生させることになる．

●──(1) アメリカン・プットオプションの評価

ヨーロッピアン・オプションは満期時点のみで行使可能であるのに対し，アメリカン・オプションは満期までの好きな時点で行使できる．コールオプショ

ンにおいては,アメリカンであっても行使時期は,満期が最適であることが簡単な考察で分かるが,プットオプションでは最適行使時期の決定は数学的に大変難しい問題であることが知られている.

以下,単純な設例で考察してゆくことにする[7]).

例 5.1 (アメリカン・プットオプションの価値評価) 行使価格 $K = 1.1$ の株式のプットオプション価値 $Y(t) = (K - S(t))^+$ を表 5.1 のような 3 期間の八つのシナリオ $S(t_i, \omega_k), (i = 0, 1, 2, 3, k = 1, 2, \cdots, 8)$ のもとで求める.金利は 6%とする.

表 5.1 $Y(t)$ のパス

	$t_0 = 0$	$t_1 = 1$	$t_2 = 2$	$t_3 = 3(T)$
ω_1	1			0
ω_2	1			0
ω_3	1			0.07
ω_4	1			0.18
ω_5	1			0
ω_6	1			0.20
ω_7	1			0.09
ω_8	1			0

次に,満期時点 $t = T = t_3 = 3$ のときの価値関数

$$V(T) = Y(T) = (K - S(T))^+, \quad K = 1.1$$

から順次遡ってゆく. $t = T$ のときの価値は,表 5.2 の空欄を埋めてゆく. $t = t_2$ では,五つのパス ($\omega_1, \omega_3, \omega_4, \omega_6, \omega_7$) のみが K より小さい(インザマネー).よって,即時行使すれば, $Y(t_2) = (K - S(t_2))^+$ より,

$$Y(t_2, \omega_1) = 0.02, \quad Y(t_2, \omega_3) = 0.03, \quad Y(t_2, \omega_4) = 0.13,$$

---

[7])Furrer [63].

5.4 最小二乗モンテカルロ法 (LSMC 法)

表 5.2 $S(t, \omega_k)$ のパス

	$t_0 = 0$	$t_1 = 1$	$t_2 = 2$	$t_3 = 3(T)$
ω_1	1	1.09	1.08	1.34
ω_2	1	1.16	1.26	1.54
ω_3	1	1.22	1.07	1.03
ω_4	1	0.93	0.97	0.92
ω_5	1	1.11	1.56	1.52
ω_6	1	0.76	0.77	0.90
ω_7	1	0.92	0.84	1.01
ω_8	1	0.88	1.22	1.34

$$Y(t_2, \omega_6) = 0.33, \quad Y(t_2, \omega_7) = 0.26.$$

しかし，行使したほうが良いかどうかは継続価値 $\hat{C}(t_2)$ との比較で決まる．継続価値を求めるために，基底関数 (この場合，単項多項式) $L_0(x) = 1, L_1(x) = x, L_2(x) = x^2$ を選択する．

したがって，

$$C(t_2) = \alpha_{20} + \alpha_{21}S(t_2) + \alpha_{22}S^2(t_2)$$

と仮定する．係数 $\alpha_{20}, \alpha_{21}, \alpha_{22}$ は以下の 5 式による線形回帰で求める．

$$V(t_3, \omega_1)e^{-r} = \alpha_{20} + \alpha_{21}S(t_2, \omega_1) + \alpha_{22}S^2(t_2, \omega_1)$$

$$V(t_3, \omega_3)e^{-r} = \alpha_{20} + \alpha_{21}S(t_2, \omega_3) + \alpha_{22}S^2(t_2, \omega_3)$$

$$V(t_3, \omega_4)e^{-r} = \alpha_{20} + \alpha_{21}S(t_2, \omega_4) + \alpha_{22}S^2(t_2, \omega_4)$$

$$V(t_3, \omega_6)e^{-r} = \alpha_{20} + \alpha_{21}S(t_2, \omega_6) + \alpha_{22}S^2(t_2, \omega_6)$$

$$V(t_3, \omega_7)e^{-r} = \alpha_{20} + \alpha_{21}S(t_2, \omega_7) + \alpha_{22}S^2(t_2, \omega_7)$$

計算すると，$\alpha_{20} = -1.0700, \alpha_{21} = 2.9834, \alpha_{22} = -1.8136$ となり，継続価値の推定値は，

$$\hat{C}(t_2, \omega_1) = 0.0367, \quad \hat{C}(t_2, \omega_1) = 0.0459, \quad \hat{C}(t_2, \omega_1) = 0.1175,$$

$$\hat{C}(t_2,\omega_1) = 0.1520, \qquad \hat{C}(t_2,\omega_1) = 0.1564$$

である．

即時行使と継続価値を比較して大きいほうを選ぶと，即時行使が大きいのは，$\omega_4, \omega_6, \omega_7$ の三つの場合である．

表 5.3

	$t_0 = 0$	$t_1 = 1$	$t_2 = 2$	$t_3 = 3(T)$
ω_1	1			0
ω_2	1			0
ω_3	1			0.07
ω_4	1		0.13	0
ω_5	1			0
ω_6	1		0.33	0
ω_7	1		0.26	0
ω_8	1			0

再び，もう 1 期戻り，$t = t_1$ で即時行使すると，$Y(t_1) = (K - S(t_1))^+$ より，

$$Y(t_1,\omega_1) = 0.01, \qquad Y(t_1,\omega_6) = 0.34, \qquad Y(t_1,\omega_8) = 0.22,$$

$$Y(t_1,\omega_4) = 0.17, \qquad Y(t_1,\omega_7) = 0.18$$

となる．

再び，係数 $\alpha_{10}, \alpha_{11}, \alpha_{12}$ は以下の 5 式による線形回帰で求める．

$$V(t_3,\omega_1)e^{-r} = \alpha_{10} + \alpha_{11}S(t_1,\omega_1) + \alpha_{12}S^2(t_1,\omega_1)$$

$$V(t_3,\omega_4)e^{-r} = \alpha_{10} + \alpha_{11}S(t_1,\omega_4) + \alpha_{12}S^2(t_1,\omega_4)$$

$$V(t_3,\omega_6)e^{-r} = \alpha_{10} + \alpha_{11}S(t_1,\omega_6) + \alpha_{12}S^2(t_1,\omega_6)$$

$$V(t_3,\omega_7)e^{-r} = \alpha_{10} + \alpha_{11}S(t_1,\omega_7) + \alpha_{12}S^2(t_1,\omega_7)$$

$$V(t_3,\omega_8)e^{-r} = \alpha_{10} + \alpha_{11}S(t_1,\omega_8) + \alpha_{12}S^2(t_1,\omega_8)$$

計算すると，$\alpha_{10} = 2.0375, \alpha_{11} = -3.3354, \alpha_{12} = 1.3565$ となり，継続価値の推定値は，

$$\hat{C}(t_2,\omega_1) = 0.0135, \quad \hat{C}(t_2,\omega_4) = 0.1087, \quad \hat{C}(t_2,\omega_6) = 0.2861,$$

$$\hat{C}(t_2,\omega_7) = 0.1170, \quad \hat{C}(t_2,\omega_8) = 0.1528.$$

即時行使と継続価値を比較して大きいほうを選ぶと，即時行使が大きいのは，$\omega_4, \omega_6, \omega_7, \omega_8$ の四つの場合である．これから，最終的には表 5.4 を得る．

表 5.4

	$t_0 = 0$	$t_1 = 1$	$t_2 = 2$	$t_3 = 3(T)$
ω_1	1			0
ω_2	1			0
ω_3	1			0.07
ω_4	1	0.17		0
ω_5	1			0
ω_6	1	0.34		0
ω_7	1	0.18		0
ω_8	1	0.22		0

これより，$t = 0$ におけるアメリカン・プットオプションの価値は，

$$V(0) = \frac{0.07e^{-3 \cdot 0.06} + (0.17 + 0.3 + 0.18 + 0.22)e^{-0.06}}{8} = 0.1144. \tag{5.45}$$

となる．

以上をまとめると最小二乗モンテカルロ法とは，以下のようになる．

- モンテカルロ・シミュレーションと最小二乗法の組み合わせである．
- 時点 t で権利行使するかどうかは行使したときの損益と継続価値を比較することで決まる．

- 継続価値はその時点の状態変数値に基づくオプション価値 $U(t,i)$ の最小二乗回帰の推定値によって決定する．
- オプション価値は，時刻 0 まで割り引いた損益と価値で決まる．

●——(2) 簡単化した純粋生存保険の解約返戻金保証コストの評価

ここからは保険の合理的な解約オプションの評価問題に移る．

例 5.2 (無配当純粋生存保険の解約返戻金保証コストの価値)　満期 T 年の保険金 1 の純粋生存保険を考える．ただし，簡単のため死亡率 $=0$ と仮定する．

契約条件は保険料一時払いで満期 1 年時点で被保険者が生存しているときだけ保険金を支払う．時点 $t=0$ で払い込まれた一時払い純保険料は全額，保険契約の満期と同じ T 年割引債で運用される．保証利率 r_G (予定利率) $=1.5\%$．満期保険金 $(t=T)$ と解約返戻金 t を $t<T$ 時点で給付する．解約返戻金は責任準備金と同額と仮定する (解約控除なし)．

アメリカン・プットオプションの場合と同様に，以下のアルゴリズムで保証コストが計算できる．

(1) リスク中立測度 $\mathbf{Q}$ のもとで n 本の独立な経路を発生させる．

$$(P(t_1,T;\omega_k), P(t_2,T;\omega_k), \cdots, P(t_m,T;\omega_k)), \quad (k=1,2,\cdots,n)$$

(2) 最終時点 T で，$\hat{U}(T,\omega_k) = Y(T;\omega_k)(=0)$．ここに，$Y(T;\omega_k) = D(0,t)(V(t)-P(t,T))^+$ かつ $V(T)=P(T,T)=1$．

(3) 後ろ向きに逐次，以下を繰り返す $(i=m-1, m-2, \cdots, 1)$．

- 推定値 $\hat{U}(t_{i+1},\omega_k)$ から，発生させた経路に沿って最小二乗回帰を実施することにより，基底関数の係数 $\hat{\alpha}_{i1}, \hat{\alpha}_{i2}, \cdots, \hat{\alpha}_{iM}$ を推定する．これより，t_i 時点で $\hat{U}(t_i,\omega_k)$ と状態変数 $P(t_i,T;\omega_k)$ の関係が分かる．
- そこで，継続価値

$$\hat{C}(t_i,\omega_k) = \sum_{j=0}^{M} \hat{\alpha}_{ij} L_j(P(t_i,T;\omega_k)), \ (L_j \text{は } j \text{ 次の基底関数})$$

として，

$$\hat{U}(t_i,\omega_k) = \begin{cases} Y(t_i;\omega_k), & (Y(t_i;\omega_k) \geqq \hat{C}(t_i,\omega_k)) \\ \hat{U}(t_{i+1},\omega_k), & (Y(t_i;\omega_k) < \hat{C}(t_i,\omega_k)) \end{cases}$$

(4) オプション価値は，$\hat{U}(0) = \dfrac{1}{n}\sum_{k=1}^{n}\hat{U}(t_1;\omega_k)$.

第 6 章

リスク測定と評価のモデリングと統計手法

本章では，第 7 章以下で説明するリスク測定と評価のためのモデリングと統計手法について予備知識として必要な範囲で説明を加える．

本書の読者には釈迦に説法になるが，2013 年に亡くなった統計学の泰斗 George E. P. Box[1]の格言として，「全てのモデルは間違っている，だが中には役立つものもある」(All models are wrong; but some are useful) とあるように[2]，どのモデルにも限界があることを理解しておかなければならない．

特に，金融市場に関する統計モデルについては，金融取引が自然現象でないことから生じるさまざまな歪みがあることが知られており，正規分布で表現できるような単純な分布を想定することには限界がある[3]．

この意味でも，リスクモデリングは簡単な統計作業ではなく，一貫した科学的アプローチとともに専門的判断 (アート) が必要な分野である．

---

[1] 一世を風靡した時系列モデル Box-Jenkins 法の創設者の一人．
[2] この格言は気体に関する物理法則 (ボイル-シャルル) など完全に正確ではなくても単純なモデルの有用性を擁護する趣旨の発言と言われている．
[3] 伏屋，楠岡 [14] ではたとえ i.i.d の確率分布の和という古典的な場合でも VaR をよい精度で推定することはきわめて困難であることを指摘している．

6.1 モデリング

6.1.1 リスクモデルの設計から実施, 検証までのプロセス

リスクのモデリングのためには, アクチュアリーは, 通常はどのような手順を踏んで, 仕事を進めてゆけばいいのだろうか？ 以下は, 一つの例であるが,

- リスク尺度
- データ
- モデル
- リスク合算の方法
- ストレスとシナリオのテスティング
- リスク測定の文書化と報告

の一連のプロセスに基づき, 進めてゆくことが標準的であろう.

6.1.2 リスク尺度

リスク尺度については, 第 4.4 節でも整合的リスク尺度について論じたが, ここでは主に実務的な観点から, よく利用されるリスク尺度である VaR (Value at Risk) や TVaR (Tail VaR) について説明する. VaR とは, リスク計測の共通の尺度として最も普及しているリスク尺度である. 元来は, 1990 年代の銀行のトレーディング勘定が徐々にデリバティブ取引などの複雑な取引を行うようになり, 市場のあらゆる価格変動のリスクを受けるようになったため, そのリスク管理目的のために導入された指標である.

VaR は, 金額で表示した金融商品のポートフォリオの「想定内での」最大損失を表したものである. 実際には, 金融商品のポートフォリオがあり, そのエクスポージャの一定期間 (例えば 10 日間) 後の確率分布が何らかの形で推定することが可能ならば, VaR はその分布のパーセンタイル点あるいは分位点 (quantile) として定義される.

すなわち, 数学的には以下の定義となる.

定義 6.1 X を損失を表す確率変数とする．確率変数 X の $100p$ パーセンタイルの VaR とは，p 分位点 x_p である．式で定義すると，

$$\mathrm{VaR}_p = \inf\{x_p \in \mathbb{R} : P(X > x_p) \leqq 1-p\} = \inf\{x_p \in \mathbb{R} : F_X(x_p) > p\}$$

分布関数が狭義増加で連続である場合には，inf を外してよい[4]．

VaR は，以下の例[5]のように整合的リスク尺度ではないため，使用に当たっては注意すべきであるとされる．SST では，その欠点のない TVaR を使っている．

例 6.1 Z を連続な分布を持つ確率変数とし，分布関数の 1, 90, 100 の値が以下のとおりだったとする．

$$F_Z(1) = 0.91$$
$$F_Z(90) = 0.95$$
$$F_Z(100) = 0.96$$

この場合，$\mathrm{VaR}_{95\%}(Z)$ は明らかに 90 である．

ここで，$Z = X+Y, X = \min(100, Z), Y = Z - X$ と確率変数 X, Y に分解すると，

$$F_X(1) = 0.95$$
$$F_X(90) = 0.96$$
$$F_X(100) = 1$$

$\mathrm{VaR}_{95\%}(X)$ は 1 である．同様に，$F_Y(0) = 0.96$ なので $95\%\mathrm{VaR}(Y)$ は 0 である．

よって，

$$\mathrm{VaR}_{95\%}(X) + \mathrm{VaR}_{95\%}(Y) = 1 < \mathrm{VaR}_{95\%}(Z) = 90$$

---

[4] 一般の分布関数では inf が必要で，一般化逆関数による分位点が VaR の定義となる．
[5] Panjar [102].

となり，劣加法性が成立しない．

TVaR は，VaR を上回る損失額の条件付期待値を表す指標である．これは定義により VaR 以上の値をとるため保守的な評価となる．

定義 6.2 X を損失を表す連続型の確率変数 (分布関数は F) とする．確率変数 X の $100p$ パーセンタイルの TVaR とは，同じ水準の $\text{VaR}_p = x_p$ を使って，

$$\text{TVaR}_p(X) = E[X|X > x_p] = \frac{\int_{x_p}^{\infty} x dF(x)}{1 - F(x_p)}. \tag{6.1}$$

TVaR は，

$$\text{TVaR}_p(X) = \frac{\int_{x_p}^{\infty} x dF(x)}{1 - F(x_p)} = \int_p^1 \frac{\text{VaR}_u(X) du}{1 - p}$$

と信頼水準 p 以上の VaR の値の平均をとったものと解釈できる．この意味で TVaR は VaR よりも裾の分布情報を持つ尺度といえる．さらに，

$$\text{TVaR}_p(X) = E[X|X > x_p]$$
$$= x_p + \frac{\int_{x_p}^{\infty} (x - x_p) dF(x)}{1 - F(x_p)}$$
$$= \text{VaR}(x_p) + e(x_p)$$

となり，$e(x_p)$ は，超過平均損失関数と呼ばれる．

TVaR は，北米では CTE (Conditional Tail Expectation；条件付テール期待値)，欧州では ES (Expected Shortfall；期待ショートフォール) と呼ばれることがある．

例 6.2 (正規分布の VaR と TVaR) 確率変数 X の密度関数が，平均 μ，

分散 σ^2 の正規分布であるとき,

$$f(x) = \frac{1}{\sqrt{2\pi}\sigma} \exp\left[-\frac{(x-\mu)^2}{2\sigma^2}\right], \quad (-\infty < x < \infty)$$

であるが,標準正規分布の密度関数と分布関数をそれぞれ ϕ, Φ とすれば,

$$\text{VaR}_p(X) = \mu + \sigma \Phi^{-1}(p),$$

$$\text{TVaR}_p(X) = \mu + \frac{\phi(\Phi^{-1}(p))}{1-p}$$

となる.

例 6.3 (**t 分布の VaR と TVaR**) 確率変数 X の密度関数が,位置尺度 μ,スケール尺度 σ,自由度 n の t 分布であるとき,

$$f(x) = \frac{\Gamma\left(\frac{n+1}{2}\right)}{\sqrt{\pi n}\sigma\Gamma\left(\frac{n}{2}\right)}\left[1 + \frac{1}{n}\left(\frac{x-\mu}{\sigma}\right)^2\right]^{\frac{n+1}{2}} \quad (-\infty < x < \infty)$$

であるが,標準正規分布の密度関数と分布関数をそれぞれ t, T とすれば,

$$\text{VaR}_p(X) = \mu + \sigma T^{-1}(p),$$

$$\text{TVaR}_p(X) = \mu + \frac{t(T^{-1}(p))}{1-p}\left\{1 + \frac{n + [T^{-1}(p)]^2}{n-1}\right\}.$$

TVaR については,劣加法性が成立するので整合的リスク尺度であることが証明されている[6]).

なお,リスク尺度は,経済資本の概念と結びついて,事業業績を評価するための RAROC に代表されるリスク調整済みパフォーマンス尺度があるが,これについては第 13 章で説明する.

6.1.3 データ

リスク測定において,使用データは,すべてのプロセスの基本となる資源と言える.データの選択,品質の検証,変換および調整のいずれのプロセスにも

---

[6]) Artzener et al [32].

繊細な注意を要する．特に，モデルにインプットするデータはリスクモデリングのアウトプットに直結するため，データの品質はリスク測定の重要な要素である．データ処理に十分な勤勉さと時間を費やすことが，「ゴミを入れてゴミを出す (garbege in garbege out)」という古い格言を避けるのに役立つ．

● ──データ選択

アクチュアリーは，内部と外部という二つの主な情報源がある．

- **内部データソース**：社内で生産され，会社または地域に特有のリスク測定を実施する場合に，保険会社が使用する最も妥当で信頼できるデータである．
- **外部データソース**：業界団体やその他のコンピュータ化されたデータベースやデータベンダーが提供する社外の情報源から取得できるデータ．外部データは，しばしばグローバルな幅広い企業活動のリスク分析を実施する場合に使用される．

● ──データの品質の検証

データをリスク測定に使用する前に，データの一貫性，正確性および全体的な品質を検討する必要があることがよくある．ほぼすべてのデータセットに適用可能な標準の「データチェック」があり，データの品質を保持することができる．データの欠損や不備などに対し，どのように処理するかガイドラインを決めてチェックを行わなければならない．

6.1.4　モデルの候補

アクチュアリーはリスク分析に必要なモデルを作成することになるが，そのために必要な知識や情報を予備的に調査しておく必要がある．まず，リスクの重要性やモデル化されるリスクタイプなどによって，モデルの洗練さと複雑さが異なってくる．

●──決定論的ストレステストと確率論的シナリオ

保険で利用されるリスクモデルは，決定論的なモデルと確率論的なモデルがある．前者は決定論的ストレステスト，後者は必要なだけの多くのシナリオを発生させ，確率分布を表現する．

決定論的ストレステストの選択は，特に分布のテールに限られたデータしか存在しない場合には困難な作業となろう．決定論的ストレステストは，しばしば，望ましい信頼水準に較正される．たとえば，モデルが1年の期間にわたり99パーセンタイルのVaRで所要資本を定義している場合，決定論的ストレステストは1年間で100分の1のイベントに対応している．

確率論的シナリオのセットは，社内の収集データによって較正，およびモデルにより作成することもあるが，一部または全部の作業を外部ベンダーに委託することもある．あるいは当局の規制によって使用するシナリオを指定されることもある．特に，経済シナリオ・ジェネレーター (ESG) は，経時的な定期的な金融市場パラメータ (例えば，利回り曲線，スプレッド，株価等) のシナリオを生成する．

経済シナリオには実確率とリスク中立の2種類がある．どちらを選択するかはモデリングの目的による．リスク中立シナリオは市場整合的評価に使用されるが，実確率のシナリオは市場整合的でないエクスポージャーおよび評価に使用される．

●──モデルの洗練度

モデルを選択する際に，まず，検討しておかなければならないことはモデル化の候補となるリスクの重要性であろう．洗練されたモデルが常に良いモデルというわけではない．中小規模の会社において，相対的に重要性の低いリスクは，単一ファクターモデルや決定論的ストレステストなどの単純なモデルの方がリスクの測定に適している場合がある．

●──単純なモデル

- **単一ファクターモデル**：これは，リスクを測定するために使用できる最

も単純なモデルの形式である．所定のファクターにエクスポージャーを乗じてリスク量を推定する．例えば，ファクターモデルは，格付機関のリスクベースの資本モデル，米国の法定リスクベースの資本モデル，EUのソルベンシーII標準式の計算の簡略化に使用される．一般的な用途は，保有する資産の価値に格付別のクレジット・デフォルト・チャージが適用される資産デフォルト・リスクの測定である．

- **標準的なショック (ストレステスト)**：リスクは，所定のリスクファクターのストレス，あるいはストレスの財務的影響を評価することによって測定できる．このタイプのモデルの例は，EUソルベンシーIIの標準的手法やスイス・ソルベンシー・テストで適用される規制上のストレステスト (規制当局によって決定された標準的な慎重な業界ストレステスト) である．
- **独自のショック (ストレステスト)**：規制上のストレステストを適用する代わりに，保険者は，特定のリスクの詳細を較正したストレステストを使用してリスクを測定することができる．例えば，10%のストレステストが望ましい信頼水準を適切に反映していることをアクチュアリーが証明した場合 (例えば，1年間で99.5%VaR)，20%ストレステストの代わりに10%ストレステストで長寿リスクを測定することができる．ソルベンシーIIでは，死亡リスクは，最良推定値の15%の上昇ショックの財務的影響を計算することによって評価されるが，長寿リスクは，死亡率の20%の減少に基づいて測定される．

リスクの複雑さや重要性が増すにつれて，保険会社は完全な確率論的な内部モデルのような，より洗練されたモデルの使用を検討するようになるであろう．しかし，完全な内部モデルの開発には，時間と労力と費用がかかる．完全なモデルの開発が実現できない場合や，完全なモデルの開発までに過渡的な部分モデルを使用することは，賢明な選択肢であるかもしれない．

●——洗練度の高いモデル

- **部分モデル**：簡単なモデルが正確な数値を生成できないと保険者が判断した場合，特定のリスクに対してより複雑なモデルが開発される可能性がある．このモデルは，確率的または決定論的に決定されたシナリオの確率分布または分布に基づくことができる．部分モデルは，他のリスクに対してより単純なモデルと組み合わせて使用して，会社全体のリスクの合算ができる．この例としては，米国 NAIC の RBC モデルの C-3 フェーズ II の一部がある．このモデルでは，変額年金契約のリスクを測定する確率モデルが使用されている．

- **完全な内部モデル**：保険会社のリスクを測定する最も包括的 (かつ最も複雑) な方法は，完全な内部モデルである．このモデルを開発するための一つの方法は，すべてのリスクを同時に測定するための基礎として多変量確率分布関数を使用することである．別の方法は，各リスクを個別にモデル化し，コピュラを使用して結果を合算する．データがほとんどない僅かなテールを持つ引受リスクについて，完全な確率分布関数を開発する意義がないかもしれない．

  しかし，完全な会社全体を対象とするモデルは，テール依存性の高いリスクを分析するのに適している．モデルが開発されれば，基礎となる確率論的または決定論的シナリオの集合に基づいてリスクが評価される．確率論的シナリオは決算結果の確率分布を生成し，リスクはテールシナリオを分析することによって評価することができる．決定論的シナリオの結果は，ストレスおよびシナリオテストの下での極端なシナリオの影響を理解するのに役立つ．

ソルベンシー II と SST におけるモデルの例を挙げておこう．

●——例 1. (ソルベンシー II 標準的手法における標準的ショックモデル)

ソルベンシー II 標準的手法の多くのリスクの評価には標準的ショックモデルが使用されている．例えば，死亡率のリスクは，将来全期間の死亡率 15%の上昇によって保険負債が増加し，純資産がどれだけ減少するかという影響度で

評価する．この手法は，保険引き受けリスクのみならず，市場リスク，カウンターパーティ・デフォルト・リスクなど全般的に採用されている．

● ── 例 2. (SST における $\delta - \Gamma$ 法)

SST では，生命保険と損害保険の両方の市場リスクと生命保険の保険リスクについて，以下の $\delta - \Gamma$ 法と呼ばれる近似法を採用している．

リスクファクターの変化に応じて，リスク耐久資本 RTK がどう変化するかということで評価する．

リスク耐久資本 RTK が，リスクファクター X の 2 階微分可能な関数と仮定すると，微小変化 h に対し，Taylor 展開によって，以下が成り立つ．

$$\mathrm{RTK}_t^{\mathrm{End}}(E[X]+h) = \mathrm{RTK}_t^{\mathrm{End}}(E[X]) + \sum_{i=1}^n \left.\frac{\partial \mathrm{RTK}_t^{\mathrm{End}}}{\partial X_i}\right|_{E[X]} h_i$$
$$+ \frac{1}{2}\sum_{i,j=1}^n \left.\frac{\partial^2 \mathrm{RTK}_t^{\mathrm{End}}}{\partial X_i \partial X_j}\right|_{E[X]} h_i h_j + o(h^2)$$

ここに，$o(h^2)$ は $\lim_{h \to 0} \frac{o(h^2)}{|h|^2} \to 0$ なる連続関数である．

次に，$e_i := (0, \cdots, 1, \cdots, 0)$, i 番目のみ 1 で，残りは 0 のベクトルとすると，$h \in \mathbb{R}^n$ を与えて，δ, Γ を以下の式で定義する．

$$\delta_i = \frac{\mathrm{RTK}_t^{\mathrm{End}}(E[X]+h_i e_i) - \mathrm{RTK}_t^{\mathrm{End}}(E[X]-h_i e_i)}{2h_i},$$

$$\Gamma_{ii} = \frac{\mathrm{RTK}_t^{\mathrm{End}}(E[X]+h_i e_i) - \mathrm{RTK}_t^{\mathrm{End}}(E[X])}{h_i^2}$$
$$+ \frac{\mathrm{RTK}_t^{\mathrm{End}}(E[X]-h_i e_i) - \mathrm{RTK}_t^{\mathrm{End}}(E[X])}{h_i^2},$$

$$\Gamma_{ij} = \frac{\mathrm{RTK}_t^{\mathrm{End}}(E[X]+h_i e_i + h_i e_i) - \mathrm{RTK}_t^{\mathrm{End}}(E[X]+h_i e_i - h_i e_i)}{4h_i h_j}$$
$$+ \frac{\mathrm{RTK}_t^{\mathrm{End}}(E[X]-h_i e_i - h_i e_i) - \mathrm{RTK}_t^{\mathrm{End}}(E[X]) - h_i e_i + h_i e_i)}{4h_i h_j}$$

$(i \neq j).$

この量から，$\Delta X = X - E[X]$ と書くことにより，以下の近似式を得る．

$$\mathrm{RTK}_t^{\mathrm{End}}(E[X + \Delta X]) - \mathrm{RTK}_t^{\mathrm{End}}(E[X]) \sim \delta \cdot \Delta X + \frac{1}{2}\Delta X'\Gamma\Delta X$$

これは，

$$-\Delta \mathrm{RTK}_t = -(pv_{(t-1 \to t)}\mathrm{RTK}_t^{\mathrm{End}} - \mathrm{RTK}_t^{\mathrm{Start}})$$

より，

$$-\Delta \mathrm{RTK}_t = -pv_{(t-1 \to t)}\left(\delta \cdot \Delta X + \frac{1}{2}\Delta X'\Gamma\Delta\right)$$
$$- (pv_{(t-1 \to t)}\mathrm{RTK}_t^{\mathrm{End}}(E[X]) - \mathrm{RTK}_t^{\mathrm{Start}})$$

となる．

●──モデル設計

次に，採用するモデルの設計に具体的に取りかかることになる．モデルを設計する際に留意しておくべきポイントは，**目的と比例性**[7]の2点である．特に，モデルの設計の内容は，モデルの目的に照らしてのみ判断することができる．リスク測定モデルの場合には，現実のリスクの質と量を正確に表現することが目的となろう．

モデル設計者は，モデル化されるリスクの性質に基づいて，最初に業界で広く受容されているモデリング手法を調査することが多いであろう．この際に，受容されている手法が指定された状況にのみ適用されるかどうかを精査することが重要である．

選択すべきモデルタイプは通常，測定対象となるリスクに適したものであるべきである．また，以下のようにリスクの規模，リスクの種類の数 (幅および多様性)，およびリスクの本質的な不確実性に注目すべきであろう．

- **リスクの規模**：より複雑なモデル設計のコスト対利益を留意して，より

---

[7] 必要以上に複雑なモデルを作成しない．

洗練されたモデルを使用してより重要性の高いリスクをモデリングすることがよくある．
- **リスクの種類の数 (幅と多様性)**：多様なリスクを持つ保険会社は，統合された内部モデルを使用してリスクの相互作用を把握し，企業の総リスクと資本を適切にモデル化して管理することを検討することがある．より少ない数のリスク (例えば，国内のみで営業するモノラインの保険会社) については，より単純なモデルが適切かもしれない．
- **リスクの不確実性 (固有のボラティリティ)**：あるリスクの不確実性が大きければ大きいほど，より詳細なリスク分析が必要となり，モデル選択もより慎重に行われることになろう．逆に，ボラティリティの低いリスクは，重要性および状況に応じて，より単純なモデル設計を使用することができる．

●──モデルの制約

モデルには常に統計的および理論的な制約がある．実世界を完全に再現することは期待すべきでない．モデルを設計するときやモデルの結果を伝えるときには，これらの制約を念頭におくことが重要である．モデル利用者にそれらを認識させるためのモデルの適用範囲について要注意事項の文書化が必要である．

6.1.5　モデルガバナンス

モデルのガバナンスは，モデルの開発時とその後の更新時の両方で留意しておかなければならない．この中には，モデルの初期検証と進行中のモデルガバナンスが含まれる．一部の会社では，異なるリスクレベルに使用されている，さまざまな財務モデルを，モデルのリスクの影響と可能性に基づいて分類している．一般に，より高いリスクレベルを有するモデルには，より高い水準のコントロールが必要である．

●──モデル検証と完全性チェック

モデル検証は，初期実装時と継続的にモデルが意図どおりに機能することを

確認し，モデルの妥当性を確認するのに役立つ重要な活動である．妥当性確認は，重要性に応じて内部または外部のいずれかの関係者を使用して定期的に独立した審査が行われるだろう．モデルの審査員の経験の充足度と関連性は留意すべき要素である．モデルは一般には平常時のシナリオに合わせて較正されているが，テール・シナリオでのモデルの妥当性はリスクを測定する際に特に重要となる．

ERM に利用されるモデル全体の検証は以下の例題が参考になろう．

例題 6.1 (ST9：2010 年試験見本より抜粋) あなたは最近，勤め先である，大手の上場銀行のために ERM モデルを完成させた．上司からは，モデルが意図通りに機能しており，かつ，その用途に適しているかどうかを検証するプロセスを監督するように依頼されている．銀行は，主要な証券取引所に上場しており，洗練された政府規制の下にある．

(1) 導入時のモデル検証プロセスに必要な側面をすべて説明せよ．
(2) その後の継続的な再検証プロセスについて，アクチュアリアル・コントロール・サイクルに基づいて説明せよ．

● ──合算

多くのリスク測定活動の目的は，組織全体のリスクを包括的に把握することである．個々のリスク測定とは対照的に，複数のリスクタイプにわたってリスク測定を実行する場合，合算のために留意すべき事項がある．

単純な手法から複雑な手法まで，リスクを集約する方法はいくつかある．特定の状況で使用する適切な手法は，プロセスに関与するアクチュアリーおよびその他の主要な利害関係者によって決定される場合がある．特に留意すべき点としては，計算負荷，エンドユーザの洗練度，複雑さと精度のバランスがある．

6.1.6　リスク測定文書と報告

文書化は，重要な関係者がモデル化された結果と重要な判断の理解を確実にすることによってモデルリスクを削減する重要な方法であり，スタッフの異動

が発生した場合などでもモデリング・プロセスにおける継続性を確保するのにも役立つ．

6.2 保険数理モデル

本節では，生命保険と損害保険のモデルをごく簡単に振り返る．保険数理モデルは，アクチュアリーが日常的に利用しているモデルなので新たに説明は要らないように思うかもしれないが，現在のモデルは主に保険料計算 (pricing) と責任準備金計算 (valuation) の目的で作られたものである．リスクモデルは，計算基礎率が固定した世界では意味がなく，計算基礎率がファクターによってどう変動するかを記述するものでなければならない．その際に，変動の中央部ではなく裾の部分に着目しなければならない．したがって，アクチュアリアル・モデルを利用する場合でも，最低限，計算基礎率の確率変数化というプロセスが必要になるし，場合によっては異なるモデルを利用したほうが良いかもしれない．詳しい解説は第8章で述べる．

6.2.1 生命保険リスクモデル

生命保険のモデルは，多重脱退残存表に基づく保険キャッシュフロー・モデルが基本となろう．x 歳の保険集団 l_x が時間の経過とともに死亡 $d_x^{(1)}$，その他の脱退要因 $d_x^{(j)}, (j=2,3,\cdots,n)$ によって脱退し，年々減少してゆく．

$$l_{x+1} = l_x - d^{(1)} - d^{(2)} - \cdots - d^{(n)}$$

保険数学においては死亡 (脱退) 率は年齢や経過年数の確定的な関数とするが，リスクモデルにおいては確率 (過程) モデルとすることにより，$l_{x+t}(t=1,2,\cdots)$ がさまざまな経路をたどることになる．

死亡率の改善を織り込んだ最も普及しているモデルは次の Lee-Carter モデルである．

$$\log m_x = \alpha_x + \beta_x \kappa_t + \varepsilon_{x,t}, \qquad \kappa_t \sim AR(1)$$

m_x は中央死亡率，α_x は平均的対数死亡率，β_x は年齢別改善率，κ_t は死亡率

改善指数である．Lee–Carter モデルから，関連するモデル (特にコーホート効果を取り込むモデル) が，その後も数多く開発されている．

6.2.2 損害保険リスクモデル

●――集合的危険論に基づくポートフォリオの損失額モデル

支払請求の頻度と規模の確率分布によってモデル化する．まず，以下を仮定する．

- 支払請求の発生は互いに独立している．
- 1 件当たりの支払請求額 X_i は独立同分布である．

このとき，総支払請求額 S は，支払請求件数 N と i 番目の支払請求額 X_i $(i = 1, 2, \cdots, N)$ により，

$$S = \sum_{i=1}^{N} X_i \tag{6.2}$$

と表現できるが，これはよく知られているように複合分布となり，頻度 (N) と規模 (X) についてよく知られた確率分布を当てはめることが可能であれば，S の分布も求めることができる．

モデルのパラメーターの決定は，モーメント・マッチング法や最尤法を用いることができる．

モーメント・マッチング法では，まず S の期待値，分散，歪度を推定し，正規べき (Normal Powerz) 近似法や移動ガンマ分布を使って推定されたモーメントに一致するように確率分布のパラメーターを一致させる．

$$E[S] = E[N]E[X_1]$$
$$V[X] = E[N]E[X_1^2]$$
$$\gamma(S) = E[N]\frac{E[X_1^3]}{V[S]^{\frac{3}{2}}}$$

$E[N]$ の値は，(被保険者数) × (平均支払請求数) の実績値から計算する．

$E[X_1^k](k=1,2,3)$ は支払請求額の実績値の k 乗の平均として求めることができる．

●──備金リスクのためのロス・トライアングル

いわゆるロス・トライアングル (loss triangle：損害の三角形) は，準備金のリスクの計測には重要な手段となり，事故発生年度と経過年数により形作られる．事故発生年度から請求が始まるが，その年度に未請求であった請求は次年度以降に報告され確定してゆく．このように経過年数とともに請求総額は単調に増えてゆくことになる．賠償責任保険のような長期の事故処理が必要な保険では，このようなデータの分析が特に必要となる．

表 6.1 は，ロス・トライアングルの例である．2003 年に発生した事故の 2003 年度の請求は 100 であったが，2004 年には 50，2005 年には 30 であった．結局，5 年間経過すると請求総額は 200 と確定することになる．これを会計年度でみると，2004 年の会計年度には 2004 年発生の事故の請求 103 と 2003 年度の 2 年目の 50 を加えた 153 が費用として計上されることになる．イタリック体で表記した数字は，2007 年会計年度では判明していない数値を表す．例えば，2007 年の 2 年経過の数値を推定することを考える．第 1 経過年に対する第 2 経過年の請求額の割合は $\frac{1}{2}(=\frac{50+51+53+37}{100+103+106+73})$ なので，$74(=149\times\frac{1}{2})$ とするのが妥当であろう．このようにして判明していない数値を推定したものがイタリック体で表記してある．

表 6.1　ロス・トライアングルの例

	1	2	3	4	5	請求総額	保険料総額
2003	100	50	30	10	5	195	200
2004	103	51	31	10	*5*	200	210
2005	106	53	32	*11*	*5*	207	230
2006	73	37	*22*	*7*	*4*	143	190
2007	149	*74*	*45*	*15*	*7*	290	240
2008	*154*	*77*	*46*	*15*	*8*	300	255

アクチュアリーは，備金の計算にこのロス・トライアングルを使用する．まず，事故発生年度からの請求発生パターンを統計的に分析する．準備金の計算には，その分析から得られた数値に適度の安全割増を加算する．この準備金の計算はより進んだ統計モデルを利用すれば高い精度で実現することが可能である．そこから，α パーセンタイルの VaR を計算することができる．

損害保険で注意を要するのは，請求額のインフレ効果である．特にロングテールの保険種目では無視できない影響がある．その場合は，ロス・トライアングルにインフレ効果を考慮することが必要となる．

6.3 統計手法

本章では，次章以降の説明で用いられる統計的な手法や概念をデータ分析から較正の方法を中心に，できるだけ簡明に解説する．そのため，統計学的な背景については言葉足らずの説明になっているため，詳しい理論を勉強したい読者は巻末の文献に当たられたい．

6.3.1 確率分布と当てはめ

●──資産収益率

株式や債券など金融資産の収益率や為替レートの変化率を表現する確率分布として，簡便的に用いられるのは正規分布であるが，実際には正規分布よりも尖っており，また裾が広く，歪みがあることが知られている．これらは統計的には，歪度 (3 次モーメント)，尖度 (4 次モーメント)，べき乗分布のべき係数などを見ることで確認できる．

そこで，実際の経験分布に最も当てはまりのよい確率分布を探す必要があるかもしれない．1 変量の場合には，いろいろな分布がありうるが，多変量に拡張する場合には，候補が限られてくる．

そのとき候補になるのが楕円型分布と正規平均混合分布とその特殊形である．

楕円型分布は，分布の対称性は保ちつつも，正規分布より裾の厚い尖りのある分布を作ることができる．楕円型分布は，球形分布という以下の分布が基本となる．

定義 6.3 (球形分布) 単位球 $S^{d-1} = \{s \in \mathbb{R}^d : |s| = 1\}$ 上の一様分布 S とそれに独立の正値の半径確率変数 $R \geqq 0$ によって，RS と表現される確率変数が d 次元の球形分布である．

この球形分布 X には，特性関数のスカラー変数関数 ψ が対応し，$\phi_X(t) = \psi\left(\sum_{j=1}^{d} t_j^2\right)$ の表現となる．したがって，球形分布 X を $S_d(\psi)$ と書く．

定義 6.4 (楕円型分布) 楕円型分布は，球形分布 $Y \in S_d(\psi)$，定数行列 A と定数ベクトル μ により，

$$X \sim \mu + AY$$

となる分布のことである．

楕円型分布は，$\mu, \Sigma = AA', \psi$ によって決まるので，

$$X \sim E_d(\mu, \Sigma, \psi)$$

と表現し，μ を平均，Σ を散布度行列，ψ を生成素と呼ぶ．しかし，Σ, ψ は一意には決まらず，定数倍の自由度がある．楕円型分布の中で多変量 t 分布や対称多変量 NIG 分布は株式ポートフォリオの日次収益率で多変量正規分布より適合性が良いという報告がある．

正規平均混合分布は，左右対称ではなく適度の歪度を与えることができる．確率変数 X を標準正規確率変数 Z として以下のように表す．

$$X = m(W) + \sqrt{W}\beta Z \tag{6.3}$$

ここに，β は尺度係数，W は Z と独立な正値確率変数で，$m(W)$ は W の関数である．$m(W) = 1, \beta = \sigma$(定数) ならば単に正規分布である．

特に，W が一般化逆ガウス分布 (GIG；Generalized Inverse Gaussian) に従うとき，非常に多様な分布が現れる．GIG の密度関数は，

$$f(x) := Cx^{\gamma-1} \exp\left[\frac{1}{2}\left(\frac{\beta_1}{x} + \frac{x}{\beta_2}\right)\right] \tag{6.4}$$

で，C は

$$C = \frac{(\beta_1\beta_2)^{-\frac{\gamma}{2}}}{K_\gamma\left(\frac{\beta_1}{\beta_2}\right)} \tag{6.5}$$

で，K_γ は次数 γ の第 2 種修正ベッセル関数である．この分布はパラメーターが γ, β_1, β_2 と三つあるので推定は難しくなる．

$\beta_2 = 0$ とする特別な場合は逆ガンマ分布で，このとき $m(W) = \alpha$ とすると自由度 γ の t 分布になり，$m(W) = \alpha + \delta W$ とすると，自由度 γ の非対称 t 分布となる．

金融危機などの極端な損失を考慮する場合には，裾の厚い分布が使われることがあり，極値理論の一般化パレート分布などが用いられることがあるが，これは第 6.3.5 節の極値理論を見よ．

以上は 1 変数分布であるが，ポートフォリオでは多変量分布が必要になる．しかし，多変量分布は取り扱いが難しい．多変量正規分布以外では分散共分散行列で分布形が決定されるという良い性質を持っていないからである．ここでも，多変量正規平均混合分布が活躍し，1 変量と同様に $\boldsymbol{m}(W) = \boldsymbol{\alpha}$ とすると自由度 γ の多変量 t 分布になり，

$$\boldsymbol{m}(W) = \boldsymbol{\alpha} + \boldsymbol{\delta} W$$

とすると，自由度 γ の多変量非対称 t 分布となる．ただし，ボールド表示はベクトルを表す．確率分布への当てはめには，一般的には最尤法が用いられる．

● ── 保険金請求の頻度分布と損害分布

保険リスクモデルでは，ポートフォリオの請求額分布の推定が重要となる．損害保険では集合的危険論の枠組みでは，保険金請求の頻度分布と損害分布を推定する必要がある．これはオペレーショナル・リスクの統計的モデリングの方法の一つにもなっている．Klugman, Panjer, Willmot [84] には頻度分布と損害分布で用いられる確率分布のリストが掲載されている．

- 頻度分布：ポアソン分布，2 項分布，幾何分布，負の 2 項分布 (およびそのゼロ修正)，ワイブル分布など
- 損害分布：対数正規分布，ガンマ分布，(一般化) パレート分布，バー分布，ログロジスティック分布など

パラメーター推定にはモーメント法や最尤法が用いられる．

6.3.2 金融時系列とボラティリティ

　ボラティリティという用語は，ファイナンスの文脈でよく使用されるが，収益率の時系列標本の標準偏差を表す．典型的には，日次で計測される m 日間の i 日目の証券価格 S_i に対し，日次収益率 (対数収益率 $u_i = \log\left(\dfrac{S_i}{S_{i-1}}\right)$) の分布の標準偏差 $\sigma_n^2 = \dfrac{1}{m-1}\sum_{j=1}^{m}(u_{n-j}-\bar{u})$ で計測される．

　実務上は，ここで三つの簡単化を行うことが多い．

(1) $u_j = \dfrac{S_j}{S_{j-1}}$ に換える．

(2) $\bar{u} = 0$.

(3) 標準偏差の分母を $m-1$ から m に換える．

(4) すると，$\sigma_n = \sum_{j=1}^{m} u_{n-j}^2$ となる．

　最も簡単な想定は正規分布であるとするものである．しかし，金融時系列は，現実には正規分布よりは裾の厚い (heavy-tailed) 分布で，しばしば歪んでいる．統計学的には正規分布の歪度，尖度との比較により判断されることが多い．むしろ，べき乗分布 $P(X > x) = Kx^\alpha$ (例えば極値分布) の方が当てはまりが良い．

　また時系列として見ると独立同分布 (i.i.d) の仮定も置かれることが多いが，実際には測定単位 (日次，週次，月次など) にもよるが系列自己相関が見られることが普通である．

経済学や金融でよく使われる系列自己相関を持つ時系列モデルとしては AR (Auto–Regressive) モデルがある．時系列としてみるとボラティリティが非常に高い短い期間と平穏な長い期間を交互に繰り返すボラティリティ・クラスタリング (voaltility clustering) という現象が見られる．

このような性質を反映するため，EWMA (exponencially weighted moving average), ARCH (Auto-Regressive Conditionally Heteroscedastic), GARCH (Generalized ARCH) モデルと呼ばれる時系列モデルが頻繁に利用されている．その定義式は以下のとおり．

時系列 u_i は，$z_i \sim N(0,1)$ を仮定して，

$$u_i = \sigma_i z_i \tag{6.6}$$

これらはいずれも $\sigma_n = \sum_{j=1}^m u_{n-j}^2$ を $\sigma_n = \sum_{j=1}^m \alpha_j u_{n-j}^2, \sum_{j=1}^m \alpha_j = 1, \alpha_j > 0$ に拡張したものである．長期の平均ボラティリティを V_L とおく．

$$\text{ARCH}: \sigma_n = \gamma V_L + \sum_{j=1}^m \alpha_j u_{n-j}^2, \qquad \gamma + \sum_{j=1}^m \alpha_j = 1$$
$$\text{EWMA}: \sigma_n^2 = \lambda \sigma_{n-1}^2 + (1-\lambda) u_{n-1}^2$$
$$\text{GARCH}(1,1): \sigma_n = \gamma V_L + \alpha u_{n-1}^2 + \beta \sigma_{n-1}^2, \qquad \gamma + \alpha + \beta = 1$$

将来のボラティリティ予測を行うことはリスク資産の管理にはきわめて重要 (であるが難しい)．

GARCH(1,1) によるボラティリティ予測は以下のような手順で行われる．まず，定義から 1 期後の分散は，

$$\sigma_n^2 = (1 - \alpha - \beta) V_L + \alpha u_{n-1}^2 + \beta \sigma_{n-1}^2 \tag{6.7}$$

両辺から，V_L を差し引くと，

$$\sigma_n^2 - V_L = \alpha(u_{n-1}^2 - V_L) + \beta(\sigma_{n-1}^2 - V_L)$$

t 期後は，

$$\sigma_{n+t} - V_L = \alpha(u_{n+t-1}^2 - V_L) + \beta(\sigma_{n+t-1}^2 - V_L)$$

期待値をとって,
$$E[\sigma_{n+t} - V_L] = (\alpha + \beta)E[\sigma_{n+t-1}^2 - V_L]$$
逐次代入を繰り返すと,
$$E[\sigma_{n+t} - V_L] = (\alpha + \beta)^t (\sigma_n^2 - V_L) \tag{6.8}$$
を得る.

多変量 GARCH モデルについても研究されているが,高次元になるとパラメーター数が爆発的に増えるため現実的ではない.比較的,低次元の場合には DCC-GARCH モデルなどパラメーターを減らす工夫により複数資産のポートフォリオのリスク計測ができる場合がある.

6.3.3 相関

複数の金融リスクや保険リスクが存在し,それらのリスク間に依存性があるとき,相関係数で計測することが多い.相関係数 (ピアソン相関) は,確率変数 X_1, X_2 に対して,

$$r(X_1, X_2) = \frac{\mathrm{Cov}(X,Y)}{\sqrt{V[X_1]V[X_2]}} = \frac{E[XY] - E[X]E[Y]}{\sqrt{V[X_1]V[X_2]}} \tag{6.9}$$

となる.この相関係数とは線形相関であり,二つの変数間がどれだけ線形関係にあるかを計測するものである.数学的には,線形変換

$$T_i(x) = \alpha_i x + \beta_i, \qquad \alpha_i, \beta_i (i = 1, 2) \in \mathbb{R}$$

のもとで,

$$r(T_1(X_1), T_2(X_2)) = \mathrm{sign}(\beta_1 \beta_2) r(X_1, X_2)$$

が成立する[8].しかし,非線形な狭義単調変換について,この関係は一般に成り立たない.また,当然であるが,確率変数の分散が存在しなければ定義できない.裾の厚い確率変数を扱うときにはこれが問題になる.その他に線形相関には,主に次の二つの誤解があり,十分注意して使用すべきである.

---

[8] $\mathrm{sign}(x)$ は, $x > 0$ のとき 1, $x = 0$ のとき 0, $x < 0$ のとき -1 をとる関数である.

- 多変量確率変数は，周辺分布と対ごとの相関係数ですべて決まる．
- 任意の確率変数 X_1, X_2 の対について相関係数 r を持つ同時分布 X を作ることができる．

最初の誤解は，例えば多変量正規分布では相関ゼロは独立性を意味するが，周辺分布が同一の正規分布で相関ゼロでもその同時分布が多変量正規分布ではない例を作ることができる．相関だけでは決まらない．コピュラが決まれば決まることが Sklar の定理 (後述) で示される．2 番目の誤解は，周辺分布が楕円分布族でない場合にはそのようなことは保証されない．実際，X_1, X_2 が対数正規分布のときには，$|r(X_1, X_2)| < 1$ である例を作ることができる．

これから分かるように，ピアソンの相関係数は線形関係を前提としたもので，非線形関係にある 2 変量の関係を正しく表す指標ではない．この欠点を解消するものが順位相関で，データの順番のみの情報で相互の関係の強さ (依存性) を示してくれる．順位相関にはスピアマンのロー (Speaman's ρ) とケンドールのタウ (Kendall's τ) がある．まず，定義を書く．

定義 6.5 (スピアマンのロー (ρ))　確率変数 X_1, X_2 に対して，スピアマンのローとは，

$$\rho(X_1, X_2) = r(F_{X_1}, F_{X_2}) \tag{6.10}$$

すなわち，分布関数のピアソン相関である．

定義 6.6 (ケンドールのタウ (τ))　確率変数 X_1, X_2 に対して，ケンドールのタウとは，

$$\tau(X_1, X_2) = \mathcal{E}[\mathrm{sign}((X_1 - \bar{X}_1)(X_2 - \bar{X}_2))] \tag{6.11}$$

ただし，$(\bar{X}_1, \bar{X}_2)$ は，(X_1, X_2) の独立な複製である．

この式の意味は，統計学的に (X_1, X_2) の標本を考えることで理解できる．二つの標本 $(x_1, x_2), (\bar{x_1}, \bar{x_2})$ をとったとき，$(x_1 - x_2)(\bar{x_1} - \bar{x_2})$ が正なら協

和，負なら不協和と呼ぶ．ここですべての対の協和の数から不協和の数を差し引いたもの (ゼロはカウントしない) を対の総数で割ったものがケンドールのタウとなる．

$$\tau(X_1, X_2) = P((X_1-X_2)(\bar{X}_1-\bar{X}_2)) - P(X_1-X_2)(\bar{X}_1-\bar{X}_2) \quad (6.12)$$

正規分布については，ピアソン相関と以下の関係があることが知られている．

命題 6.1

$$\begin{aligned} \tau(X_1, X_2) &= \frac{2}{\pi} \arctan r(X_1, X_2) \\ \rho(X_1, X_2) &= \frac{6}{\pi} \arctan \frac{1}{2} r(X_1, X_2) \end{aligned} \quad (6.13)$$

例題 6.2 (ST9：2014 年 9 月より抜粋) ある損害保険会社が，タイプ A とタイプ B の二つの保険種目間で支払保険金の相関を調査している．過去の支払保険金総額の実績 (単位は 1000 ドル) は表 6.2 のとおりである．

表 6.2 支払保険金の相関

	タイプ A	タイプ B
2009 年	164	769
2010 年	149	463
2011 年	125	426
2012 年	211	685
2013 年	203	500
合計	852	2843
平均	170.4	568.6

(1) これら 2 組のデータについてピアソンのローを算出せよ．

(2) これら 2 組のデータについてケンドールのタウを算出せよ．

(3) これら二つの相関尺度の相対的な長所を述べよ．

(4) タイプ A およびタイプ B に相当すると考えられる保険種目をその理由とともに挙げよ．

6.3.4 コピュラ

コピュラモデルは確率変数間の依存性を表現するのに有力なツールである．簡単にコピュラのイメージを掴んでもらうために，図 6.1 のように二つの確率変数 V_1, V_2 (分布関数はそれぞれ F_{V_1}, F_{V_2} とする) 標準正規分布 U_1, U_2 (分布関数は同じ Φ で表す) を用意しよう．

次に，$V_1 = v_1$ を $U_1 = u_1$, $V_2 = v_2$ を $U_2 = u_2$ に対応させる以下の写像を考える．

$$F_1(v_1) = \Phi(u_1), \qquad F_{V_2}(v_2) = \Phi(u_2)$$

これは，それぞれの分布関数の分位点同士を対応付ける写像である．

$$u_1 = \Phi^{-1}[F_{V_1}(v_1)], \qquad u_2 = \Phi^{-1}[F_{V_2}(v_2)],$$
$$v_1 = F_{V_1}^{-1}[\Phi(u_1)], \qquad u_1 = F_{V_2}^{-1}[\Phi(u_1)]$$

今，U_1, U_2 をそれぞれ 2 変量の標準正規分布の周辺分布と仮定する．この写像は全単射である．このようにコピュラ・モデルでは周辺分布を任意に選んで，依存構造をコピュラで定義することによって，望む多変量同時分布を持つ確率変数ベクトルを作ることができる．

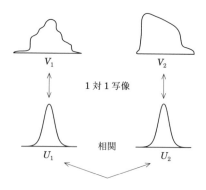

図 6.1 任意の周辺分布を正規コピュラで繋ぐ例

定義 6.7 d 次元コピュラとは，$[0,1]^d$ 上の周辺分布が一様分布である分布関数である．すなわち，$C(u) = C(u_1, u_2, \cdots, u_d)$ は d 次元超立方体から単位区間 ($C: [0,1]^d \longrightarrow [0,1]$) への写像で，以下の条件を満たす．

(1) $C(u_1, \cdots, u_d)$ は，各成分 u_i について単調増加である．

(2) すべての $i \in \{1, \cdots, d,\}, u_i \in (0,1)$ について $C(1, \cdots, 1, u_i, 1, \cdots, 1) = u_i$ が成り立つ．

(3) $a_i \leqq b_i$ を満たすすべての $(a_1, \cdots, a_d), (b_1, \cdots, b_d) \in [0,1]^d$ に対して，

$$\sum_{i_1=1}^{2} \cdots \sum_{i_d=1}^{2} (-1)^{i_1+\cdots+i_d} C(u_{1i_1}, \cdots, u_{di_d}) \geqq 0 \tag{6.14}$$

が成り立つ．ただし，$u_{j1} = a_j$ かつすべての $j \in \{1, \cdots, d\}$ について，$u_{j2} = b_j$ である．

また，任意の同時分布の分布関数は，コピュラ関数と周辺分布関数として表現できることが知られている．

定理 6.1 (Sklar)　F が周辺分布 $F_1, \cdots, F_d$ を持つ結合分布関数とする．このとき，すべての $x_1, \cdots, x_d \in \mathbb{R}$ について

$$F(x_1, \cdots, x_d) = C(F_1(x_1), \cdots, F_d(x_d)) \tag{6.15}$$

が成り立つようなコピュラ関数 $C: [0,1]^d \longrightarrow [0,1]$ が存在する．特に，周辺分布が連続であればコピュラ関数は一つだけ存在する．

また，周辺分布関数の狭義増加関数による変換に関し，コピュラ関数は不変という性質も重要である．

命題 6.2　連続な周辺分布を持つ確率変数ベクトル $(X_1, X_2, \cdots, X_d)$ のコピュラ関数が C であるとき，$T_1, T_2, \cdots, T_d$ を狭義単調増加関数とするとき $(T_1(X_1), \cdots, T_d(X_d))$ のコピュラ関数も C である．

さらに，コピュラ関数が，$u_1, u_2, \cdots, u_d$ に関し，1 回連続微分可能である場合には以下に定義するコピュラ密度関数が存在する．

定義 6.8 コピュラ密度関数コピュラ $C(u_1, u_2, \cdots, u_d)$ の密度関数 $c(u_1, u_2, \cdots, u_d)$ は，

$$c(u_1, u_2, \cdots, u_d) = \frac{\partial C(u_1, u_2, \cdots, u_d)}{\partial u_1 \partial u_2 \cdots \partial u_d}. \tag{6.16}$$

これを使うと，Sklar の定理から，両辺を $u_1, u_2, \cdots, u_d$ で偏微分すると，

$$f(x_1, \cdots, x_d) = c(F_1(x_1), \cdots, F_d(x_d)) f_1(x_1) \cdots f_d(x_d) \tag{6.17}$$

となる．

金融や保険でよく使われるコピュラ関数は，まず正規コピュラと t コピュラである．t コピュラは裾依存性の強い分布を表現するのに適している．

P を相関行列とする，d 次元正規確率ベクトル変数 $\boldsymbol{X} \sim \mathrm{N}_d(0, P)$ のコピュラは，

$$C_P^{Ga}(\boldsymbol{u}) = \varPhi_P(\varPhi^{-1}(u_1), \cdots, \varPhi^{-1}(u_d)) \tag{6.18}$$

である．同様に，t コピュラは，

$$C_{n,P}^t(\boldsymbol{u}) = \boldsymbol{t}_{n,P}(t_n^{-1}(u_1)), \cdots, t_n^{-1}(u_d))) \tag{6.19}$$

となる．

以上の二つのコピュラは算式で陽には表されないが，アルキメデス型と呼ばれる族では，$g : [0, 1] \to [0, \infty]$ と呼ばれる生成素を使って，

$$C(u_1, \cdots, u_d) = g^{-1}(g(u_1) + \cdots + g(u_d)) \tag{6.20}$$

と算式で陽に表現できる．これは g^{-1} が**完全単調**[9]の場合に成立することが証明されている．アルキメデス型のコピュラで有名なものに，グンベル (Gumbel)，

---

[9] $(-1)^k \dfrac{d^k}{dt^k}(g^{-1}(t)) \geqq 0$, $k \in \mathbb{N}$, $t \in [0, 1]$ が満たされるときをいう．

フランク (Frank), クレイトン (Clayton), 一般化クレイトンなどがあり, 生成素 g はそれぞれ表 6.3 のようになる.

表 6.3 アルキメデス型コピュラの生成素

名前	g	パラメーターの範囲
グンベル	$(-\log(t))^\theta$	$\theta \geqq 0$
フランク	$-\log\left(\dfrac{e^{-\theta}-1}{e^{-\theta t}}\right)$	$-\infty \leqq \theta \leqq \infty$
クレイトン	$\dfrac{1}{\theta}(t^{-\theta}-1)$	$\theta \geqq -1$
一般化クレイトン	$\dfrac{1}{\theta}^\alpha(t^{-\theta}-1)^\alpha$	$\theta \geqq 0,\ \alpha \geqq 1$

　コピュラの応用で重要なのは, 二つの確率分布間の裾における「相関」を表す裾従属性の概念である. 金融危機の局面で同時に多数の銘柄の株価が下落する現象はしばしば指摘されている. 二つの確率変数, X, Y における, 下裾依存性係数は以下の算式で定義される.

$$\lambda_{XY}^L = \lim_{q \to 0^+} P(X < F_q^{-1}(x) | X < F_q^{-1}(x)) \tag{6.21}$$

X, Y の q 分位点より小さい部分の q を 0 に近づけたときの「相関」の極限と解釈できる. コピュラとの関係では,

$$\lambda_{XY}^L = \lim_{q \to 0^+} \frac{C(F_q(x), F_q(y))}{q} \tag{6.22}$$

とも表される. 下裾依存性係数と同様に上裾依存性係数は以下の算式で定義される.

$$\lambda_{XY}^U = \lim_{q \to 0^+} P(X\, F_q^{-1}(x) | X\, F_q^{-1}(x)) \tag{6.23}$$

　今まで出てきたコピュラの下側・上側裾依存性係数は表 6.4 のとおりである.

表 6.4　コピュラの裾依存性

名前	λ^L	λ^U
正規	0	0
t	$2T_{\nu+1}\left(-\sqrt{\dfrac{(1+\rho)(\nu+1)}{1+\rho}}\right)$[10]	同左
グンベル	0	$2-2^{-\frac{1}{\theta}}$
フランク	0	0
クレイトン	$2^{-\frac{1}{\theta}}\ (\theta>0)$[11]	0
一般化クレイトン	$2^{-\frac{1}{\alpha\theta}}$	$2-2^{-\frac{1}{\theta}}$

例題 6.3（ST9：2013 年 4 月より抜粋）

(1) アルキメデス・コピュラを 4 種類挙げよ．

(2) それらの各コピュラの使用に適した状況について説明せよ．

　コピュラには，信用リスク資産ポートフォリオへの応用がある．信用リスクは，景気のようなすべての債務者に影響を与える要因と個々企業の固有の要因が影響を与えていると考えられる．このため，この二つの要因を組み合わせたモデルとして 1 ファクター・コピュラ・モデルがよく使われる．

　1 ファクター・コピュラ・モデルは，i 番目の確率変数 U_i を共通ファクター F と i の固有のファクター Z_i を相互に独立な標準正規分布として

$$U_i = a_i F + \sqrt{1-a_i^2}\, Z_i$$

とするものである．これを多変量に拡張すると，

$$U_i = a_{i1} F_1 + \cdots + a_{iM} F_M + \sqrt{1 - a_{i1}^2 - \cdots - a_{iM}^2}\, Z_i.$$

このモデルは，信用リスクのある貸付や社債のポートフォリオのリスクの統

---

[10] $T(\cdot)$ は自由度 ν の 1 変量 t 分布関数．
[11] θ が負のときは 0．

合や後述の CDO などの証券化商品のプライシングやリスク管理によく使われている．そのほかに，経済資本のリスクごとの資本の統合に使用されることがある (第 13 章)．

6.3.5 極値理論

極値理論は，べき分布のような分布の裾が厚い分布について VaR や TVaR の評価をより精密に行いたいという動機から保険やファイナンス分野で利用されるようになったが，もともとはナイルの洪水などに備えて堤防の高さをどれぐらいにするかを研究する水理学から始まった統計学である．Gnedenko [66] の結果が，応用上は最も重要な公式となっており，きわめて多くの確率分布の裾について共通の性質が成り立つことを示したものである．

$F(v)$ を確率変数 v の分布関数とし，u を分布の右裾のある値とする．v が u と $u+y$ ($y>0$) の間にある確率は，$F(u+y)-F(u)$ である．また，$v>u$ となる確率は $1-F(u)$ である．

$F_u(y)$ を，$v>u$ の条件付きで u と $u+y$ ($y>0$) の間にある確率とすると，

$$F_u(y) = \frac{F(u+y)-F(u)}{1-F(u)}.$$

この条件付分布関数は，もとの分布関数の右裾の分布を定義したものと考えることができる．

Gnedenko は，広いクラスの $F(v)$ について，閾値 u を大きくすると一般化パレート (Generalized Pareto) 分布に近づいてゆくことを示した．一般化パレート分布は，二つのパラメーター ξ, β があり，

$$G_{\xi,\beta}(y) = 1 - \left(1+\xi\frac{y}{\beta}\right)^{\frac{1}{\xi}}.$$

この二つのパラメーターはデータから最尤法により推定できる．

もう一つのアプローチが，一般化極値理論である．このアプローチでは，独立同分布の確率変数 X_M からの標本のそれぞれの最大観測値をとると，標本サイズが増えるときに，その最大観測値は以下の一般化極値分布 (Generalized

Extreme Value：GEV) に従うという理論的結果を用いる．

$$H(x) = P(X_M < x) = \begin{cases} \exp\left\{-\left(1+\gamma\dfrac{x-\alpha}{\beta}\right)^{-\frac{1}{\gamma}}\right\}, & (\gamma \neq 0) \\ \exp\left\{\exp\left[-\left(\dfrac{x-\alpha}{\beta}\right)^{-\frac{1}{\gamma}}\right]\right\}, & (\gamma = 0) \end{cases}$$

　GEV 分布のパラメーターの推定のためには，まず標本として原データを同じ大きさのブロックに分割しなければならない．二つの方法があり，一つは再帰水準 (return level) 法，もう一つは再帰期間 (return period) 法と呼ばれる．前者は単にブロックの最大値を標本として採用し，後者は最大値のみならず極値とみなす水準を決めてそれ以上を標本として採用する．両者ともブロックサイズをどう決めるかが重要なポイントであり，そもそも十分な量の原データがなければ推定することはきわめて困難である．また原データが独立同分布という仮定を満たすかどうかを判定することも一般には難しい．

第7章
市場リスク

7.1　市場リスク計測手法

　市場リスク計測は,VaR や TailVaR などのリスク尺度に従ってリスクを表す確率分布からリスク量を推定する．その手法には大別すると

- **ヒストリカル・シミュレーション法**：過去のデータをそのまま利用してリスク計測を行う．
- **モデル構築手法**：過去のデータより統計モデルを構築して、そこからリスク計測を行う (分散共分散法など).
- **確率論的シミュレーション法**：過去のデータに適合するモデルに基づいて確率論的なシナリオを多数発生させてリスク計測を行う．
- **ブートストラップ法**：過去のデータのコピーを多数作成してシナリオを増やしてシミュレーションの精度を上げてリスク計測を行う．

の四つがある．それぞれ長所，短所があるが，保険業界では確率論的シミュレーション法を利用することが多い．まず，それぞれの手法の全体像を見るために，以下の表を用いて簡単な比較を行っておこう．

表 7.1　市場リスク計測手法の比較

	ヒストリカル・シミュレーション法	モデル構築手法	確率論的シミュレーション法	ブートストラップ法
分布の仮定	不要	必要	必要	一部必要
共分散推定	不要	必要	必要	不要
テール事象	一部反映	反映不能	反映不能	一部反映
価格モデル	不要	不要	必要	不要
計算量	少ない	普通	多い	多い
信頼区間	計算可能	計算不能	計算可能	計算可能

7.2　ヒストリカル・シミュレーション手法

ヒストリカル・シミュレーション法は概念的には最も簡単な方法であり，主観的要素が最も少ない方法である．金融商品の保有 (望ましくは保有可能性のある) 銘柄の日次データが少なくとも 2-3 年，できれば 5-10 年分揃っていることが望ましい．

- すべて保有銘柄の金融市場の時系列 (株価，為替，金利など) の日次変動のデータを収集．
- 最初のシミュレーションは，すべての金融市場に初日の変動が起きたものと仮定して計算する．
- 次のシミュレーションは，すべての金融市場に 2 日目の変動が起きたものと仮定して計算する．
- それを続けて標本数分のシナリオの結果を昇順（あるいは降順に）並べる．

これを，具体的な事例で見てゆくことにしよう．500 日間の A,B 銘柄の株価系列が以下のように収集できたとする．

- n 日間のデータを利用する場合，今日を n 日とする．

- v_i を i 日の市場変数の値とする．
- $n-1$ 日間のシミュレーション試行回数がある．
- i 番目の試行による $(n+1)$ 日(明日) の市場変数の値は $v_n \dfrac{v_i}{v_{i-1}}$．

この分布の q 分位点を VaR としたときの精度については以下のように考える．

- x を標本数 n から推定された損失分布の q 分位点とする．
- x の標準誤差は，$\dfrac{1}{f(x)}\sqrt{\dfrac{q(1-q)}{n}}$．
- $f(x)$ は損失分布の q 分位点での損失確率密度の推定値とする．

例 7.1 (VaR の標準誤差)

- 標本数 500 の 1%点が 25 億円．
- $f(x)$ は経験分布を近似した平均 0，標準偏差 10 億円の正規分布．
- 1%点は 23.26，$f(x)$ の値は 0.0027．
- 標準誤差の推定値は，$\dfrac{1}{0.0027}\sqrt{\dfrac{0.01 \times 0.99}{500}} = 1.67$．

●──多変量の金融時系列について

金融時系列の相関関係を計測することも非常に重要である．しばしば収益率は多変量正規分布に従って動くと仮定されるが，こうすることで平均，分散，相関係数が決まると同時分布が完全に決定できるというメリットがある．EWMA や GARCH モデルにおいてボラティリティだけでなく相関係数の予測も行うことができる．

$$\text{EWMA} : \text{Cov}_n = \lambda \text{Cov}_{n-1} + (1-\lambda) x_{n-1} y_{n-1}$$

$$\text{GARCH}(1,1) : \text{Cov}_n = \omega + \alpha x_{n-1} y_{n-1} + \beta \text{Cov}_{n-1}$$

しかし，相関係数は確率変数間の線形的な依存関係を表すものであり，完全情報を与えるものではない．例えば金融危機の時期には株価，為替，デフォルトなどの事象が，強い依存関係を持つ伝染 (contagion) という現象が観察され

る．これらを表現するには相関ではなく同時分布の形状をより正確に把握することが必要となる．

ナイーブなヒストリカル・シミュレーション法には限界があるため，さまざまな手法の改善方法が提案されている．

◉──拡張 1：指数加重移動平均法 (EWMA)

- 時間の経過とともに加重が指数的に減衰するものと仮定する (古いデータほど小さく評価).
- 順序統計は小さいものから大きいものへ．
- 最悪の値から加重を加算してゆき，必要とする信頼水準のところでストップ．

◉──拡張 2：ボラティリティ更新

- ボラティリティの更新手法 (EWMA, GARCH(1,1) など) を用いて，i 日のボラティリティを推定値と $(i-1)$ 日からの変化を反映させて更新する．
- シナリオ i の市場変数のボラティリティは，$v_n \dfrac{v_{i-1} + (v_i - v_{i-1}) \cdot \dfrac{\sigma_{n+1}}{\sigma_i}}{v_{i-1}}$ とする．

7.3　モデル構築手法

ヒストリカル・シミュレーション法の代替手法は市場変数の確率分布にある仮定を置き，解析的に市場変数の変動の分布を計算する手法が考えられる．

7.3.1　分散共分散法

モデル構築手法の代表は「分散共分散法」と呼ばれるマーコビッツの平均分散法の枠組みにより，VaR などのリスク量が簡単に計算可能である．

株式の 2 銘柄 A, B の収益率が正規分布：$\tilde{R}_A \sim N(\mu_a, \sigma_A^2), \tilde{R}_B \sim N(\mu_B, \sigma_B^2)$

に従うとき，2銘柄のポートフォリオ $w = (w_A, w_B)$ の水準 α の分散は，両者の相関係数を ρ_{AB} とすると，

$$V[w_A \tilde{R}_A + w_B \tilde{R}_B] = w_A^2 V[\tilde{R}_A] + w_B^1 V[\tilde{R}_B] + 2\operatorname{Cov}[\tilde{R}_A, \tilde{R}_B]$$
$$= w_A^2 \sigma_A^2 + w_B^2 \sigma_B^2 + 2\rho_{AB} \sigma_A \sigma_B$$

となる．以下の例によって，分散共分散法によるポートフォリオのリスク量の計算法がよく理解できるであろう．

例 7.2

A 株

- A 株を 1000 万円保有．
- その収益率の標準偏差は日次 2% (年率で約 32%)．
- ポートフォリオの 1 日の変化率の標準偏差の金額は 20 万円．
- ポートフォリオの 10 日の変化率の標準偏差の金額は $200000 \times \sqrt{10} = 632456$ 円．
- ポートフォリオの収益率の期待値は 0 と仮定 (短期間なので)．
- ポートフォリオの価値の変化は正規分布を仮定．
- $N(2.33) = 0.01$ なので，VaR は $632456 \times 2.33 = 1473621$ 円．

B 株

- B 株を 500 万円保有．
- 標準偏差は 1% (年率で約 16%)．
- 1 日当たりの標準偏差は $5000000 \times 0.01 = 50000$ 円．
- VaR は $50000 \times 2.33 \times \sqrt{10} = 368405$ 円．

A 株と B 株のポートフォリオ

- A 株と B 株の二つの株のポートフォリオを合わせて考える．
- 2 株の相関係数は 0.3 と仮定．
- 今までの計算過程より，$\sigma_A = 200000, \sigma_B = 50000$．また仮定より $\rho = 0.3$ となる．

- 1 日当たりのポートフォリオの変化の標準偏差は 220227 円．
- 10 日間の 99%VaR は 1622657 円．
- したがって，ポートフォリオの分散効果は，

$$(1473621 + 368405) - 1622657 = 219369.$$

7.3.2 線形商品のポートフォリオ

金融商品が，

- ポートフォリオの価値の日次の変化が市場変数の日次収益率と線形関係がある．
- 市場変数の日次収益率が正規分布である．

のとき，線形商品と呼ぶ．直前の説明から分かるように，線形商品では，

$$\Delta P = \sum_{i=1}^{n} \alpha_i \Delta x_i,$$
$$\sigma_P^2 = \sum_{i=1}^{n} \sum_{j=1}^{n} \rho_{ij} \alpha_i \alpha_j \sigma_i \sigma_j$$

が成り立つ．

- ALM においては負債と資産のデュレーションや M^2 が金利リスクの重要な指標であった．
- 負債のデュレーションに資産のデュレーションを合致させることで金利リスクを低減させることができる．
- しかし，平行移動以外の変化ではデュレーションは有効ではない．さらに，M^2 まで考慮すると近似の精度が上がる．
- これが，金融リスク管理のヘッジングの概念の重要な一例となる．

7.3.3 線形モデルの応用と欠点

オプションのように非線形のペイオフを持つ金融商品を線形モデルで近似すると誤差が大きくなる．

- 金融商品のヘッジには，先物 (先渡し)，スワップ，オプションなどのデリバティブが利用される．
- このうち，先物 (先渡し)，スワップは線形の商品であり，オプションは非線形な商品である．
- 線形商品のヘッジは，一度実施しておけば満期まで忘れてもよい（静的ヘッジ）．
- 非線形なオプションのヘッジには，原資産と安全資産のポートフォリオの連続的な自己金融的取引 (ダイナミックヘッジング) が必要である．
- オプションのヘッジのための指標は Greeks と呼ばれる各種ファクターに関する感応係数 (偏微分係数) が用いられる．最も重要なのが原資産の価格変化に対する感応係数デルタである．

例 7.3 (株式 (無配当) のヨーロピアン・コール・オプションの Greeks)
価格の微分可能性を仮定して Taylor 展開を用いる．

$$\Delta P = \frac{\partial P}{\partial S}\Delta S + \frac{\partial P}{\partial \sigma}\Delta \sigma + \frac{\partial P}{\partial t}\Delta t \\ + \frac{\partial P}{\partial r}\Delta r + \frac{\partial^2 P}{\partial S^2}(\Delta S)^2 + \frac{\partial^2 P}{\partial \sigma^2}(\Delta \sigma)^2 + \cdots$$

- デルタ： $\frac{\partial P}{\partial S} = \mathrm{N}(d_1)$, $\quad d_1 = \dfrac{\dfrac{\log(S_0)}{K} + \left(r + \dfrac{\sigma^2}{2}\right)T}{\sigma\sqrt{T}}$
- ベガ： $\frac{\partial P}{\partial \sigma} = \dfrac{\mathrm{N}'(d_1)}{S_0 \sigma \sqrt{T}}$
- シータ： $\frac{\partial P}{\partial t} = -S_0 \dfrac{\mathrm{N}'(\sigma)}{2\sqrt{T}} - rKe^{-rT}\mathrm{N}(d_2)$
- ロー： $\frac{\partial P}{\partial r} = S_0 \sqrt{T}\mathrm{N}'(d_1)$
- ガンマ： $\frac{\partial^2 P}{\partial S^2} = KTe^{-rT}\dfrac{\mathrm{N}(d_2)}{100}(\%)$

これから，

$$\delta = \frac{\Delta P}{\Delta S}, \qquad \Delta x = \frac{\Delta S}{S} \to \Delta P = \sum_{i=1}^{n} S_i \delta_i \Delta x_i = \sum_{i=1}^{n} \alpha_i \Delta x_i$$

7.3.4　2次導関数モデル

非線形商品には 2 次導関数まで考えて，精度を上げることができる．

$$\Delta P = \sum_{i=1}^{n} S_i \delta_i \Delta x_i + \sum_{i=1}^{n} \sum_{j=1}^{n} \frac{1}{2} S_i S_j \gamma_{ij} \Delta x_i \Delta x_j,$$

$$x_i = \frac{\Delta S_i}{S_i}, \qquad \delta_i = \frac{\partial P}{\partial S_i}, \qquad \gamma_{ij} = \frac{\partial^2 P}{\partial S_i \partial S_j}.$$

さらに精度を高めるには，ΔP の歪度まで考慮に入れる次の Cornish-Fisher 法による近似計算法がある．

$$\mu_P = E[\Delta P], \qquad \sigma_P^2 = E[\Delta P^2] - E[\Delta P]^2$$

であるが，歪度 ξ_P は，

$$\xi_P = \frac{1}{\sigma_P^3} E[(\Delta P - \mu_P)^3] = \frac{E[\Delta P^3] - 3E[\Delta P]^2 \mu_P + 2\mu_P^3}{\Delta P^3}$$

となる．これから，Cornish-Fisher 法による q 分位点の近似式は，

$$\mu_P + \left(z_q + \frac{1}{6}(z_q^2 - 1) \right) \xi_P.$$

以下の例題は，銀行のトレーディング勘定の実際のリスク管理上の留意点を簡潔にまとめている．

例題 7.1 (ST9：2011 年 9 月より抜粋)　ある大手銀行のトレーディング勘定には，広範囲の取引相手と締結した大量の金利スワップや為替スワップが含まれている．

（1）このトレーディング勘定に起因する，同行にとっての主なリスクを述べよ．

従来，こうしたリスクは，金利スワップについては金利の日次ボラティリティの推定によって，また為替スワップについては金利と為替レート双方の日

次ボラティリティの推定によって測定されてきた．さらに，リスクの算定にあたっては，さまざまな外貨間のピアソン相関係数も推定され，使用された．

同行は現在，それらの日次ボラティリティの推定値とさまざまな外貨間の相関係数行列に基づいてトレーディング勘定のリスク量を測定するモデルの開発を進めている．

(2) このリスクモデルを構築するために必要と思われる追加インプットについて述べよ．

(3) このリスクモデルから生み出されると想定されるアウトプットについて述べよ．

(4) このリスクモデルが妥当な結果を生み出す可能性がどの程度あるかについて論じよ．

7.3.5 ポートフォリオ計算の効率化法

リスク量の計算は，実務的には夜中に計算を完了して，翌日朝に結果をアウトプットして報告書を作成するといった作業が必要となることがある．どの計量化手法をとるにせよ，データがあまりにも大量であるため株式や債券の銘柄ごとにリスク計算を実行することは大規模な金融機関や保険会社にとっても容易な業務ではない．そこで，計算の効率化を図るため，ファクターモデルやキャッシュフローマッピング，あるいは主成分分析 (PCA) を利用する方法が提案されている．

●──ファクターモデル手法

株式市場では，CAPM と呼ばれる市場ポートフォリオを共通ファクターとするモデルがよく知られている．銘柄 j の株価収益率を $\tilde{r}_j$ とするとき，市場ポートフォリオ $\tilde{R}_M$[1]，と安全資産利子率 r_f に対し以下の関係があることを主張する．ε_j は個別銘柄の固有リスクで標準正規分布と仮定する．

$$\tilde{r}_j - r_f = \beta_j(\tilde{R}_M - r_f) + \sigma_j \varepsilon_j \tag{7.1}$$

---

[1] 市場全体を表すポートフォリオ．TOPIX などが代理変数として用いられる．

これを仮定すれば，n 銘柄のポートフォリオ $\boldsymbol{w} = (w_1, \cdots, w_n)$ のリスクは，

$$\sum (w_j \beta_j^2 \sigma_M)^2 + \sigma_j^2$$

で計算できるので，β_j をあらかじめ計算しておけば計算のスピードアップに役立つ．

最近では，Fama-French の 3 ファクターモデルもよく利用される．

$$r = R_f + \beta(R_M - r_f) + b_s \cdot \text{SMB} + b_v \cdot \text{HML} + \alpha$$

SMB は株式時価総額の大小，HML は割安割高を表すファクターであり，CAPM よりも説明力が高いモデルとして定評がある．

● ── キャッシュフロー・マッピング

代表的な債券を選択して，それ以外の債券は代表債券のポートフォリオとして表す．

- 標準的な満期の割引債価格を市場変数として選択する (1 か月，3 か月，6 か月，1 年，2 年，5 年，7 年，10 年，30 年)．
- 5 年の利率を 1%，7 年の利率を 2% と仮定し，6.5 年における 10000 円を評価する．
- 5 年と 7 年の債券のボラティリティはそれぞれ 0.20% と 0.28% とする．
- 5 年金利の 1% と 7 年金利の 2% を補間して 6.5 年の率 1.75% を得る．
- 10000 円のキャッシュフローの現価は $\dfrac{10000}{1.0175^{6.5}} = 8934$ 円．
- ボラティリティについても 5 年債の 0.2% と 7 年債の 0.28% を補間して，6.5 年債の 0.26% を得る．
- 5 年債の現価の割合を α，7 年債の現価の割合を $(1-\alpha)$ とする．5 年債と 7 年債のポートフォリオと 6.5 年債の分散が等しいと置くと，

$$0.26^2 = 0.2^2 \alpha^2 + 0.28^2 (1-\alpha)^2 + 2(0.6)(0.2)(0.28)\alpha(1-\alpha).$$

- 5 年債と 7 年債の価格の相関係数は 0.6 と置いた．
- 方程式を解くと，$\alpha = 0.13$．結果として 6.5 年債価格 8934 円を 5 年債

と 7 年債に配分する.

$$8934 \text{ 円} \times 0.13 = 1161 \text{ 円 (5 年債)}$$
$$8934 \text{ 円} \times 0.87 = 7773 \text{ 円 (7 年債)}$$

キャッシュフロー・マッピングにより，価格とボラティリティを一致させることでさまざまな満期の債券のボラティリティの近似計算ができる．

●──主成分分析 (PCA)

主成分分析とは，多次元データのもつ情報をできるだけ損わずに低次元空間に情報を縮約する方法であり，具体的には多変数の線形回帰分析を利用して主成分と呼ばれるファクターを抽出する方法をとる．ファクターは分散の大きい順に第 i 主成分 ($i = 1, 2, 3, \cdots$) と呼ばれ，最初のいくつかで全体の分散のほとんどを説明できれば，その数まで次元を縮小することができる．

金融分野では，金利の期間構造や株式の銘柄や産業別指数の収益率の時系列データから無相関の主成分を抽出することにより，それをファクターとするファクターモデルを作ることが考えられる．主成分分析には，抽出したファクターの解釈が困難であること，ファクターがデータによって変化するので安定性に欠けるといった問題がある．

金利の変動について主成分分析を行ったさまざまな研究によれば，十分な期間にわたる金利の期間構造 (連続スポットレートベースが望ましい) の時系列データに主成分分析をかけるとファクターが抽出される．多くの市場で金利変動のファクターは平行移動，傾き変化，曲率変化で 90%以上説明できる．このファクターは無相関である．仮に，債券価格の変動がファクター f_1, f_2 で説明できたとする．

- その関係式が，$\Delta P = -0.1 f_1 - 4 f_2$ であったとする．
- f_1 が第 1 主成分，f_2 は第 2 主成分．
- 第 1, 2 主成分の標準偏差が，それぞれ 17 と 6 であったとすると，ΔP の標準偏差は，$\sqrt{0.1^2 \times 17^2 + 4^2 \times 6^2} = 25.18$ となる．

株式についても，主成分分析によりいくつかのファクターが発見されるので，そのファクターを用いたモデルを利用すれば，リスク量計算はかなり効率化される．

7.4 確率論的シミュレーション法

保険会社では，複製ポートフォリオの構築やリスク測定の内部モデルとしてモンテカルロ・シミュレーションを用いることが多い．アクチュアリーの文献では，しばしば，この手法を確率論的シミュレーションと称する．

本手法は，資産収益率や為替レートや金利の変動率などの金融時系列のモデルとそのパラメータを仮定することで，将来のポートフォリオ収益をシミュレートする．必ずしも解析的な解を求めることは必要ないため，基本的には利用できるモデルに制限はない．VaRなどのリスク尺度はシミュレートされた損失分布を求めればその分位点などとして計算される．

モンテカルロ・シミュレーションは，分散共分散法と比べより頑健であるものの，時間がかかり，巨大かつ複雑なポートフォリオに適用しづらいと言われてきた．分散共分散法と同様に，適切な多変数モデルを見つけることは難しいかもしれない．しかし，コンピューターサイエンスの発展は日進月歩であり，近い将来，大きな制約にはならなくなるかもしれない．

●──株式

株価の変動については，ファイナンス分野で多くの研究が行われているが，保険会社で利用する場合には，その目的に沿うモデルを選択しなければならない．ファイナンスは比較的短期間の時間軸で利用する場合が多いため，モデルの適用範囲かどうか検証する必要がある．最も簡単なモデルは，株式収益率が，離散ではランダムウォークであるとするものである．

$$S_t = S_{t-1} X, \tag{7.2}$$

ただし，X は $u, d\,(u > 1 > d)$ のみの値をとる確率変数で

$$P[X = u] = p, \qquad P[X = d] = 1 - p \qquad (p > \frac{1}{2}).$$

連続ではドリフト付幾何ブラウン運動となる.

$$\frac{dS_t}{S_t} = \mu dt + \sigma dW \tag{7.3}$$

ここに, μ：ドリフト項 (定数), σ：拡散項 (定数), W：ブラウン運動である. Black-Sholes オプション公式は, ドリフト付幾何ブラウン運動を仮定して導かれている.

もう少し現実的なモデルとして, ローカル・ボラティリティ・モデルがある. ローカル・ボラティリティ・モデルは, 時間のみに依存する変数 σ_t を $\sigma(S_t, t)$ に一般化することにより, ボラティリティ・サーフィスの形状を説明しようとする. 株価変動に対する確率微分方程式は次のようになる.

$$dS = \mu_t S_t dt + \sigma(S_t, t) S_t dW_t \tag{7.4}$$

この方程式を満たし較正が容易にできる簡単な関数は, 次の形で表される定弾性拡散 (CEV) モデルである.

$$dS = \mu_t S_t dt + \sigma(t) S_t^\alpha dW_t \tag{7.5}$$

α が 1 ならば幾何ブラウン運動, 1 より小さければ自然なスキューがあるモデルとなる.

より, 一般的なモデルは, Heston [69] により与えられた以下の確率的ボラティリティモデルがある.

$$\begin{aligned} dS &= \mu_t S_t dt + \sqrt{V_t} S_t dW_t \\ dV_t &= \kappa(\theta - V_t)dt + \nu\sqrt{V_t}dZ_t \\ d(SV) &= \rho dt \end{aligned} \tag{7.6}$$

● ── **金利の期間構造**

金利の期間構造モデルは, 金融工学の分野で発展し, 無裁定理論に基づく数えきれないほど多くのモデルが開発された. 以下のようなモデルが特に有名である.

Vasicek：$dr = (b - ar)dt + \sigma dW, \quad a > 0$

Cox-Ingersoll-Ross：$dr = a(b - r)dt + \sigma\sqrt{r}dW, \quad a > 0$

Hull-White：$dr = (\theta(t) - a(t)r)dt + \sigma(t)dW, \quad a(t) > 0$

　無裁定理論に基づくモデルに拘るのは債券価格などキャッシュフローの価値を評価するために必要だからである．しかしながら，大半のモデルは短期のオプションなどの金融商品のために開発されたもので，生命保険商品や年金商品に利用できる長期にわたって整合的な期間構造を提供するものはほとんどない．

　現実の金利変動は無裁定ではないと考え，もし無裁定条件を課すことが必要なければ，例えば Frye, J. [61] による主成分分析のファクターを用いたモデルも考えられる．ファクターの時系列モデルに説明力が認められれば，それぞれのファクターの予測モデルを作ればよい．このモデルでは，短期間のイールドカーブの変動を表す現実的な結果を導くかもしれない．しかしながら，実際には長期のシミュレーションに耐えられるモデルの作成は容易ではないため，IAA [80] では HJM/BGM フレームワーク[2]による以下のモデルを提案している．

●──HJM/BGM フレームワーク

　これまでは短期間のイールドカーブの変動を表す現実的なモデルを記述してきたが，ここからはより重要な長期の期間における金利モデルに焦点を当てていく．

　HJM/BGM フレームワークはオプション・プライシングを行うのに適したリスク中立な金利シナリオ生成のための手法を提供する．

　連続複利のフォワード・レートが正規分布に従うモデルの場合，HJM/BGM フレームワークは，フォワード・レート $(F(t,T))$ の変動について，次の確率微分方程式で表される．

---

[2] BGM モデル (Brace, Gtarek and Musiela [38]) は，HJM と異なり，実際に市場で取引される LIBOR を直接モデル化の対象とするイールドカーブ・モデルで，LIBOR マーケット・モデルとも呼ばれる．

$$dF(t,T) = \alpha(t,T) + \sigma(t,T)dW_t, \quad F(0,T) = F_0(0,T)$$

このとき,無裁定条件とマルチンゲール条件から,ドリフト項 (α) とボラティリティ項 (σ) の間に以下の HJM ドリフト条件が成り立つことが知られている.

$$\alpha(t,T) = \sigma(t,T) \int_t^T \sigma'(t,s) ds$$

ドリフト項を無視し,年単位のレートと時間間隔を仮定すれば,イールドカーブの変動性を以下の形式で表現できる.

$$F_t(t,T) = F_{t-1}(t,T) + \sum_i \Lambda_{i,T+1} \phi_{i,t}$$

ここで,$\Lambda_{i,T}$ は i ファクター・ローディングで $\phi_{i,t}$ は標準正規乱数である.もし,フォワードレートをデータとして,主成分分析によって3ファクターを使うと互いに無相関なファクターとなり,$\Lambda_{i,T}$ は対角行列となる.

この式は次の意味で,フォワードレートが暗示する割引債価格と整合的な無裁定シナリオを生成する.もし金利のパスごとに実現した短期金利レートでキャッシュフローを割り引くことにより,その現在価値の期待値を計算すると,割引債の価格が再現されるということである.言い換えれば,

$$\mathbb{E}\left[\exp\left(-\sum_{t=0}^N F_t(t)\right)\right] = \exp\left(-\sum_{t=0}^N F_0(t)\right)$$

ここで,$\mathbb{E}$ はシナリオによる期待現在価値を表している.この条件は,オプション評価において適用される無裁定金利シナリオの要件である.

資本十分性の継続性分析のように長期のシミュレーションが要求される場合には,先ほどのモデルの遠い将来の金利 $F_\infty(t^*,T)$ が現実的でない場合があり,また負の金利が想定以上に出現するなど不都合があることが多い.このような場合には,$t=0$ の $F_0(0,T)$ から $F_\infty(t^*,T)$ の t^* という目標までの年数を決めて,その後は同じという設定を行うと便利である.

すなわち,$t \leq t^*$ なら,

$$F_t(t,T) = F_{t-1}(t,T) + \sum_i \Lambda_{i,T+1} \phi_{i,t} + \frac{t}{t^*}[F_\infty(t^*+T) - F_0(t^*+T)]$$

$t > t^*$ なら,

$$F_t(t,T) = F_{t-1}(t,T) + \sum_i \Lambda_{i,T+1}\phi_{i,t} + [F_\infty(t^*+T) - F_\infty(t^*+T+1)]$$

とする.

場合によっては,スワップションやキャップ,フロアなどから得られた金利のインプライド・ボラティリティを較正したい場合もあるかもしれない.このようなときには,満期の関数の修正項 κ_T を考慮した,

$$F_t(t,T) = F_{t-1}(t,T) + \kappa_T \sum_i \left[\Lambda_{i,T+1}\phi_{i,t} + \Lambda_{i,T+1}\left(-\frac{\Lambda_{i,T+1}}{2} + \sum_i \Lambda_{i,t}\right)\right] \tag{7.7}$$

を使うとよい.

しかし,主成分分析のファクターはその意味が分かりにくいという欠点があるため,より意味がはっきりするパラメトリック・モデルという選択肢もある.例えば,以下のようにスポット・イールドカーブの 3 点 (キーレート 1 年, 5 年, 10 年) をファクターとして考えて,残りの年限の金利を補間するモデルを考える.1 年のファクターは,5 年で 0 になり,5 年のファクターは 1 年と 10 年で 0,10 年のファクターは 5 年で 0 になるようにそれぞれ間の年限の値が補間されている.HJM/BGM のフレームワークにするためにはフォワードレートに変換して,それをシミュレーションのインプットとするとよい.またキーレートをファクターとする場合には,ファクター間に相関があるため,相関なしにするためにコレスキー分解を行って直交化しておくとよい.

表 7.2 スポットレートのファクター分解

	1	2	3	4	5	6	7	8	9	10
F_1	0.78	0.58	0.39	0.19	0.00	0.00	0.00	0.00	0.00	0.00
F_2	0.00	0.21	0.42	0.64	0.85	0.68	0.51	0.34	0.17	0.00
F_3	0.00	0.00	0.00	0.00	0.00	0.15	0.30	0.45	0.59	0.74

表 7.3　スポットレートのフォワードレートへの変換

	1	2	3	4	5	6	7	8	9	10
F_1	0.78	0.39	0.00	−0.39	−0.78	0.00	0.00	0.00	0.00	0.00
F_2	0.00	0.43	0.85	1.27	1.70	−0.16	−0.52	−0.83	−1.20	−1.52
F_3	0.00	0.00	0.00	0.00	0.00	0.89	1.20	1.47	1.79	2.08

● 為替レート

　為替レート理論の一つに金利平衡説があり，自国と外国の金利差が為替レートの方向を決めるというものである．米国の金利が日本の金利より高いと US ドルの金利で運用したほうが利益を得るので，それを相殺するように為替レートは円高になるというという説である．t は時点を表し，$X(t)$ は，自国通貨 1 に対する外国通貨の為替レート，RFE, RFD をそれぞれ外国，自国の名目連続リスクフリーレートとするとき，

$$X(t+\delta t) = X(t) + \exp(\text{RFE} - \text{RFD})$$

が金利平衡説である．これに撹乱項を入れると，

$$X(t+\delta t) = X(t) + \exp\left((\text{RFE} - \text{RFD}) - \frac{\sigma_F^2}{2}\right)\delta t + \sigma_F\sqrt{\delta t}\varepsilon$$

が決定論的な金利の下での為替レートモデルとなる．σ_F は為替レートのボラティリティである．この推定はヒストリカルデータから求めてもよいし，為替オプションのインプライド・ボラティリティを用いることも考えられる．モデルの利用にあたっては，短期のボラティリティを反映させない場合には前者，させる場合には後者を選択するなど検討すべき点は多い．

　また，確率論的な金利を用いる FX モデルも考えることができるが，必ずしもモデルの当てはまりがよくなるとは限らないため，特殊なタイプの変額年金商品など用途は限られるようである．

7.5 ブートストラップ法

ブートストラップ法のナイーブな方法はヒストリカル・シミュレーションの拡張として得られる.

●——拡張 3：ナイーブなブートストラップ法

- 標本数 500 の日次変動率があると仮定.
- この標本から無作為に順番を入れ替えた 500000 の標本をとり，500 ずつの 1000 セットから 95％タイルの VaR の値を計算する.
- 1000 個の VaR の標本から平均とその信頼区間を計算する.

これは統計学でブートストラップ法として知られている方法である. 信頼区間は，多くの標本をとれば前述の正規分布で近似する方法よりは改善する. しかし，これでは「過去に依存する」バックワードなシナリオセットしか生成できない. そこで，統計学の手法を組み込んだフォワードルッキングなブートストラップ法が提案されている[3].

7.5.1 ブートストラップ法の手順

現実的なブートストラップ法によるシナリオ生成のためには，原データの下処理によって，偏りのないイノベーション[4]を抽出できるかがポイントとなる.

- 直前まで更新された完全かつ代表的な経済変数データの収集が出発点になる.
- 経済変数の変換を行うことにより，できるだけ定常かつ偏りのないイノベーションを得る.
- 弱い長期の平均回帰性のあるモデルによる t_{i-1} 期における t_i 期の市場の期待値を計算する.

---

[3] 以下は SCOR 社の開発した方法である.
[4] 時系列モデルで誤差項に当たるものをノイズやイノベーションと呼ぶが，ここでは将来にわたる将来の時系列を創出するものという意味でイノベーションを使っている.

- 前期の期待値と実際値との差 (撹乱項) を計算する：$I_i = x_i - \mathbb{E}_{i-1}[x_i]$.
- 経済変数のシミュレーションに偏りが出ないように撹乱項に確率的トレンドが存在する場合には期待値をゼロにする．
- 自己回帰条件付分散不均一性を相関のある多変量 GARCH モデルで当てはめる．

この準備が終わると，1 期先のイノベーションを発生させて，それを必要回数，継続することで一つのパスが生成できる．

- 過去の GARCH モデルによるイノベーションベクトルの標本全体から，ランダムに 1 期のベクトルを選択する．
- 稀に発生するストレスシナリオを反映するために，ランダムなテイル・ショックファクターを選んで先のベクトルに乗ずる．
- GARCH イノベーションを逆変換してもとのイノベーションを計算する．GARCH イノベーションはもう 1 期進める．
- 市場変数値とイノベーションにより，シミュレーション変数値を計算する．
- 次のシミュレーションのため変数の期待値を求める．
- もとの変数変換の逆変換により，経済変数の値を求める．

手続き自体に，特に難しい点はないが，どのような変数を選択するか，データの頻度や期間，どのような関数で変換するかなど具体的に実現するには高いハードルがある．

7.5.2 経済変数の選択

経済変数としては，金利 (期間構造)，インフレ率，為替レート，GDP 成長率，株価指数などである．

以下，それぞれのファクターを簡単に説明する．

●──金利

金利はフォワードレートの期間構造 $F_i(t, T)$ を対象とする．t_i における

$\rho_i(T) = F_i(T, T + \Delta t)$ とすると，このデータを収集し，変換・加工する．
その変換関数は，短期金利 R について，

$$z = z(R) = \begin{cases} \sqrt{R+\varepsilon} - \sqrt{R}, & (R \geqq 0) \\ AR, & (R < 0) \end{cases}$$

ただし，$\varepsilon \approx 0.01$, $A \approx 1000$ なる定数である．この逆関数 $R = R(z)$ も簡単に求められる．

これを使って，$z_{i+\frac{T}{\Delta t}} \approx N(\bar{z}_i(T), \sigma_z^2(T))$ を仮定すると，

$$\rho_i(T) = \frac{1}{\sqrt{2\pi}\sigma_z} \int_{-\infty}^{\infty} R(z) e^{-\frac{(z-\bar{z})^2}{2\sigma_z^2}} dz$$

を計算すると，z の関数が得られる．

● CPI

4 半期の消費者物価指数 (CPI) のデータの対数値の差から出発する．

$$x_i = \log(\text{CPI}_i) - \log(\text{CPI}_{i-1})$$

インフレ率は，自己相関が強くランダムウォークよりは，ブラウン運動の動きに似ている．季節性 (夏, 冬) があるので，それをまず除去する．簡単な方法としては第 2 四半期だけの平均を差し引けばよい．また，インフレ率は直前の小さな変動の影響を強く受けているように見える．これを除去するために短い期間の移動平均値を差し引く．この操作によって，比較的，i.i.d に近い系列が得られる．CPI と金利にはある種の連動性があり，その関係をそれぞれのモデルに組み込む．

● 為替レート

為替レート変化率は，為替レート (FX) のデータの対数値の差から出発する．

$$x_i[\text{FX}] = \log(\text{FX}_i)$$

自国と外国の金利差が変動率に反映するという金利平衡説に従うと，

$$\mathbb{E}_{i-1}[\mathrm{FX}_i] = x_{i-1}[\mathrm{FX}] + (\mathrm{RF} - \mathrm{RD})\Delta t$$

中期的には，購買力平価説が成り立つと仮定すれば，自国と外国のインフレ率差が反映するようにこれを修正する．

●──GDP

GDP 成長率は，実質 GDP のデータの対数値の差から出発する．

$$x_i[\mathrm{GDP}] = \log(\mathrm{GDP}_i)$$

GDP の成長率の期待値は，単純に均衡値を過去の平均値とする以下のモデルになる．

$$\mathbb{E}_{i-1}[\mathrm{GDP}_i] = x_{i-1} + \frac{1}{n}\sum_{j=1}^{n} x_j[\mathrm{GDP}]$$

GDP のイノベーションは，

$$I_i[\mathrm{GDP}] = x_i[\mathrm{GDP}] - \mathbb{E}_{i-1}[\mathrm{GDP}_i]$$

●──株価指数

株価指数成長率 (equity) は，実質株価のデータの対数値の差から出発する．

$$x_i[\mathrm{equity}] = \log[\mathrm{equity}_i] - (\log \mathrm{GDP}_i + \log \mathrm{CPI}_i)$$

実質株価指数成長率の期待値は，単純に均衡値を過去の平均値とする以下のモデルになる．

$$\mathbb{E}_{i-1}[\mathrm{equity}_i] = x_{i-1} + \frac{1}{n}\sum_{j=1}^{n} x_j[\mathrm{equity}]$$

第8章
保険リスク

8.1 保険リスクの特徴

　保険リスクには，特定の種類の保険商品が引き受ける「保険責任」に関わるリスクと，保険事業の運営に関わるプロセスに関連するリスクがある．後者には，事業費リスクや危険選択リスクや価格設定のリスクがある．このリスクは，後述のオペレーショナル・リスクとの境界が曖昧になる可能性がある．

　前者の保険責任リスクは，市場リスクとはさまざまな点において相違している．まず，保険商品それ自体が銀行などの金融機関と比較してもきわめて多様で複雑な特徴を有する．生命保険と損害保険，第三分野保険，投資型保険でそれらの商品に内在するリスクは大きく異なり，構造も複雑である．

　例えば，伝統的な生命保険の養老保険，定期保険，終身保険では死亡率と金利が重要なリスクとなる．損害保険の自動車保険や火災保険においては，事故率が重要なリスクとされるが，成熟化した市場の中では被保険者の構造変化や料率水準などが重要なリスクになっているかもしれない．第三分野保険では逆選択やモラルリスクが無視できないリスクとなるであろう．変額年金や予定利率変動型商品では，株価や金利の変動のような市場リスクが最も重要なリスクになるかもしれない．このように保険リスクを分類するには，保険とは何かという問いを避けて通るわけにはいかない．一方で，フルラインでこれらの保険商品の品揃えをしている会社ばかりではなく，ある特定の保険種類に特化している会社も数多くある．したがって，保険リスク管理は，その会社の固有の性

格に大きく依存しており，リスクの分類から始まる ERM プロセスを独自に構築しなければならない．とはいうものの，ビルディング・ブロックとして死亡率，罹病率，事故率や生命表やロス・トライアングルなどのアクチュアリアル・モデルなどは有用であり，モデリングのための道具箱として利用することができるだろう．

保険リスクと市場リスクでは，モデリングに利用できるデータの頻度，質，量に大きな差異がある．まず保険リスクに使用するデータは企業固有の非公開データがほとんどで，一般に公開しているデータはきわめて少ない．また，保険リスクデータは，通例，年 1 回 (多くとも 4 半期ごと) しか得られないことが多く，長期間のデータの蓄積も困難であり，ヒストリカル・シミュレーションなどの手法は事実上，不可能である．特に，巨大災害リスクは，低頻度，高損失のリスクであり，統計的な手法には限界がある．

8.2　生命保険とそのリスク

保険会社は，一般には被保険者の死亡時期に影響を及ぼすことはできない[1]．したがって，生保リスク管理は，契約引受時点の審査を行って健康体のみを加入させることが基本となる (危険選択)．加入後は，被保険者に対し，健康的なライフスタイルを送ってもらうようにインセンティブを与える．

生保リスクの管理の基本は大数の法則，すなわち分散効果である．もっとも分散効果が働く例は，保険ポートフォリオに生命保険と年金保険の両者を含む場合である．死亡率の悪化は生命保険のリスクを増大させるが，年金保険のリスクは減少させ，互いに相殺するヘッジ効果がある (自然ヘッジ)．大数の法則は，独立で同一のリスクを持つ個体を多数集めると，期待値は変わらないが分散は減少することを保証する．

生命保険を販売した時点から保険会社は保険金の支払義務を負うことになるが，同時に生保リスクを抱えることになる．人の寿命は有限であるが，いつ死ぬかは不確定である．生命保険では，保険料を予測した死亡率 (予定死亡率とい

---

[1] 最近注目を集めている健康増進型の生命保険は健康管理の努力を促す画期的な商品であり，生命保険の常識を覆すものである．

う) を用いて計算しているため，予定よりも死亡が早く発生したり遅く発生したりすると過不足が生ずる．定期保険や養老保険などの死亡給付が大きい商品では，死亡率の悪化により予定より多額の保険金が支払われるため，積み立てられた責任準備金では賄えなくなることがリスクとなる．逆に，年金保険では予定した余命よりも長生きをすればするほど保険会社には損失が生ずる．生命保険と年金保険では死亡率のリスクの効果が逆であるため，前者を死亡リスク (mortality risk)，後者を長寿リスク (longevity risk) と区別することがある．

死亡率リスクは，死亡率の期待値と実際の死亡率が異なること，あるいは死亡率の期待値の変動によって価値が減少するリスクである．パンデミックのような大規模災害 (catastrophe) リスク[2])を除いて，死亡率リスクを便宜的に三つの要素に分ける．

(1) **ボラティリティ(volatility) リスク**： 正常な環境下における死亡率の「通常の」変動のリスク．
(2) **パラメーター (parameter) リスク**： 「真の」死亡率が推定された死亡率の理論値からかい離するリスク．
(3) **トレンド (trend) リスク**： 現時点で推定される死亡率の改善傾向の変動および保険会社が将来の変動を見誤るリスク．

●──ボラティリティリスク

変動リスクは，ある程度以上の保険集団の規模があれば大数の法則が働くので無視できると考えられる．しかし，規模が小さい一部の商品ラインに限れば無視できないリスク量となる場合もあるので注意を要する．

●──パラメーターリスク

パラメーターリスクは，死亡保険金支払額の統計的な推定誤差としてモデリングするのが一つの方法である．N 人の被保険者集団があり，個々の死亡は独立にある死亡率をパラメータとするポアソン分布にしたがって発生し，死亡時

[2)] これは最後の節で扱う．

には，それぞれの危険保険金 (保険金 − 責任準備金) が支払われるものとする．

まず，i 番目の被保険者に対する死亡率を q_i，保険金額を S_i とおく．確率変数 I_i が確率 q_i で S_i の値をとり，それ以外では 0 をとるとすれば，$\sum_i I_i S_i$ は保険会社の保険金支払総額を表す確率変数となる．このとき，$X = X_1 + X_2 + \cdots + X_n$ は複合ポアソン分布となる．この複合ポアソン分布の近似法はいくつか知られており，正規べき近似法，移動ガンマ分布法，エッシャー近似法，パンジャの再帰法などがある．

ここでは複合ポアソン分布関数を正規べき近似法により 3 次モーメントまで使って近似する．

まず期待値は，この群団に対する危険保険料 RP となる．

$$\mathrm{RP} = \mu = E[S] = \sum_i q_i S_i \tag{8.1}$$

また，この分布の標準偏差 σ と歪度 γ は以下の公式で求められる．

$$\sigma = \sqrt{\sum_i q_i S_i^2}, \qquad \gamma = \frac{\sum_i q_i S_i^3}{\sigma^2} \tag{8.2}$$

正規ベキ近似を用いると，

$$P\left[\frac{S-\mu}{\sigma} \leqq s + \frac{\gamma(s^2-1)}{6}\right] \sim \Phi(s) \tag{8.3}$$

となるので，VaR_α は，$\sigma\left(z_\alpha + \gamma \dfrac{z_\alpha^2 - 1}{6}\right)$ となる．ただし，z_α は，標準正規分布の α パーセンタイル点で，α が 99%のとき 2.33，99.5%のとき 2.58 であるので，

$$\mathrm{VaR}_{99\%} = \sigma(2.33 + 0.74\gamma), \qquad \mathrm{VaR}_{99.5\%} = \sigma(2.58 + 0.94\gamma)$$

などとなる．簡便な方法として，N 人の集団の死亡率がほぼ一様であるときは，99.5 パーセンタイルで平均死亡率が 0.001 のときには，

$$\mathrm{VaR}_\alpha = \frac{77.4}{\sqrt{N}} + \frac{942.7}{N} \tag{8.4}$$

という計算式が成り立つ．

● ── トレンドリスク

トレンドリスクは，生命表の死亡率の傾向変動の分析から求める．死亡率の改善傾向を過去のデータからモデル化する．最良推定のトレンドは過去データからの外挿値なので，そのモデルによるトレンドパラメーターの誤差分布となる．もっとも単純なモデルは死亡率が毎年一定率で改善するというモデルであるが，統計的なモデルとしては，Lee-Carter モデル，ポアソン回帰型のモデルなど多数が知られており，また研究されている．Henk van Broekhoven [68] によれば，年齢別死亡率のトレンドには強い相関があるため，それを除去するためには負債そのもののモデル化を行わなければ正確な評価ができない．そこで，著者は次のような方法を提案している．過去の何十年かの生命表から x 歳死亡率のデータが得られたとする．ここから m 年ごとに区切って n 個のトレンドデータが得られる．そこから m 年の平均年率改善率 $f_i(x)$ を出し，

$$q_i(x; t+a) = f_i(x)^a \times q_i(x; t) \qquad (i = 1, 2, \cdots, n)$$

と予測する．そこから，具体的な保険契約について改善率のシナリオごとの n 個の負債 liab_i を計算する．そのリスク量は以下のように計算する．

$$s_{\mathrm{trend}} = \sqrt{\frac{n}{n-1}\left[\frac{1}{n}\left(\sum_{i=1}^{n}\mathrm{liab}_i^2\right) - \left(\frac{1}{n}\sum_i \mathrm{liab}_i\right)^2\right]} \tag{8.5}$$

これは自由度 $(n-1)$ の t 分布に従うので，α パーセンタイル値 z_α を使うと，

$$\mathrm{VaR}_{\mathrm{trend}} = z_\alpha \times s_{\mathrm{trend}}. \tag{8.6}$$

トレンドリスクをモデル化するには，Lee-Carter モデルのような確率論的な死亡率モデルを利用することも選択肢の一つである．Lee-Carter モデル以外にも，多くの死亡率モデルが開発されている．主なものとして，Renshaw-Haberman [93]，Cairns, Blake, Dowd [40]，Age-period-Cohort モデルなどがあり，会社の経験死亡率のデータへの当てはまりの良さ，予測力などの観点から選択することができる．これらのモデルは，会社固有の過去の長期の良質なデータが

必要であるため，データベースの作成も課題となる．

● ── **解約失効リスク**

　保険契約の解約や失効の発生率が上昇することにより，保険会社が受けるリスクはきわめてさまざまな要因を含んでおり複雑なリスクである．しかし，生命保険商品では通例，解約失効率を見込まない保険料や責任準備金の計算方式をとっている国が多い．日本でも低解約返戻金型生命保険など一部を除くと，解約失効率を明示的に計算基礎に含めていない．

　解約失効率の変動の影響は主に二つの側面がある．

　第1の影響は，予定率からかい離した解約により解約返戻金 W の支払いが増えることがあげられるが，一方で必要とされている責任準備金 V の積立を免れることになるため解約返戻金 W と責任準備金 V の大小関係により当年度の解約損益にインパクトがある．解約失効率が予定より低い場合には，$V > W$ の場合には解約損になり，$V > W$ の場合には解約益になる．解約失効率が予定より高い場合には，$V < W$ の場合に解約損，$V > W$ の場合に解約益になる．したがって，解約失効率のリスク評価は，保険契約を $V > W$ の契約と $V < W$ の契約に分割し，それぞれについて，それぞれについて解約失効率の変動の影響を計測すればよい．単純な方法では，$j(V-W), k(W-V)$ (j, k はリスク係数) のような形で評価すれば良い．

　第2の影響は，保険会社の新契約費の回収の可能性に関わる．生保会社は新契約時に多額の募集経費 (主に外務員の新契約手数料) を支出する．これは将来の保険料によって回収することを前提としている．チルメル式などの修正平準純保険料方式の責任準備金を採用している場合には新契約費の回収について一部認識されているが，解約失効率の変動に対する準備金は含んでいないのが普通である．この第2の影響は解約失効率が予定より上回るときにリスクとなる．このリスク評価は，将来の保険料で回収すべき新契約費の現在価値 U に適当なリスク係数 m を乗じた mU で評価される．

　その他の影響としては，解約失効の原因が逆選択によるものであった場合には，健康な被保険者が集団から抜けていくことによる死亡リスクの集積などのリスクがあるが，通常，これは契約上の問題であり，オペレーショナル・リス

クに分類される.次は,IAA [80] のケーススタディの解約失効率リスクのモデルである[3)].

●──例 1. 解約失効率の変動リスクのモデリング

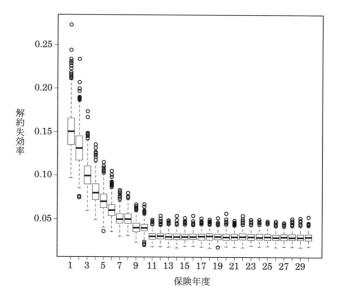

図 8.1　解約失効率シナリオ

解約失効率シナリオは,予定解約失効率からの変動が正規分布に従うという仮定のもとで過去の会社の経験データに基づき策定することができる.解約失効率シナリオを策定するステップは次のとおりである.

(1) 過去の会社の経験データに基づく予定解約失効率前提を策定する.これらの率はベストエスティメイト前提を構成し,ベースの見積りに使用される.解約失効率の前提を策定する際には,あらゆる会社の経験データを使用することができる.しかし信用できる結果を得るためには,実績分析において最低でも 5 年間,典型的には 10 年間以上のデータを使用

[3)] [80] IV.B.5.e Lapses の項.

することが必要である．

(2) ステップ 1 で使用したものと同一の会社経験データより，解約失効率の標準偏差を計算する．
(3) 乱数発生機能を利用して，一連の乱数を発生させる．乱数は 1000 本のシナリオを作成するために，ベスト・エスティメイトの解約失効率に対する乗法的スカラ値を表す．

ステップ 3 において，解約失効率は平均値がベスト・エスティメイトの前提に等しくなるため，平均は常に 1 になる．そのため，乗法的スカラ値の平均も 1 になる．標準偏差 0.16 は XYZ 生命保険会社の経験に基づく．乱数のシードは使用者が望ましいと考えるどんな値でもよい．本ケース・スタディにおいては 1 を使用した．30 年間の見積り期間に対してそれぞれ 1000 本のシナリオを作成するため，上記の過程により合計 30000 本の乱数を発生させた．

● ——事業費リスク

生命保険会社の事業費は，新契約費と維持費，固定費と変動費の区分がもっとも重要である[4]．新契約費は，新契約の獲得に関わる経費であり，営業経費が大部分を占める．維持費は，契約の維持保全にかかる経費で主に契約締結後にかかる経費である．固定費は，短期的には保険契約量に影響されずに変化しない経費であり，変動費は，保険契約量に比例して増加する費用である．

新契約費リスクは，新契約費が新契約量と比例しないことから生ずる．新契約がなくてもかかる費用を固定新契約費と呼ぶことにすると，単純な方法では固定新契約費をテールのリスクと考えることができる．理論的には，予定新契約費と実際新契約費の比率の分布を求め，そのテールにあたる金額を新契約リスクとして評価する．

維持費リスクは，主に次の二つの要因によって生ずる．

- 単位費用の予期せぬ変動

---

[4] この項は損害保険，第三分野保険にも共通するので該当の節では説明を省略する．

- 契約ポートフォリオの予期せぬ変動

最初の「単位費用」はインフレ率の推計の誤りによって起きることが多い．予期せぬインフレが起きるシナリオのもとでの単位費用と最良推定のシナリオの事業費負債の差額を維持費リスクとして評価する．

契約ポートフォリオの変動は，新契約費と同様に考えることができる．固定維持費とみなせる部分に係数をかける単純な方法がまず考えられる．理論的には，予定維持費に対する実際維持費の比率の過去の統計から確率分布を推計し，テールの金額を維持費リスクと考える．

以上のような取り扱いが考えられるが，標準的手法では，単純に (係数) × (一般事業費) とする方法もある．

●──例 2. SST における生命保険リスクの合算リスク

2012 年の SST 仕様書によれば，生命保険リスクは以下の七つのファクター (F) が考慮される．

─────── 生命保険リスクの七つのファクター ───────
(1) 死亡率リスク (F_1)，(2) 長寿リスク (F_2)，(3) 罹病リスク (F_3)，(4) 更新リスク (F_4)，(5) 費用リスク (F_5)，(6) 解約失効リスク (F_6)，(7) 契約者行動行使リスク (F_7)

それぞれのファクターのモデルは会社実績などで作成されたとする．例えば，n 人の被保険者 i の死亡率が q_i とする．保険金 S_i で責任準備金 V_i とするとき，$S_i - V_i$ が危険保険金となり，死亡リスクの実質的なエクスポージャーとなる．このとき，この人の分散は，$q_i(1-q_i)(S_i - V_i)$ となるので，集団全体としては $\sum_i^n q_i(1-q_i)(S_i - V_i)$ となる．n が十分大きければ，2 項分布の正規近似が可能なので，この分散の正規分布を仮定する．平均は $\sum_i^n q_i(S_i - V_i)$ である．これが $\sigma(F_1)$ となり，ほかのリスクについても同様にモデル化する．

SST ではファクターリスクに加えて，パラメーターリスク (P) を考慮する．

$P = (P_1, P_2, \cdots, P_7)$ はパラメーター誤差ベクトルである.

われわれは,これからファクター (F) の変動とパラメーター誤差 (P) の両方を考慮したリスク量を $\delta - \Gamma$ 法により評価することにする.すなわち,$\mathrm{RTK}_t^{\mathrm{End}}(F, P) - \mathrm{RTK}_t^{\mathrm{End}}(E[F], E[P])$ を評価することになる.

ここで記号を導入する.

- 微小変化幅:$h = 0.1 \times (1, 1, 1, 1, 1, 1, 1)$
- パラメーター誤差:$\sigma(\Delta P) = 0.01 \times (5, 10, 20, 10, 10, 25, 10, 10)$
- パラメーター誤差相関行列 (ファクターの相関行列も同じ):

$$\begin{pmatrix} 1 & 0 & 0 & 0 & 0 & 0 & 0 \\ 0 & 1 & 0 & 0 & 0 & 0 & 0 \\ 0 & 0 & 1 & 0 & 0 & 0 & 0 \\ 0 & 0 & 0 & 1 & 0 & 0 & 0 \\ 0 & 0 & 0 & 0 & 1 & 0 & 0 \\ 0 & 0 & 0 & 0 & 0 & 1 & 0.75 \\ 0 & 0 & 0 & 0 & 0 & 0.75 & 1 \end{pmatrix}$$

したがって,期末の資本量の変化は,

$$\begin{aligned} & \mathrm{RTK}_t^{\mathrm{End}(F,P)} - \mathrm{RTK}_t^{\mathrm{End}(E[F],E[P])} \\ & = (\mathrm{RTK}_t^{\mathrm{End}(F,P)} - \mathrm{RTK}_t^{\mathrm{End}(E[F],P)}) \\ & \quad + (\mathrm{RTK}_t^{\mathrm{End}(E[F],P)} - \mathrm{RTK}_t^{\mathrm{End}(E[F],E[P])}) \end{aligned}$$

とファクターリスク寄与分とパラメーター誤差寄与分に分解する.

ファクターリスク寄与分は,相関行列を仮定したので容易に共分散行列 $(\mathrm{Cov}(F))$ が求められる.この共分散行列を持つ 7 変量正規分布 $\mathrm{N}_7(0, \mathrm{Cov}(\mathrm{RTK}_t^{\mathrm{End}}))$ が求めるものである.パラメーター誤差寄与分は,$\delta \Delta P + \Delta P' \Gamma \Delta P$, $\Delta P \sim \mathrm{N}(0, \mathrm{Cov}(\Delta P))$.

8.3 損害保険とそのリスク

● ── 損害保険リスクの特徴

損害保険リスクは，一般には，大数の法則が働く生保リスクと比較すると，きわめて不確実性が高く，異質性の大きいリスクを対象としている．日本では毎年のように日本を襲う台風や東日本大震災のような大きな自然災害が大きな人的・経済的被害をもたらしており，損保リスクの大きな要素になっている．世界的にも，異常気象による集中豪雨や干ばつの拡大が毎年のように発生している．自然災害だけでなく 2001 年のニューヨークの 9.11 に続く，欧州や東南アジアのテロリズム攻撃や旧ソ連のチェルノブイリ原発や東電福島の発電所の事故，アスベスト被害など人為的な損害も年々，損害の規模が巨大化してきている．

しかし，損保事業の中核となるのは請求の発生そのものであり，このような損害に対する補償を提供することが事業そのものである．損保リスクの本質は，請求の発生そのものではなく保険料と準備金，それで足りなければ資本でも賄えない予測を超える損害が発生することである．

したがって，**損保リスクとは，予測（期待値）を超える高い請求額が発生したり，時間の経過とともに期待値が変化するリスク**である．

損保リスクを，便宜的に以下の三つの要素に分けることにする．損害保険契約は，保険期間 1 年が多いが，事故発生後に数年以上支払いがある場合もある[5]．これは責任準備金などで対応するが，この準備金のリスクもある．

(1) **保険料 (premium) リスク**：当年度の請求額が予定を超過するリスク．当年度リスクとも言う．

(2) **備金 (reserve) リスク**：過年度に報告された請求に伴う責任準備金の増加に伴うリスク．過年度リスクまたはランオフ・リスクとも言う．

(3) **大災害 (catastrophe) リスク**：自然災害のような大規模なカタストロフの発生に伴う請求の増大のリスク．

---

[5] 一部の国では，保険金を年金払いすることもある．

保険料リスクと備金リスクの違いは，報告された請求額の支払いのタイミングの違いである．支払いまでの時間が長い契約 (裾が長い，ロングテールと呼ばれる) では備金リスクの重要性が大きくなる．

大災害リスクは，保険料リスクの極端な場合とみなすことができるかもしれない．しかし，カタストロフは頻度の低い大自然災害や人為的事故で発生するため，事故の発生メカニズムが通常とは異なっていると考えられる．実際には，気候や地質のデータに基づきカタストロフリスクの推計をする特殊なモデルが作られている．したがって，別の範疇で考えることにする．

● 損害保険リスクの計測

損害率 (loss ratio) は，損保リスクの計測の指標として用いられる．損害率は，総請求金額を総保険料で除して得られた比率である．この比率により，保険料で請求額を賄えているかどうかを判断できる．損害率が 100%を超えると保険会社の損失となる．損害率そのものが実際のリスク指標というわけではないが，過去の損害率の動きを観察することによりリスクの一面を認識できる．損害率の変動は，単に極端な事象の発生確率を表しているだけであるが一つのリスク指標である．

● 損害保険リスクの経済的資本

経済的資本の計算は，保険料リスク，準備金リスク，大災害リスクの三つの要素のそれぞれについて計量モデルを適用して，それを分散効果を考慮して合算する．

● 保険料リスク

保険料リスクは，第 6 章で紹介した損害保険の総請求額のモデルにより，請求額の確率分布と請求発生パターンの確率分布に基づいて計算できる．アクチュアリーは，いろいろな請求パターンに合った確率分布とその適用方法を研究してきた．請求額分布は正規分布ではなく，右に歪んだ分布である対数正規分布やガンマ分布に類似していることが多い．また，請求発生パターンは，ポアソン分布や負の二項分布がよく利用される．IAA [75] により紹介されてい

るリスクモデルは，以下のものである．

- **集積リスク・モデル**：毎年の請求発生数が独立，請求額も互いに独立とするが，パラメーター同士が不確実性を有し，それを通じて相関関係を持つ．
- **層別の集積リスク・モデル**：損害額の規模によって層別に区分し，層ごとの集積リスク・モデルを作成する．
- **推移確率行列**：個々の大口の損害額の発生について推移確率行列で表現して，正確な請求額分布を求める方法．
- **一般化線形 (GLM) モデルの応用**：チェインラダー法では扱えない複雑な請求パターンを表現するのに利用できる．
- **ライト (Wright)・モデル**：暦年効果を明示的にモデルに組み込むことができる．

●───備金リスク

　支払備金リスクの経済的資本はロス・トライアングルを用いて計算することができる．ロス・トライアングルのデータから将来発生する請求に対する見込み額を推計する手法としては，損保アクチュアリーによりチェインラダー法，分離法，ボーンヒュッター・ファーガソン法，平均単価法などが開発されているが，リスクモデルは，その確率論化であり，IAA [75] により紹介されている以下の「集約型トライアングル・ベース・モデル」が候補となる．

- **確率論的ロス・ディベロップメント・モデル**：チェインラダー法を前提として確率論化したモデル．
- **ハール (Hoerl) 曲線**：重み付線形回帰を使って損害額の増分にパラメータ曲線を当てはめるモデル．本質的には確率論的モデルではない．
- **マックの分布自由モデル**：チェインラダー法の未払保険金に対する平均値と標準偏差を推定し，誤差項にはモデルのプロセスとパラメータの変動が組み込まれているモデル．

- **ブートストラップ・モデル**：第 7 章で説明したブートストラップ法を未払保険金のシミュレーションに適用する方法．
- **Schnieper モデル**：既発生と新規発生の請求額を分けて，ブートストラップ法を適用する．
- **一般化線形 (GLM) モデル**：GLM の枠組みによって備金リスクのモデリングも柔軟に行うことが可能．

◉──**例 3. 損害率の変動に着目した保険料・備金のリスク・モデル (ソルベンシー II 標準的手法)**

ある損害保険種目に関し，次の二つの仮定をおく．

(1) 損害率は対数正規分布 LN に従う．
(2) 損害率の平均値を M，標準偏差を S する．

この前提の下で損失率の確率変数を $\tilde{X}$ とおくと，

$$\ln \tilde{X} = \mu + \sigma \cdot \tilde{z}, \qquad \tilde{z} \sim \mathrm{N}(M, S^2) \tag{8.7}$$

また，対数正規分布の平均 M，分散 S^2 は，

$$M = \exp\left(\mu + \frac{\sigma^2}{2}\right), \qquad S^2 = \exp(2\mu + \sigma^2)(\exp(\sigma^2) - 1) \tag{8.8}$$

これから，α パーセンタイル点を z_α とおくと，VaR_α は，

$$\rho(\sigma) = \frac{M \exp\left(z_\alpha \cdot \sqrt{\log\left(\frac{S^2}{M^2} + 1\right)}\right)}{\sqrt{\frac{S^2}{M^2} + 1}} - M \tag{8.9}$$

これに保険料や準備金の実額を乗じることによりリスク量が求められる．

後述のソルベンシー II では，損害保険の保険引受リスクをこの考え方 ($M =$

1 としている) を標準的手法の公式として採用している.

保険料リスクと備金リスクの SCR は，$\rho(\sigma) \times$ (ボリューム尺度) となっており，σ はコンバインド・レシオの標準偏差，

$$\rho(\sigma) = \frac{\exp\left(z_{0.995}\sqrt{\log(\sigma^2+1)}\right)}{\sqrt{\sigma^2+1}} - 1$$

である.

この式の前提は，コンバインド・レシオがパラメータ μ, σ の対数正規分布であることである．これから以下の式が得られる．

- $M = \exp\left(\mu + \frac{1}{2}\sigma^2\right)$
- $S = \exp\left(\mu + \frac{1}{2}\sigma^2\right)\sqrt{\exp(\sigma^2) - 1}$
- $\mathrm{VaR}_{0.995} = \exp(\mu + z_{0.995}\sigma)$
- $\rho = \exp(\mu + z_{0.995}\sigma) - \exp\left(\mu + \frac{1}{2}\sigma^2\right)$

$M = 1$(コンバインド・レシオが 100%) を仮定すると，求める式となる．

●──例 4. 複数種目を有する損害保険会社の内部モデルの例

IAA [72] では複数の保険種目を有する損害保険会社のポートフォリオについてファクター基準のシミュレーションモデルを紹介している．このモデルは以下の項目に影響される．

(1) 各保険種目の保険契約総額

(2) 各保険種目全体のボラティリティ

(3) 再保険条項

(4) 各保険種目間の相関 (依存構造)

具体的なモデルとしては，事故発生件数はポアソン分布，損害額分布としては対数正規分布を仮定する．パラメーター c_l は一つの保険種目内の不確実性

の相関,パラメーター b_l は保険種目全体に関わる不確実性の相関への影響を表現している.

(1) 保険金支払いが不確定な保険種目 l に関して次の操作を行う.

- 平均 1,分散を c_l とするガンマ分布から乱数 χ_l を選ぶ.
- λ_l を期待事故件数とし $\chi_l \lambda_l$ を平均とするポアソン分布より,ランダムに事故件数 K_l を選ぶ.
- 平均を μ_l,標準偏差を σ_l とする対数正規分布から,l と $k = 1, 2, \cdots, K_l$ に対し,ランダムに損害額 Z_{lk} を選択する.

(2) $X_l = \sum_{k=1}^{K_l} Z_{lk}$ を保険種目 l の損害額とする.

(3) 一様分布 U(0,1) から乱数 p を選ぶ.それに対し各保険種目 l の $E[\beta_l] = 1, V[\beta_l] = b_l$ であるような固有の確率変数 β_l の分布の p パーセンタイルとする.こうすることにより,互いの種目間の相関係数 ρ_{lm} が 1 となる多変量分布が得られる.

(4) $X = \sum_{l=1} \beta_l X_l$ が支払請求総額の確率分布となる.

この計算のために,X の分布の 2 次モーメントまでが以下の公式で利用される.l, m は保険種目を表している.

(1) $E[X_l] = \lambda_l \mu_l$.

(2) $E[X] = \sum_l E[x_l]$.

(3) $V[K_l] = \lambda_l + c_l \lambda_l$.

(4) $V[X_l] = \lambda_l \sigma_l^2 + \mu_l^2 (\lambda_l + c_l \lambda_l^2)$.

(5) $V[\beta_l X_l] = \text{Cov}[\beta_l X_l, \beta_l X_l] = (1 + b_l) V[X_l] + E[X_l]^2 b_l$.

(6) $l \neq m$ のとき,$\text{Cov}[\beta_l X_l, \beta_m X_m] = \lambda_l \mu_l \lambda_m \mu_m \sqrt{b_l b_m}$.

(7) $V[X] = \sum_l \sum_m \mathrm{Cov}[\beta_l X_l, \beta_m X_m].$

最後に TVaR の計算は以下の手順で行う[6]．

(1) 保険者の累積損失分布と同じ平均と分散と持つ対数正規分布のパラメーターを求める．
(2) そのパラメーターの対数正規分布の $\mathrm{VaR}_\alpha(X)$ を計算する．
(3) 対数正規分布に対して，有限期待値 $\mathbb{E}[X \wedge \mathrm{VaR}_\alpha(X)]$ を計算する．
(4) 最後に，$\mathrm{TVaR}_\alpha(X) = \mathrm{VaR}_\alpha(X) + \dfrac{\mathbb{E}[X] - \mathbb{E}[X \wedge \mathrm{VaR}_\alpha(X)]}{1-\alpha}$ を計算する．

パラメーター c_l は，同一保険種目間の相関に影響を及ぼすが，b_l は保険種目間の相関にも影響を及ぼすパラメーターである．このパラメーターは保険市場や会社の保有契約の特徴を反映していると考えられるが，推定するには大量のデータを必要とする．Meyers, Klinker, Lalonde [90] は産業全体の公表データより，このパラメーターを推定する方法を提案している．

8.4 再保険

再保険は，保険会社にとって強力なリスク管理の軽減手段である．再保険は，元受会社にとっての保険である．再保険会社は，元受会社の保有リスクの一部を引き受けて，対価として再保険料を受け取る (受再)．再保険会社同士が互いのリスクを引き受けあうこともある (再々保険)．再保険にはさまざまな形態がある．

比例再保険は，支払保険金額の一定割合を再保険に付す．超過再保険は，支払保険金額のうち一定金額を超える部分だけ再保険に付す．超過再保険は，元

---

[6] これらの公式の導出については，Klugman, Panjar, Willmot [84] の「付録 A」に詳細な説明がある．

受会社が巨大リスクに備える目的がある．

　非比例再保険は，保険会社がテールリスク (単独の損害またはポートフォリオ全体のリスクのいずれであっても) の相当部分を一定の価格で再保険者に移転することができる．また再保険者は，リスクを異なる地域や保険種目間に分散させたりすることができる．

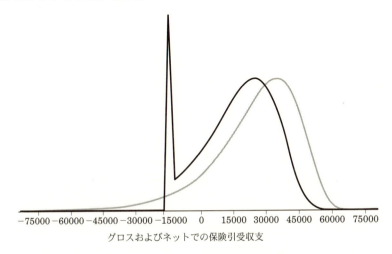

　　　　図 8.2　非比例的再保険によるリスク軽減効果

　その結果，資本の効率的な活用が可能となり，元受保険会社にとって必要資本の軽減効果を生み出す．特に企業の四半期または通年の収益に発生する可能性のあるボラティリティを低減するためにも広範に使用される．

　ソルベンシー規制上も，再保険の利用はメリットが大きい．ソルベンシー II の下では，ソルベンシー資本要件 (SCR) を算定する際，再保険を考慮に入れることができる．ただし，かかる手法の使用に起因する信用リスクおよびその他のリスクが，ソルベンシー資本要件に適切に反映されることを条件とする[7]．

　また，米国の損害保険のリスクベース資本 (RBC) の算式においても，再保険を控除した保険種目ごとのデータに基づく，およびかかるデータに適用されるリスク係数の使用を通じて反映されることになる．

---

[7]指令 2009/138/EC 第 101 条第 5 項．

8.5 大規模災害リスク

大規模災害とは，その発生が財産，生命，環境および経済の突然かつ大規模な破壊を引き起こす一定の有害事象をいう．大規模災害の原因には自然災害の場合と人為災害の場合がある．有害事象は，その影響を受ける人口が少ない地域で発生した場合，大規模災害または大災害のレベルに達することはない．大規模災害リスクは，有害事象の大規模な潜在力が人口密度や建物密集度と一致した場合に最大となる．このようなリスクの識別にはエマージング・リスクの手法が参考になる (第 11 章)．

大規模災害は，自然的なものと人為的なものの 2 種類に大別できる．大規模自然災害は，気候または地質関連事象による大規模な悪影響である．気候関連事象の例としては，熱帯低気圧，洪水，竜巻，雹を伴う嵐，山火事，暴風雪などがある．地質学的事象には，地震，津波，噴火，泥流，雪崩などが含まれる．大規模自然災害は科学者によって比較的よく理解されているが，予測は困難，防止は不可能である．大規模人為災害とは，航空機事故，テロ行為，サイバー攻撃，暴動，戦争，原子力発電所の爆発および原油・化学物質流出など，偶発的または意図的な人間の行為の結果をいう．悪意のある人為事象は往々にして，大都市および国際空港や軍事施設以外の政府施設などの目立った建物を標的にするため，先に挙げた事象は財産や生命に大きな被害を引き起こすことがある．

大規模災害は特定の地域に発生する低頻度の事象であるため，損害推定に使用できるデータに乏しい．そこで，1980 年代後半頃から工学的知見に基づくモデルを開発する専門会社[8]が現れ，自然災害のリスク管理に，これらのモデルやデータベースを利用する保険会社も多い．

過去の保険金請求と損害のデータを用いて将来の損害を予測するという標準的な保険数理的手法は，ほとんどの種類の大規模災害に対して適切ではない．過去のデータが乏しいため，どんな手法にも著しい不確実性が伴う．したがって，保険会社は，多額の損害を引き起こす可能性のある種類の事象を特定し，それらの損害の規模を推定するために，多様な方法を併用することが賢明であ

---

[8] Risk Management Solutions 社 (RMS)，AIR Worldwide 社 (AIR) および EQECAT 社など．

る．数少ない例としては，IAA [75] では，死亡に関する大規模災害リスクのモデリングについて，以下のような例を紹介している．

(1) **パンデミック**：感染症の蔓延による死亡率や罹病率の急上昇リスクについてのモデル．
(2) **テロ攻撃**：米国の国務省のデータに基づきテロの頻度と損害規模を想定したモデルを構築．

　過去事象に関するデータが存在しなくても使用できる方法の一つは，重大な事象に晒されている特定の地域の被保険金額合計を算定した後，1 回の事象または一定期間 (通常は 1 年) における事象全体で失われる可能性のある比率に相当する係数を適用することである．言うまでもなく，総被保険金額は潜在的な損害の上限を表している．

　特定の事象による損害を推定するために使用される別の方法としてシナリオテストがある．例えば，ロイズ・オブ・ロンドンは，現実的な災害シナリオ (RDS) のセットを開発し，毎年それらのシナリオに基づく損害推定額を報告することをシンジケートに要求している．また SST では，当局が指定したストレステストの確率を付与し，リスク量に反映するよう要求している (第 12 章参照)．

第9章
信用リスク

　信用リスクは，取引先 (counter-party) リスクとも言われることがある．銀行では，主に貸付先の企業や個人，債券保有者，デリバティブ取引の相手がデフォルト (債務不履行) するリスクを指しているが，保険会社にとっては再保険会社の倒産による保険金不払いなどによるカウンターパーティリスクも同様に重要である．また，2007–2009 年のグローバル金融危機では証券化商品やそのデリバティブのデフォルトが大きな問題を惹起したため，証券化商品のカウンターパーティリスクにも注目が集まった．このように信用リスクは多岐にわたる取引に関係しているが，デフォルト事象の計測は市場リスクに比べて難しく，そのためリスク管理も容易ではない．

　銀行業界では監督当局は，銀行が与信先企業のエクスポージャー (EAD)，デフォルト確率 (PD)，デフォルト時損失 (LGD) を推定して，損失に見合う資本が確保できているかを監視する枠組みができている．

　保険業界は，必ずしも銀行並みの規模の信用リスクのエクスポージャを保有しているわけではないが，質的に銀行とは異なるが再保険，証券化商品や信用デリバティブなど信用リスクの内容が複雑かつ多様であるため，やはり無視できない重要なリスクである．

9.1　社債・貸付金

　まずは，社債や貸付金の信用リスクについてみてゆくことにしよう．これは，企業が倒産や財務上の困難などによって約束した期日に利息，クーポン，元本

などの支払いができない，あるいは遅延するリスクである．この事象を**債務不履行(デフォルト)** と呼び，デフォルト確率を見積もることが信用リスクの第一歩と言える．

9.1.1 デフォルト確率の推定方法

デフォルト確率を推定するには以下に示すようないくつかの方法が提案されている．

- 経験データ
- 債券や資産スワップ
- CDS スプレッド
- 株価データ (Merton, KMV)

9.1.2 経験データ

経験データは，企業の倒産実績と倒産に関係が深いと考えられる財務指標との関係を調査することにより，倒産確率を推定するもので，ニューヨーク大学で研究を進めた Edward Altman の Z スコアが有名である．多数の企業の長期間の財務諸表と倒産実績から多変量回帰分析を用いて，例えば，以下のような財務指標 (製造業) を用いて，

$$x_1 : \frac{運転資本}{総資産}$$

$$x_2 : \frac{留保利益}{総資産}$$

$$x_3 : \frac{EBIT(金利・税引前収益)}{総資産}$$

$$x_4 : \frac{株式時価総額}{負債簿価総額}$$

$$x_5 : \frac{売上高}{総資産}$$

$$Z = \beta_1 x_1 + \beta_2 x_2 + \beta_3 x_3 + \beta_4 x_4 + \beta_5 x_5$$

のような説明力の高い関係が見いだされたとき，Z の値によりデフォルトの可

能性が「非常に高い」,「高い」,「警戒」,「低い」,「安全」などの判定を行うものである．この方法の成否は，十分大きな良質なデータベースを構築できるか，良い財務指標を多数発見できるか，統計手法をどこまで改善できるかなどに依存している．

9.1.3　信用格付け

信用格付けとは，投資家の投資判断の情報として，債券発行者の信用度を何らかの基準で評価し，一般には記号で表示したものである．信用格付けは，発行体である格付け企業の依頼を受けて外部の専門の格付け会社が行うことが一般的である．グローバルには，Moody's, S&P, Fitch など，国内では R&I, JCR, などがあり，保険会社では Bests 社が有名である．格付けは，社債発行ができる大企業から中堅企業が中心であり，中小企業や個人には対応できないことが問題である．

一方，銀行などでは借り手企業の信用度を独自に審査して融資を実行しているため，信用情報を豊富に収集しており独自の評価体系を有する場合も多い．このようなシステムを内部格付けと呼ぶ．バーゼル II では一定要件の下で内部格付けを利用することを認めている．

- Moody's の格付けは Aaa, Aa, A, Baa, Ba, B, Caa. である．
- 対応する S&P/Fitch の格付けでは，AAA が最高格付けで，次に AA, A, BBB, BB, B, CCC が続く．
- BBB (または Baa) 格以上は投資適格 (investment grade) と考えられている．
- 大部分の銀行は，借り手に対して自社の内部格付けを持っている．

9.1.4　経験デフォルト確率

格付け機関の Moody's, S&P, R&I などでは，過去の経験データを公開しており，債券のデフォルト確率 (PD：probability of default) の推定に利用される．例えば，Moody's では，表 9.1 (次ページ) のような平均累積デフォルト

率 (1970–2016) を公開している．これは，ある格付けから始まった企業の倒産確率が時間の経過とともにどのように推移するかを示したものである．Baa の格付けを持つ平均的な企業は，デフォルトする確率は 1 年以内に 0.177% であるが 10 年以内には 3.925% となっている．

表 9.1　平均累積デフォルト率 (単位：%)

格付＼年数	1	2	3	4	5	7	10
Aaa	0.000	0.011	0.011	0.031	0.085	0.195	0.386
Aa	0.021	0.060	0.110	0.192	0.298	0.525	0.778
A	0.055	0.165	0.345	0.536	0.766	1.297	2.224
Baa	0.177	0.461	0.804	1.216	1.628	2.472	3.925
Ba	0.945	2.583	4.492	6.518	8.392	11.667	16.283
B	3.573	8.436	13.377	17.828	21.908	28.857	36.177
Caa	10.624	18.670	25.443	30.974	35.543	42.132	50.258

ここで，条件付きのデフォルト確率と無条件のデフォルト確率の区別は重要である．条件付デフォルト確率は，それまでにデフォルトが起きなかったという条件の下でのデフォルト確率であり，無条件のデフォルト確率は現在から見たデフォルト確率となる．これは x 歳の n 年死亡率と n 年据置死亡率の関係と同じである．

債券の回収率は，通常は額面金額に対するデフォルト直後の債券価格の割合として定義されるが，Moody's から債券の優先権に応じて表 9.2 (次ページ) のような実績値 (1983–2016) が公表されている．

表 9.2　優先権別の回収率

クラス	平均回収率 (%)
第 1 順位担保付債権	52.8
第 2 順位担保付債権	44.6
シニア無担保社債	37.2
シニア劣後債	31.1
劣後債	31.9
下位劣後社債	23.2

●──格付け推移

　格付け企業は，その後の格付け変化やデフォルトの長期の実績に基づいて，格付け推移確率行列を公開している．格付けを有する社債ポートフォリオについては，その信用リスクの予測を行うための貴重なデータ源の一つとなる．後述の CreditMetrics では，確率推移行列を用いて社債ポートフォリオの信用リスク計量化を行っている．

表 9.3　格付け推移行列 (Moody's：1970–2016)

年度始＼年度末	Aaa	Aa	A	Baa	Ba	B	Caa	Ca-C	デフォルト
Aaa	90.94	8.36	0.59	0.08	0.02	0.00	0.00	0.00	0.00
Aa	0.87	89.68	8.84	0.45	0.07	0.04	0.02	0.00	0.02
A	0.06	2.64	90.90	5.67	0.51	0.12	0.04	0.01	0.06
Baa	0.04	0.16	4.44	90.16	4.09	0.75	0.17	0.02	0.18
Ba	0.01	0.05	0.47	6.66	83.03	7.90	0.78	0.12	0.99
B	0.01	0.03	0.16	0.51	5.32	82.18	7.39	0.61	3.79
Caa	0.00	0.01	0.03	0.11	0.46	7.82	78.52	3.30	9.75
Ca-C	0.00	0.00	0.07	0.00	0.80	3.19	11.41	51.82	33.24
デフォルト	0.00	0.00	0.00	0.00	0.00	0.00	0.00	0.00	100.00

確率推移行列があれば，保有している社債ポートフォリオの格付け分布の推移を予測することができる．

9.1.5 社債データからのデフォルト確率推定

社債の利回りは，信用リスクがある分だけ国債利回りより高い．これから社債のデフォルト率を推定できないだろうか？ ある社債の満期までの残存期間を通しての平均デフォルト率は，大雑把には $\frac{s}{1-R}$, (s: 無リスク金利を超える社債利回り, R: 回収率の期待値) で推定できる．例えば，$s = 2\%, R = 0.4$ のときには 3.3% ということになる．

9.1.6 経験確率とリスク中立確率

格付けや財務指標によるデフォルトの経験率は実確率による確率だが，社債や CDS の価格からインプライされるデフォルト率はリスク中立確率と考えられる．後者は，投資家のリスクプレミアムが上乗せされるため，前者より大きい．表 9.4 は Moody's (1970-2016) と Merril Lynch (1996–2007) による累積デフォルト率同士の比較である．表から明らかなように社債投資家は大きなリスクプレミアムを要求していることが分かる．

表 9.4 経験ハザード率と推定ハザード率の比較 (出典：Hull [76], Table 19.5, p.448 より)

格付	経験ハザード率 (1 年当たり%)	社債から推定されたハザード率 (1 年当たり%)	比率	差
Aaa	0.028	0.596	21.4	0.568
Aa	0.075	0.728	9.7	0.653
A	0.186	1.145	6.1	0.959
Baa	0.358	2.126	5.9	1.768
Ba	1.772	4.671	2.6	2.889
B	4.864	8.017	1.6	3.153
Caa	7.814	18.395	2.4	10.581

●──株価データによる構造モデル (Merton, KMV)

Merton [89] は，貸借対照表上の株式価値を負債を行使価格とする企業資産のプットオプションとみなすことにより，デフォルト確率と回収率を導き出す公式を考案した．その概要は以下のとおりである．まず記号の定義を行う．

V_0：現在の企業価値
V_T：時刻 T の企業価値
E_0：現在の株式価値
E_T：時刻 T の株式価値
D：時刻 T に返済する利息と元本の債務
σ_V：企業価値のボラティリティ
σ_E：株式のボラティリティ

次に Merton モデルの概要を述べる．

(1) Merton のモデルは，株式を企業資産のオプションとみなすことから始まる．$V_T < D$ ならデフォルト，$V_T > D$ なら負債の返済ができる．

(2) 単純な状況では，株価は $\max(V_T - D, 0)$ となる．

(3) V_0 は現在の企業資産の価値，σ_V はそのボラティリティとすると，

$$dV = \mu_V V dt + \sigma_V V dz, \quad z\text{ はブラウン運動}$$

Black–Sholes のオプション・プライシング公式により，株式の現在の価格 E_0 が求められる．

$$E_0 = V_0 N(d_1) - De^{-rT} N(d_2)$$

ただし，

$$d_1 = \frac{\log\left(\frac{V_0}{D}\right) + (r + \sigma_V^2)T}{\sigma_V \sqrt{T}}, \quad d_2 = d_1 - \sigma\sqrt{T}.$$

(4) リスク中立のデフォルト確率 $N(-d_2)$ を求めるには，V_0 と σ_V を求める必要がある．上の式は，V_0 と σ_V が満たすべき式の一つになる．σ_E を求めるために，伊藤の公式を使うと，

$$dE = d(VN(d_1)) = \mu_V N(d_1)V dt + \sigma_V N(d_1)V dz$$

より，両辺を E で割って，dz の項を比較すると，

$$\sigma_E E_0 = \frac{\partial E}{\partial V}\sigma_V V_0$$

が得られるが，$\dfrac{\partial E}{\partial V}$ は，株式のデルタを意味し，$N(d_1)$ になる．したがって，V_0 と σ_V が満たすべきもう一つの式が得られる．

$$\sigma_E E_0 = N(d_1)\sigma_V V_0$$

会社の発行する株式の時価総額とボラティリティは市場から求めることができるとすれば，この二つの式を使うと，E_0, σ_E から V_0, σ_V を計算することができる．

まず，デフォルト中立確率は，

$$\begin{aligned}q_T &= P[V_T < D] = P[\log V_T \log D] \\ &= P\left[\log V + \left(r - \frac{\sigma_V^2}{2}\right)t + \sigma_V\sqrt{t}\varepsilon \log D\right]\end{aligned}$$

と表されるため，整理すると

$$q_T = P\left[\frac{\log V + \left(r - \dfrac{\sigma_V^2}{2}\right)t}{\sigma_V\sqrt{t}\varepsilon} \leqq \varepsilon\right] = N(-d_2). \tag{9.1}$$

●──**例 1. 倒産確率と回収率の計算**

$r = 0.05, E_0 = 30, \sigma_E = 8, T = 1$ という前提では，$V_0 = 124, \sigma_V = 2.123$ となり，$d_2 = 1.1408$ となる．これから，デフォルト中立確率 $q_T = N(-d_2) =$

0.127 であり，負債時価は，$D = V_0 - E_0 = 94$ であるが，負債の現在価値は $10e^{-0.05} = 95.1$ なので，損失率は $\dfrac{(95.1 - 94)}{95.1} = 0.012$ である．デフォルト率が 0.127 なので，回収率は，$\dfrac{(0.127 - 0.012)}{0.127} = 0.91$ となる[1]．

ここで，デフォルトまでの近さを表す量としてデフォルト距離 DD を以下の通り定義する．

$$\mathrm{DD} = d_2 = \frac{\log(V_0) - \log(D) + \left(r - \dfrac{\sigma_V^2}{2}\right)T}{\sigma_V \sqrt{T}}$$

KMV は，3 人のモデル開発者の名前 (Kealhofer, Merton, Vasicek) を冠したモデル名であるとともに会社名である．Merton モデルを実用化して，個別企業のデフォルト確率である期待デフォルト頻度 (EDF：Expected Default Frequency) を提供するサービスを提供している．

KMV モデルでは，デフォルト距離 d_f を以下の通り定義する．まず，デフォルト・ポイント d^* を，と長期負債と短期負債の加重和として，

$$d_f = \frac{E(V_T) - d^*}{\sigma_V} = \frac{\log\left(\dfrac{V_0}{d^*} + \left(\mu - \dfrac{\hat{\sigma}_V^2}{T}\right)\right)}{\hat{\sigma}_V \sqrt{T}}.$$

ここに，V_0 は現在の市場価格，μ は企業価値純成長率，$\hat{\sigma}_V$ は年間ボラティリティである．ここでは，リスク中立確率ではなく実確率での評価となっている．

このデフォルト距離と 1 年後デフォルト率の関係はデータベース化されており，例えば，以下のようである．

- 現在の企業価値 (時価)：$V_0 = 1000$
- 企業価値の純成長率 (年率)：$\mu = 20\%$
- 1 年後の予測企業価値：$V_T = 1200$
- 年間ボラティリティ：$\sigma_V = 100$
- デフォルト・ポイント：$d^* = 800$

---

[1] この例は Hull [71] の第 19 章の example から引用した．

このとき，デフォルト距離 $d_f = \dfrac{1200 - 800}{100} = 4$. $d_f = 4$ の企業群 5000 社中 20 社がデフォルトしたとすると 0.004 (40bp) がデフォルト確率ということになる．

例題 9.1 (ST9：2010 年 4 月より抜粋)　ABC 保険会社は，信用スプレッドを期待して，専ら社債投資を行っている．ABC の信用リスク管理方針は，すべての債券が A 格以上でなければならないというものである．債券が「A」格未満に引き下げられた場合には売却され，受取代金は適切な債券に再投資される．

ABC は最近，保有する個々の社債についてデフォルト確率を推定するために，自社の内部モデルを開発することを決定した．そして，格付機関の手法と一致させるべく，デフォルト確率の推定のために KMV モデルを使用することにした．

(1) 現在の ABC の信用リスクエクスポージャーの性質およびそのリスクを軽減する上での ABC の信用リスク方針の有効性について述べよ．
(2) KMV モデルを用いて予想デフォルト頻度を推定するのに必要な情報を示せ．またそのデータソースとして考えられるものを挙げよ．
(3) デフォルト確率の推定のために KMV モデルを用いる長所と短所を示せ．

9.2　ポートフォリオの信用リスクの計量化

個々のカウンターパーティの信用リスクの評価は PD の推定の問題が主要課題であった．これに対し，信用ポートフォリオのリスク評価には，個々の債務者のデフォルト相関を考慮する必要があるため，債務者数が増加するにつれ，かなりの計算量を要するため，何らかの工夫により計算量を減らす必要がある．

9.2.1　バーゼル II による信用 VaR 評価

バーゼル II の内部格付手法 IRB では，1 ファクター・コピュラ・モデル (Vasicek [104]) によるローンのポートフォリオのリスク統合の方法論を用い

ている．目的は，「1年以内に事前に定めた損失水準が超えることはないという99.9%の確信を持つ」リスク量を求めることである．

1ファクター・コピュラ・モデルでは以下の式によって，ファクター U_i ($i = 1, 2, \cdots, n$) 間の依存関係を仮定する．

$$U_i = a_i F + \sqrt{1 - a_i^2} Z_i \tag{9.2}$$

で，F, Z_i は標準正規分布とする．Z_i 同士，また F とは互いに無相関とする．

1ファクター・コピュラ・モデルをローンポートフォリオに結び付けるために，T_i という確率変数を導入する．T_i は債務者 i がデフォルトするまでの時間であり，その分布関数は Q_i とする．

ここで確率変数 T_i から U_i への全単射を以下のように定義する．ただし，$U = N^{-1}[Q_i(T)]$ とおく．

$$P(U_i < U) = P(T_i < T) \tag{9.3}$$

$$Z_i = \frac{U_i - a_i F}{\sqrt{1 - a_i^2}}$$

なので，F を止めた $U_i < U$ の条件付確率は，

$$P(U_i < U | F) = P\left(Z_i \frac{U - a_i F}{\sqrt{1 - a_i^2}}\right) = N\left[\frac{U - a_i F}{\sqrt{1 - a_i^2}}\right] = P(T_i < T | F) \tag{9.4}$$

したがって，

$$P(T_i < T | F) = N\left[\frac{N^{-1}[Q_i(T)] - a_i F}{\sqrt{1 - a_i^2}}\right] \tag{9.5}$$

ここで，簡単のため，$Q_i = Q, a_i = \sqrt{\rho}$ とすべての債務者が同じ値と仮定すると，この式は

$$P(T_i < T | F) = N\left[\frac{N^{-1}[Q(T)] - a_i \sqrt{\rho} F}{\sqrt{1 - \rho}}\right] \tag{9.6}$$

以上をまとめると，

9.2 ポートフォリオの信用リスクの計量化

(1) ローンのの大規模なポートフォリオがあり，時刻 T までにデフォルトする確率はどの案件も $Q(T)$ とする．

(2) X%の信頼水準でデフォルト率がそれを超えない限界値は，

$$Q(T|F) = N\left(\frac{N^{-1}[Q(T)] - a_i\sqrt{\rho}F}{\sqrt{1-\rho}}\right).$$

(3) ここに，ρ は正規コピュラの相関係数である．

となる．大規模なポートフォリオであれば，この式は良い近似となっていると考えられる．次に，時間軸を T，信頼水準を α の下で最悪ケースのデフォルト率 (WCDR：Worst Case Default Rate) を求める．

デフォルト率 $Q(T|F)$ は，F が小さくなると大きくなるので，1 に近い α に対して信頼水準 $(1-\alpha)$ をとるときに，その信頼水準で F が最も小さくなり，デフォルト確率は最大になる．F は正規分布なのでその値は $N^{-1}[1-\alpha]$ である．

これを代入すると，

$$P(T_i < T|F) = N\left[\frac{N^{-1}[Q(T)] + \sqrt{\rho}N^{-1}[\alpha]}{\sqrt{1-\rho}}\right].$$

これから，最悪ケースのデフォルト率 $\mathrm{WCDR}(T,\alpha)$ は，

$$\mathrm{WCDR}(T,\alpha) = N\left[\frac{N^{-1}[Q(T)] + \sqrt{\rho}N^{-1}[\alpha]}{\sqrt{1-\rho}}\right] \tag{9.7}$$

バーゼル II では，$T = 1, \alpha = 0.999$ と規定されている．

ポートフォリオの貸付額 L で回収率を R とすると，VaR によるリスク量は，

$$\mathrm{VaR}(T,\alpha) = L \times (1-R) \times \mathrm{WCDR}(T,\alpha)$$

となる．

9.2.2 ソルベンシー II におけるポートフォリオの信用リスク評価

ソルベンシー II では，カウンターパーティ・デフォルト・リスク (CDR) というモジュールで信用リスクをカバーしているが，社債の信用度低下による価

格下落やデフォルトによる損失は市場リスクのスプレッドリスクのモジュールに含まれるため，それ以外の信用リスクとなる．CDR では対象となるリスクを 1 型と 2 型に分けている．1 型は，再保険，デリバティブ等の一般的にカウンターパーティが格付けされていて，かつリスクが十分分散されていない取引などで 2 型はそれ以外に区分される．

1 型のデフォルトモデルは共通ショックモデルに基づく．このモデルでは，規定により定められたそれぞれのカウンターパーティ i の信用度に基づくデフォルト確率 p_i に加えて，あるマクロ信用ショックがすべてのカウンターパーティに影響を与える y_i は，資産 i のエクスポージャーとする．

$$y_i = R \cdot (資産の時価 + リスク軽減効果 - 担保)$$

ここで，R はリスク別の回収率であり，例えば再保険では 50%であるが，デリバティブでは 90%である．すると，このポートフォリオのデフォルト時の損失 L の分散は，

$$V[L] = \sum_{i,j} w_{ij} p_i p_j + \sum_i w_{ii} p_i^2, \qquad w_{ij} = \frac{p_i(1-p_i)p_j(1-p_j)}{1.25(p_i+p_j) - p_i p_j}$$

SCR は，$y = \sum_i y_i$ として，$\sqrt{V[L]} \leq 0.05 y$ ならば $3\sqrt{V[L]}$ で，それ以外は $\max(y, 3\sqrt{V[L]})$ とキャップを付けている．この 3 は，$N^{-1}(0.995) = 2.58 \approx 3$ だからである．

9.3 信用ポートフォリオのリスクモデル

信用ポートフォリオを評価するためのモデルがさまざまなプロバイダーによって開発されている．その主なものは表 9.5 (次ページ) のとおりである．

● ――クレジットメトリックス (CreditMetrics)

J.P.Morgan が開発した信用ポートフォリオモデル．社債ポートフォリオの格付け推移を推移行列を用いて予測する仕組みであるが，企業価値の変動と格付け変化を関係づけるため構造型モデルの要素もある．

表 9.5 主な信用ポートフォリオリスク評価のソフトウェア (*はデフォルトを含む)

ソフトウェア	CreditMetrics	CreditRiskPlus	KMV
方法論	信用リスク遷移アプローチ	保険数理的アプローチ	条件付請求権アプローチ
リスクの定義	市場価値の変化	デフォルトの損失	市場価値の変化
信用事象	格下げ*	デフォルト率変化	格下げ*
相関	株価因子モデル	1因子コピュラ型	資産因子モデル
推定方法	計量的手法 simulation／解析解	解析的	計量的手法 解析解／simulaiton

(1) 企業価値の代理変数として株価の変動をモデル化する.
(2) 株価の確率分布の分位点による分割点と格付けを対応させる.
(3) これによりある企業の社債の格付けが推移をし,その格付けを反映した価格に変化する (デフォルトを含む).
(4) 異なる企業の格付け推移の相関関係を決定するために国別・産業別の株価指数 (と企業固有要因) が用いられる.
(5) ポートフォリオの次の期の価値を計算する. 格付け変化による価値変動を信用リスクとする.

●──クレジットリスク・プラス (CreditRiskPlus)

クレディスイスグループが開発した損害保険数理的モデル. 債務者のデフォルト確率が分かっているときには,m 件の同時デフォルトの確率はポアソン分布で表現できる. もし,デフォルト率がガンマ分布である場合には,m 件の同時デフォルトの確率は負の2項分布で表現できる. このモデルでは, この事実を利用して, 以下の段階を踏んで, 損失確率分布をシミュレーションにより求める:

(1) 全体のデフォルト率をサンプルする.

(2) 対象となる債務者カテゴリーのデフォルト率をサンプルする．

(3) それぞれの債務者カテゴリーに対する請求数をサンプルする．

(4) それぞれのデフォルトに対する損失規模をサンプルする．

(5) それぞれの損失規模を合計する．

総損失額の確率分布はこれを繰り返し計算することで求めることができる．

9.4　CDS

この節では，金融危機で大きな爪痕を残した信用デリバティブ CDS について述べる．

● ── CDS の仕組み

CDS は，企業の信用を対象とした一種の保険の機能を果たすが，被保険者である企業の同意なく店頭取引で売買される．商品の買い手 (投資家) は，特定の企業ないし国 (参照体：reference entity) のデフォルトに対して保険金 (protection) を受け取る．取引方法は金利スワップに類似している．デフォルトの定義は CDS 取引の契約上の争いを回避するために，標準化した ISDA (International Swap Dealers Association) による定義が利用される．以下の例が典型的な CDS の取引である．

● ── CDS 取引の例

買い手は企業 X に対する保険金 1 億ドルの 5 年満期のデフォルトに対して毎年 80 bps の保険料を支払っている．保険料は CDS(credit default spread) と言われている．期間満了かデフォルト時まで支払う．デフォルトがあると，買い手は X 社により発行された 1 億ドルの額面の債券を売却する権利がある (複数の債券を売ることもできる)．

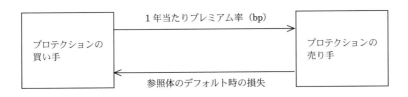

図 9.1　CDS 取引の仕組み

●──CDS 評価の概要

　CDS のプライシングは定期保険の保険料計算に類似する．参照企業のデフォルト確率 q (リスク中立確率) を将来 5 年間，毎年 3%と仮定する．据置死亡率同様に，t 年後の生存確率は $p_t = (1-q)^t$，将来 t 年から $t+1$ 年の間にデフォルトする据置死亡確率は $q_{|t} = q(1-q)^t$ となるので，表 9.6 の「生命表」が得られる．CDS スプレッド (s) は収支相等原則より「保険料」として求めることができる (次ページ表 9.7)．

表 9.6　デフォルト確率と生存確率

経過 (年)	生存確率	デフォルト確率
1	0.9700	0.0300
2	0.9409	0.0291
3	0.9127	0.0282
4	0.8853	0.0274
5	0.8587	0.0266

　金利を 1%と仮定すると，毎年のスプレッドの支払とその現価が表 9.7 のように計算できる．これは想定元本の一定率として決まるので金利スワップの金利に対応する．

　同様に毎年の支出が年央に発生するものとし，回収率を 0.4 と仮定すると，プロテクションの受取とその現価が表 9.8 のように計算できる．

　年央でデフォルトしているのでデフォルトまでの半年分の最終利息も支払わなければならず，その現価は表 9.9 のとおり計算できる．

表 9.7 CDS のスプレッドの現在価値計算

経過 (年)	生存確率	支払 (期待値)	現価率	支払現価
1	0.9700	0.9700s	0.9901	0.9604s
2	0.9409	0.9409s	0.9803	0.9224s
3	0.9127	0.9127s	0.9706	0.8858s
4	0.8853	0.8853s	0.9610	0.8507s
5	0.8587	0.8587s	0.9515	0.8171s
計				4.4364s

表 9.8 CDS のプロテクションの現在価値計算

経過 (年)	デフォルト率	回収率	受取 (期待値)	現価率	受取現価
0.5	0.0300	0.4	0.0175	0.9950	0.0174
1.5	0.0291	0.4	0.0169	0.9852	0.0167
2.5	0.0282	0.4	0.0164	0.9754	0.0160
3.5	0.0274	0.4	0.0159	0.9658	0.0154
4.5	0.0266	0.4	0.0155	0.9562	0.0148
計					0.0803

表 9.9 最終利息の計算

経過 (年)	デフォルト率	支払 (期待値)	現価率	受取現価
0.5	0.0300	0.0150s	0.9950	0.0145s
1.5	0.0291	0.0146s	0.9852	0.0139s
2.5	0.0282	0.0141s	0.9754	0.0134s
3.5	0.0274	0.0137s	0.9658	0.0128s
4.5	0.0266	0.0133s	0.9562	0.0123s
計				0.0669s

支払の現価は，$4.4364s + 0.0123s = 4.4487s$. 収支相等原則から，$4.4487s = 0.0803$ すなわち，$0.0181(181\text{bp})$ となる．

例題 9.2 (ST9：2010 年 4 月より抜粋) 生命保険会社は，その負債が長期的な性質をもっているため，他の投資家には得られない「流動性プレミアム」を保有債券から引き出すことができるという主張がしばしばなされる．ABC 保険会社の取締役会のあるメンバーが，債券のスプレッドから CDS のコストを控除することによってこのプレミアムの大きさを推定できるのではないかと提案した．この提案のメリットについて述べよ．

9.5 証券化商品

証券化 (securitization) とは，まず分離された資産プール (ポートフォリオ) の存在から始まる．もともとは銀行等が貸し出した住宅ローンなどのプールであったが，社債，モーゲージ，自動車ローンやクレジットカードローンの売掛債権やその担保証券などに拡大し，リーマンショックの頃までには CDS などの信用デリバティブなどの資産プールなども登場することになった．この証券化商品とその派生商品がリーマンショックの引き金を引いた原因の一つとして大きな教訓を残した．

証券化は，米国を中心に 1970 年代から発展した資金調達手法の一つであり，オリジネーター (originator) と呼ばれる企業がこの資産プールを利用し，資産プールから生ずるキャッシュフロー，すなわち住宅ローンであればローンの金利収入や返済金などを組成して，オリジネーターの貸借対照表によって資金が手当てされる．十分な規模の資産ポートフォリオが組成されると，その特性を分析して，証券化のためだけに設立された特別目的会社 (SPV) に売却される．これにより資産プールはオリジネーターの貸借対照表から外されることになる．

●——CLO, CDO の仕組み

SPV は資産購入の資金を調達するため，小口化された取引可能な「証券」を発行する．この証券は原資産である資産プールに対する請求権となる．これ

らの証券が提供する収益は当該資産の収益に直接リンクしており，オリジネーターの貸借対照表に遡及することはない．

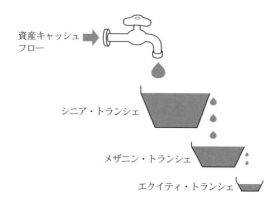

図 9.2 CDO におけるキャッシュフローの仕分け (ウォーターフォール)(出典：Hull [71], 2nd Ed., Chapter 16)

　資産プールからのキャッシュフローは，「トランシェ」と呼ばれる優先順位やリスクの異なる「エクイティ」(株式),「メザニン」,「シニア」などの呼称を持つ証券に切り分けられる．ローンのプールの場合には，例えば，1 億円のローン 100 件のポートフォリオがあったとすると，最初のデフォルトする 10 件をエクイティ，11 件目から 90 件目までをメザニン，91 件目から 100 件までをシニアと定義する．ローンプールの額面の損失額が 5 億円であればエクイティの元本全額が失われる．しかし，それぞれのトランシェには倒産確率に見合う収益を配分するので，エクイティの利回りはそれに見合う高い利回りとなっている．このようにトランシェごとのリスク調整後のリターンがほぼ同じになるように設計することで，リスク選好の異なるさまざまな投資家に必要な量の適切なリスクを持つ証券を提供できる．リスクを持つ資産ポートフォリオからリスクの異なる危険証券と安全証券の創出すること，すなわちリスクのリパッケージ化，これが証券化の本質的な意味である．
　以上をまとめると以下のような仕組みとなる．

- 負債 (社債やローンなど) のプールが特別目的信託 (SPV) に預けられる．

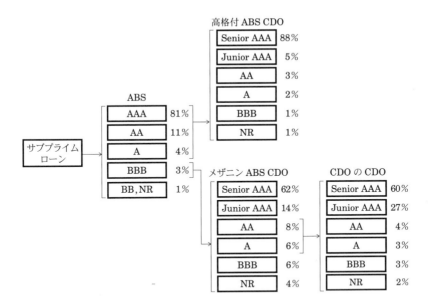

図 9.3　CDO のリスク増殖 (出典：Hull [71], 2nd Ed., Chapter 16)

- SPV は負債プールをいくつものトランシェに分けて証券を発行する．
- 例えば第 1 トランシェは名目元本の最初の x% の損失を支払うようにする．第 2 トランシェは次の y% のトランシェを支払う，等々．
- トランシェ内の残存元本に対する利回りは保証される．

代表的な証券化商品の CLO, CDO は 2007–2009 年の金融危機においてこれらの商品には大きな信用リスクが隠れていたことが明らかになった．この危機の連鎖の一因は，図 9.3 のように証券化を繰り返し行った結果，もともとのリスクの源泉が何か分からなくなってしまったことにある．食品における産地偽装と同じで責任の所在が曖昧になることの危険性を示している．

9.6 再保険

再保険に関する信用リスクは，再保険金が支払われないリスクである．これは，再保険会社の財務健全性に由来する場合や再保険契約上の争いに起因する．したがって，出再することで保険リスクのエクスポージャーは出再金額だけ減るはずだが，信用リスクを反映して一部を戻し入れすることになる．

これは，ソルベンシー規制にも反映される場合がある．ソルベンシーIIでは，保険者が再保険を考慮に入れることを認めると同時に再保険の信用リスクに係る資本賦課がある．しかしながら，再保険によるリスク軽減効果は，再保険の出再先であるカウンターパーティーの格付にもよるが一般に信用リスクによるリスク資本の増加より大きいと考えられる．

信用リスクを排除したければ，理論的には，すべての再保険契約を完全に担保で保証すれば，信用リスクはゼロになるはずである．しかし，その担保の保証料は再保険料に反映されるため，実質的な負担は却って増加する可能性もある．このような理由により，また再保険に係る信用リスクは総じて低いため，担保による保証はあまり実施されていない．

第10章
オペレーショナル・リスク

10.1　オペレーショナル・リスクの特徴

　市場リスク，信用リスクのほかに重要なリスクとしてオペレーショナル・リスクがある．それ以外にも流動性リスク，エマージング・リスク，モデルリスクなどが挙げられるが，それらは次章で扱う．これらに共通するのはそのモデリングや計量化は難しくなって行くとともに，定性的要素や専門家の見解に依存することが多くなってゆくことがある．

　オペレーショナル・リスクと市場リスク，信用リスクの大きな違いは，前者は損失しかなく，対応は予防しかないのに対し，後2者は敢えてリスクテイクすることにより報酬が見込める可能性があることである．

　また，オペレーショナル・リスクの本質的な難しさは，リスクの定義そのものの中にある．次節でバーゼルIIでの定義の説明があるが，その定義では明らかに狭く，本来的には社内か社外か，人為的あるいは物理的な原因かを問わず，業務プロセスの中で生ずる損害全体を指す概念とする方が分かりやすい．しかし，そのように考えると，まさに事業戦略そのものの失敗や風評や信用失墜などによる目に見えない間接的な影響も入ってくる．これらは，たしかにオペレーション上のリスクではあるが，定量化が不可能か，そうでなくてもきわめて困難であるため，資本要件として設定することには躊躇せざるをえない．

　さらに，定量化可能なリスクに限定しても，日常的に発生する事務的なミスや顧客対応のトラブルなど多頻度低損害の事象と大災害による物理的な損害や

大規模なシステムトラブルなどの低頻度高損害の事象が混在しており，それらは関連のない雑多な事象であるという特徴がある．多頻度低損害の事象は，比較的，損害保険リスクに類似しているので定量化に馴染む可能性が高いが，低頻度高損害の事象は大規模損害リスクであり，過去の経験も少なく信頼できるリスク評価が困難である．

10.2　銀行業界における定義

ほとんどの保険規制当局が採用しているオペレーショナル・リスクの定義は，バーゼルⅡで定められた定義に基づいている．バーゼルⅡではオペレーショナル・リスクを次のように定義している[1]．

―――― オペレーショナル・リスク ――――
オペレーショナル・リスクは，内部プロセス・人・システムが不適切であることもしくは機能しないことまたは外的事象が生起することから生じる損失に係るリスクとして定義される．

この定義では，法務リスクを含むが，戦略リスクおよび風評リスクは含まない．実際には，バーゼルⅡでは七つの損失事象に限定している．

(1) **内部の不正**：社内における詐欺，不正流用，法律その他の違反行為．
(2) **外部の不正**：外部者による詐欺，不正流用，法律その他の違反行為．
(3) **雇用慣行と職場の安全**：雇用，衛生，安全に関する法律違反など．
(4) **顧客，商品および商慣行**：過失による特定顧客への職務上の義務違反．
(5) **実物資産の損傷**：自然災害や事故による実物資産の紛失や損傷による損失．
(6) **業務の中断とシステム障害**：業務の中断やシステム障害による損失．
(7) **取引実行，受け渡し，プロセス管理**：取引手続きやプロセス管理の誤り，取引相手との関係から生ずる損失．

---

[1] セクション V.A.644．

法務リスクはバーゼルIIにおいて次のように定義される．

―――――法務リスク―――――
法務リスクは，監督上の措置および和解により生じる，罰金，ペナルティまたは懲罰的損害賠償へのエクスポージャーを含むがこれに限定されない．

ちなみに**戦略リスク**は，事業の成功にとって重要な戦略決定の不確実性に関わるリスクであり，多くの企業が市場競争の中で必ず取らざるを得ないリスクである．一方，**ビジネスリスク**という用語は，専ら製造業などでは当然の製造過程における生産方法や製造原価のもとになる原料調達の選択や要する費用，さらに販売経路や製品価格の設定などあらゆる事業プロセスに内在する不確実性に関するリスクである．これらのリスクは事業に伴うリスクなのでオペレーショナル・リスクに含めることが妥当のように思われる．監視を行い管理すべきリスクであることは認められるが，どのように意味ある形式で管理を行うかが自明でないため，バーゼルIIのオペレーショナル・リスクの分類には含まれない．しかし，重要でないという意味ではないのでERMで管理すべきリスクには含まれる．

風評リスクは，よりソフトなリスクカテゴリーである．本質的には，風評リスクは犯罪や不正などのオペレーショナル・リスク事象の発生に伴って企業の評判が下がるリスクであって，オペレーショナル・リスクの関連リスクとしてとらえた方が良いかもしれない．実際は，金融機関や保険会社にとって風評リスクは非常に大きなリスク項目として認識されている．しかし，風評リスクの実体が何かについてはさらに不明確であり，ビジネスリスクと同様に，バーゼルIIのオペレーショナル・リスクには含まれないことになっている．

10.2.1　オペレーショナル・リスクの事例

オペレーショナル・リスクの代表的事例は，1995年のBarings銀行の破綻がある．同銀行のシンガポール先物取引子会社のヘッドトレーダーであったニック・リーソンは株式先物取引の裁定取引を行う業務を行っていたが，実際

には巨額のネットポジションを保有し，その投機の失敗で損失が積みあがって行ったが，管理の責任者でもあったため本社に報告せずすべてが判明したときには手遅れになっていたという有名な事件である．この事件は多くの種類のオペレーショナル・リスクを含む典型的な事例となっており，不十分な内部検査と内部評価 (プロセス)，不正行為 (人的リスク) のほか，不運が重なった外部事象 (阪神淡路大震災による株価下落) も影響していた．

銀行業界には，ほかにも Allfast Financial の不正取引損失や Household Financial の不当販売業務による巨額損失，同時多発テロの被害による New York 銀行の損失などの事例がある．

日本では，2002 年の第一勧業，富士，日本興業の 3 銀行のシステムを「みずほ銀行」として一本化するシステム統合で大規模なシステム障害が発生した事件がある．営業初日 (2002 年 4 月 1 日) に現金自動預入払出機 (ATM) の障害に始まり，口座振替のトラブルに拡大し，収束までに 1 か月以上も混乱が続いた事件である．典型的なオペレーショナル・リスクであるが，十分な情報共有のないまま，業務を進めたプロセスと人的なリスクが関係している．

保険業界のオペレーショナル・リスクとしては，比較的大きな話題となった事例として，ING 社 (オランダ)，プルデンシャル社 (米国)，HIH 社 (オーストラリア)，保険金不払い (日本) の四つの事件を挙げておこう．

ING 社はシステムの欠陥によって生じた給付金事故の事例である．ING は，保険の契約内容から給付支払と管理を繋ぐプログラムに欠陥があり，契約者に対して約束した給付よりも少ない給付しかしていなかった．2005 年に ING は公式にシステムの誤りを認め，契約者に補償を行った．

米国プルデンシャル社の例は，人為的要因によるリスクで，チャーニングと呼ばれる行為である．チャーニングとは，販売員が誘導して顧客に，高い奨励金や手数料を生む高額な商品を買わせる商慣習である．この行為により 1990 年代を通して，同社は 20 億ドルを超える損害を被った．当局は，1996 年にこの行為を発見し，会社はその慣行が社内で行われていることを知りながら改善をしなかったばかりか，奨励さえしていた．1997 年には裁判となり，1000 万人を超える契約者が損害を被っていることが明らかになった．

HIH 社は，原因を特定するのが難しいが，広義のオペレーショナル・リス

クに関連している事例と考えられる．HIH グループ (Health International Holdings) は，1960 年代に設立されてから当初は安定的に成長していたが，沿岸部に市場を拡大し，国内の競争会社 FAI 保険を買収するなど急成長した後，2001 年に突然破綻した．オーストラリアでは最大規模の破産である．原因は，急拡大，低価格戦略，責任準備金の問題，複雑な再保険など複合的である．

最後は，日本の生損保両業界に及んだ「保険金不払い」事件である．生命保険では，2005 年 2 月 20 日に発覚した明治安田生命保険による死亡保険金の不払い，損害保険では 2005 年 2 月に行われた金融庁による富士火災海上保険の検査にて自動車保険の特約で不適切な不払いが見つかったことが発端となった．不適切な不払い，支払い漏れ，請求勧奨漏れ，契約の不備を理由とする支払い拒否などが含まれており，多くの会社が金融庁の行政処分を受けることになった．この事件もプロセスと人的リスク，規制リスクなど複合的な組み合わせのオペレーショナル・リスクと考えることができる．

これらの四つの事例を見ると，一般の企業でも発生しうるオペレーショナル・リスクであるが，保険会社であることで損失規模やリスクの性質が変わるという側面も見え隠れする．

保険会社がオペレーショナル・リスクの定義を拡大しようとする最近の重要な取り組みとして，CRO フォーラムの白書 (White Paper) [47] がある．同白書では，その定義を損失のみに限定せず，悪評や監督機関からの告発といった他の望ましくない結果にも目を向けている．その目的は，適切なオペレーショナル・リスク管理のための行動を評価できるように，風評リスクなどの影響も考慮されるようにすることにある．

10.2.2　銀行業界と保険会社のオペレーショナル・リスクの比較

金融セクターで見ると，オペレーショナル・リスクの概念は主に銀行業から発生し，当初は「市場リスクまたは信用リスクではないすべてのリスク」として定義された．バーゼル銀行監督委員会 (以下，「バーゼル委員会」) は，バーゼル II の下で銀行を対象にオペレーショナル・リスクに関わる必要資本要件を導入し，特に「改訂後の枠組み (Revised Framework)」においてこれを明確に示した．バーゼル II 規制の下では，第 1 の柱の (最低) 必要資本要件は，

信用リスク，市場リスクおよびオペレーショナル・リスクについて個別に算定される．

そこでは，オペレーショナル・リスク資本の算定のために，基礎的指標手法 (以下,「BIA」)，標準的手法 (以下,「SA」) および先進的計測手法 (以下,「AMA」) という三つの異なる手法の使用が認められ，それらは，手法の洗練度が高くなるにつれリスク感応度も高くなる．一般に，オペレーショナル・リスクの賦課 (負担) は銀行の粗利益に比例し，リスクは収益によって測定される企業規模に比例するという前提に立っている．

バーゼル委員会は，金融危機の反省を込めて健全なオペレーショナル・リスク管理のための諸原則のレビューを実施し，2011 年 6 月に公表された．そのレビューでは，銀行に対し下記事項の実行を勧告した．

- 個々のオペレーショナル・リスクの特定・評価ツールの適用の改善
- 変更管理プログラムの適用の強化
- 取締役会と上級経営陣の監視の改善
- 特に役割および責任の割り当てを精緻化することによる，三つの防衛線の適用の強化

なお資本要件は，BIA では，過去 3 年間の (正の) 年間粗利益の平均の 15% とし，SA では八つのビジネスラインごとに異なる (次ページ表 10.1)．

バーゼル委員会は，AMA 手法には，BIA や SA のように明確な公式を定めておらず，一般的な指針が定められているだけであった．指針としては，先に述べた七つの損失事象について分類するほか，以下のような要件も求めた．

- それぞれのタイプの損失事象についてオペレーショナル損失の 1 変量分布を導き出すための，内部的な観測の均質なカテゴリー．
- 極値における分布のテールの形状を精緻化するための，外部損失データの統合．
- 1 変量分布間の潜在的な従属性を反映させるための，損失事象のカテゴリー相互の依存性分析．

表 10.1 ビジネスラインごとの資本要件

ビジネスライン	ベータ係数
コーポレート・ファイナンス	18%
トレーディングとセールス	18%
個人向け銀行業務	12%
商業銀行業務	15%
支払いと決済	18%
代理業務	15%
資産管理	12%
小口証券業務	12%

ところが 2016 年 3 月，バーゼル委員会は AMA を廃止し，BIA と AMA を統合した標準的計測手法 (SMA) を導入する方針を打ち出した．SMA は，BIA コンポーネントの標準的手法に加えて銀行のオペレーショナル・リスクに関わる内部損失をデータを反映させる仕組みとなったものである．その理由としては AMA 採用行における，オペレーショナル・リスクの内部モデルの複雑性や多様性が予想を超えるものであったため，リスク量の評価に大きなバラツキを生じたことから，銀行間の比較可能性が確保できなかったたためとされている．このことは，オペレーショナル・リスクの内部モデルの構築がいかに困難であるかを物語っている．

銀行では毎日，何百万件もの取引が処理されることがある．ところが保険会社の取引は，保険料の収納や保険金の支払いなどであり，その取引頻度ははるかに少ない．銀行の取引では通常，送金や支払いのように，時間が決定的に重要である．そのため，そうしたプロセスに大規模かつ継続的な機能不全が発生すると，最悪の場合，連鎖反応により恐らく金融システム全体に重大な影響が及ぶ．保険会社の場合そのようなことはほとんどない．

また不正は，銀行業界や証券取引業界のみならず保険業界でも重要な現象であるが，その性質は互いに異なる．銀行と保険はビジネスモデルが異なるため，バーゼル委員会が銀行について使用するオペレーショナル・リスクの定義は保険者に適合しないとの意見がある．それは，リスクの特徴と源泉の違いによる．

- 銀行は借入と貸出の事業を営むのに対し，保険者はリスクテイクと保険可能リスクの管理に従事する．
- 銀行や投資銀行は，資本市場における短期資金調達に支えられた取引事業なのに対し，保険者の事業は取引ではない．
- 保険者は再保険を通じてリスクエクスポージャーに対応する．

銀行のオペレーショナル・リスク事象のモデル化に利用できるデータは大量にあることを踏まえれば，当然ながら，保険者に比べ，銀行を対象とするモデル化手法は多様であり，その結果，多様な必要資本要件が算定される．

10.2.3 定量的手法

定量的手法については，金融・保険業界では以下のような三つの方法が使われている．

●──(1) 頻度・損害規模手法

頻度・損害規模分析の使用は、損害保険の保険数理に関する文献でよく取り上げられている．バーゼルII との関連では，頻度・損害規模分析は LDA と呼ばれる．業務上の損失は損害保険の損失と類似していることから，その測定手法のほとんどは，アクチュアリーが損害保険の価格設定に使用する損失分布手法 (LDA) に従っている．すなわち，第6章の保険数理モデルで説明した頻度分布と損害規模の分布を仮定して，混合分布を用いる方法である．最も標準的なモデルとしては頻度分布にポアソン分布，損害規模分布に対数正規分布を用いると複合ポアソン分布が得られる．

LDA の適用には，徹底的な探索的作業がモデルの決定前に行われることが必要とされる．頻度・損害規模分析の基本原理は，別個の異なる統計モデルを使用して損失件数および個々の損失の平均値 (すなわち，損害規模) を生成することである．モデルのパラメーターは，専門家のインプットまたはデータと専門家のインプットの組み合わせを用いて，過去のデータをさまざまな分布に当てはめることによって導き出される．

損失の頻度分布はできるだけ，自社データに基づくべきである．損害規模分

布は自社データだけで不足する場合には外部データと組み合わせることも検討してよい．外部データの可能性としては，業界間や2社間でデータを交換する方法と外部ベンダーを利用する方法がある．データはインフレ率の調整が必要になるかもしれない．また，外部データの場合には，規模による調整が必要かもしれない．B社の粗収入がA社の半分ならリスクも半分ということはなく，以下の関係があるというShiほか[97]の研究がある．

$$ \text{A 社の推定損失額} = \text{B 社の実績損失額} \times \left(\frac{\text{A 社の粗収入}}{\text{B 社の粗収入}} \right)^{0.23} \tag{10.1} $$

したがって半分のときでも，85.3%までしか減らないことになる．

オペレーショナル・リスクの側面を含む事象が，ほかのリスクタイプ(例えば，信用リスク，市場リスクまたは保険リスク)に関連づけられて必要資本要件の中にすでに組み込まれている場合，オペレーショナル・リスクの過度に広い解釈が問題を引き起こす可能性がある．損害保険会社の場合，リスクの潜在的な重複計算の一例が，不正な保険金請求(発見されるか否かを問わない)の要素を含む可能性のある保険リスクを発生させる可能性がある．というのも，保険引受リスクの定量化に使用される損害率(claim ratio)および／または準備金リスクの定量化に使用される過去のクレーム・ディベロップメントのパターンには，すでに不正請求分が組み入れられている場合があるからである．オペレーショナル・リスクのソルベンシー資本要件の算定では，総じて低頻度／高損害規模である不正な保険金請求の事象が重視される．それにもかかわらず，必要資本要件の全体的な定量化に対する保守的な手法を反映して，一定量の重複計算が存在し得ることを認識することが重要である．このような種類の，境界線上にあるリスク事象に対するエクスポージャーを低減するには，経営者の適切な措置に重点が置かれることになろう．オペレーショナル・リスクに関連する資本賦課を定量化する際に重要となる要因は，ほかのリスクカテゴリーとの重複計算を避けることである．

● ──(2) スコアカードとリスクと統制の自己評価 (RCSA) 手法

スコアカード法は，損失可能性についての主観的推定に基づく方法である．

主に，現場の責任者レベルの人にオペレーショナル上のリスクの見積もりをしてもらう．スコアカードは，例えば「ITシステムの重大な故障が起きる頻度」や「その場合の損害額の見積もり」に関連する事項を体系的に聞いてゆく．ITの故障があってもバックアップがすぐにできる体制があれば被害は大きくならないかもしれないので，この調査は重要である．質問状の例をいくつか挙げると，

- 年間の離職率はどのぐらいか？
- 担当者が常時いない職場いくつぐらいあるか？
- アルバイトや派遣社員の割合はどのくらいか？
- 管理職の割合はどれぐらいか？
- 毎月の従業員の残業時間の分布はどうなっているか？

　質問状の結果はカテゴリーごとに集計されて，最終的にはオペレーショナル・リスク全体の損失分布を推定することになる．
　LDAは，経験データに基づく推定である一方で，スコアカード法は主観的な見積もりであるが，確率分布という形で集約される点は同じである．注意すべき点は主観的見積もりということなので，認識バイアスが避けられないことであり，できるだけ公平な見方が行われるように質問状の設計の工夫や質問の方法などにも配慮する必要がある．

●──(3) シナリオ分析

　銀行がシナリオ分析を使用する主要目的は，ストレステスト，仮想的な損失の作成(内部損失データが不十分な場合)，および頻度・損害規模手法のための損害規模関数の生成の三つである．上述のように，特にオペレーショナル・リスク事象を巡るプロセスが著しく変化した場合，過去のデータは世界の将来の状態を予測するのに必ずしも優れた判断材料ではない．また特に，きわめて高い損害をもたらす極度に低頻度の事象の場合に顕著であるが，過去のデータは不完全なことがある．そのため，シナリオ分析は分布のテールの記述や定量化に使用されることの多い技法である．

シナリオは将来発生し得る，恐らくは望ましくない一群の事象あるいは事象の系列によってもたらされる，将来の世界の状態の整合的な推移を記述する．シナリオは比較的単純な一次元的なものである場合も，きわめて複雑な場合もある (例えば，ショック事象が引き金となり，一連の事象が因果関係により連続して連鎖的に発生する場合)．さらに例えば，地震・津波のように即時に発生しすぐに終わるシナリオがある．

一方，典型的には 2007〜2008 年の金融危機に見られる複雑なシナリオのように，より長期にわたって展開する場合もある．オペレーショナル・リスクの定量的なモデル化の目的上，観察されない事象をより適切に記述するには，通常，仮想的シナリオ (synthetic scenario) が使用される．仮想的シナリオは観察されていない仮定条件を記述し，したがって関心のある特定の状況に合わせて調整することがより容易である．これらの仮定条件は，発生する可能性がありながら，例えば純然たる幸運のために，または特定のリスクがこれまで存在していなかったために観察されなかったものである．

以上のほかに他分野で活用されているベイジアン・ネットワーク法なども提案されているが，保険のオペレーショナル・リスクに適用できるかどうか未知数である．

また，計量化手法ではないが，関連する方法として重要リスク指標 (KRIs：Key Risk Indicators) と重要統制指標 (KCIs：Key Control Indicators) がある．これらは，(1), (2) の手法と組み合わせて利用されることが多い．

KRI は，会社が冒しつつあるリスクの予兆を捉える手法であり，例えばささいなミスが多発しているとやがて大きな事故につながるというハインリッヒの法則[2]を具体化したものである．例えば遅刻が増えたり，パソコンの故障が増えたりすることが何らかの重大なリスクの予兆になっている可能性があるため，そのような指標を日常的に観察し，その変化に着目する．

KCI は，何か事故が起きたときにどこまでカバーできるかという指標であ

---

[2] ハインリッヒは労働災害を調べ，ひとつの重大な事故が発生する間に，29 の軽微な事故が発生し，300 の事故寸前の「ヒヤリハット」があるということを明らかにした．重大な事故に目が奪われがちになるが，重大な事故の発生を防ぐためには，ささいなミスや不注意などを見逃さず，その時点で対策を講じる必要がある．

る．例えば，突然の停電でも緊急電源がすぐに作動すれば被害は最小限に食い止められる．このように，KRI が KCI と結びついているとリスク統制がうまくできることになる．

　定量的手法によりオペレーショナル・リスクを測定する場合は，オペレーショナル・リスクの軽減に対応するリスク管理プロセスも考慮に入れるべきである．なぜなら，事前の対応により損害額は大幅に減少する可能性があるからである．東日本大震災で 15 メートルの津波に対応できる堤防を建設するかどうかで事態は大きく変わったかもしれない．

　オペレーショナル・リスクの定量化に伴うもう一つの困難性は，専門家の判断の広範な利用に関連している．多くの組織は，データに関する困難性を考慮して，過去のオペレーショナル・リスクの損失事象を補足するために専門家の利用を組み入れている．専門家の判断を利用する場合は，頑強な形で適用し，十分に文書化し，可能な限りデータで裏付けるべきである．文献でしばしば言及されている困難な点の一つは，専門家の意見を関連する内部・外部データと結び付ける方法が欠けていることである．

10.2.4　定性的手法とリスク文化

　バーゼル II に関する国際的な議論の中で，規定シナリオや確率論的なモデルと TVaR ベースのリスク測定手法により銀行のオペレーショナル・リスク資本を定量化する手法に対する根強い批判がある．しかしながら，オペレーショナル・リスクを詳細に調査して本質を捉えようとする取り組みが諸組織でますます多く見られるようになっている．一部の保険会社はオペレーショナル・リスクの定量化に大きな努力を払っているものの，ほかの保険会社はオペレーショナル・リスクの定性的側面に主な関心を向けている (例えば，オペレーショナル・リスク事象を引き起こす可能性のあるプロセスの調査)．オペレーショナル・リスクは保険者のリスク文化と密接に関連している．

　以上の議論のように，オペレーショナル・リスクの検討では，定量的な結果に加え定性的視点も必要となる．

　したがって，オペレーショナル・リスクの定量化の目的が資本要件への対応であったとしても，定量化にはモデル手法の限界があることを利害関係者に明

らかになるように，以下の注意事項を敢えて説明しておくべきであるという意見がある．

(1) 所要資本を決定するために使用したプロセスおよび方法
(2) モデル化のために使用したデータの適切性および品質
(3) 仮定の更新が必要になる頻度
(4) 得られた数値の信頼性

要約すれば，まだ多くの保険会社がオペレーショナル・リスクをモデル化していない主な理由として以下のことが挙げられる．

- 信頼できるデータの不足．その原因は，これまでオペレーショナル・リスクの損失データが収集されてきたのが比較的短期間にとどまることにある．
- 内部統制環境の役割および絶えず変化するその特徴．その結果，過去のオペレーショナル・リスクの損失データがいくらか適切性を失っている．
- 低頻度だがきわめて大規模なオペレーショナル・リスクの損失事象が果たす重要な役割．

例題 10.1 (ST9：2014 年 9 月より抜粋) ABC 生命は小規模な生命保険会社である．同社は現在，その業務の災害復旧計画を策定中である．

(1) オペレーショナル・リスクを定義せよ．
(2) ABC 生命が自社のオペレーショナル・リスクへのエクスポージャーを測定し得る方法について概説せよ．
(3) オペレーショナル・リスクのモニタリングの一環として，シニアマネージャーの一人ひとりにインタビューして，自社の全プロセスの危険度 (criticality) を分類しようとしている．このインタビューという手法の長所と短所について概説せよ．

第 11 章

流動性リスク，エマージング・リスク，その他のリスク

11.1 流動性リスク

流動性リスクは，計量化が困難なリスクとして，規制の中の位置づけも曖昧である．しかし，特にリーマンショックの時期は「流動性ブラックホール」とも称される流動性の枯渇の拡がりによって金融資本市場が麻痺する重大な危機をもたらした事実を忘れることはできない．大きく分けると 2 種類の流動性リスクがあるが，これらは相互に関連している．

- 市場流動性リスク (Liquidity trading risk：売買の摩擦の大きさ)
- 資金流動性リスク (Liquidity funding risk：資金決済できない)

11.1.1 市場流動性リスク

市場流動性リスクは流動性による価格決定に基づくため以下の内容を含んでいる．

- 市場価格の中値
- 売買量
- 売買の速度
- 経済環境

- 市場の透明性 (2008 年リーマンショックの教訓)

市場流動性の計量化については，さまざまな研究者が指標を開発している．流動性 VaR もその一つであるが，流動性と売値と買値の差（スプレッド）の関係に着目して市場リスクに上乗せするリスク量であるが，あまり定着しているとは言えない．

11.1.2　資金流動性

資金流動性は，平常時には以下のような方法で一般には確保できるが，非常時には流動性の枯渇という現象があるため，うまく機能しない．これが金融危機を拡大する．

- 流動性資金，現金を大量に保有していること
- 取引をすばやく解消する能力
- 預金勘定
- 短期借り入れがいつでも可能
- 証券化して売却
- 中央銀行から借り入れ

資金流動性リスクの計量化はきわめて難しい．流動性危機がいつどういう経路で発生するか，そのメカニズムが明確に理解されていないからである．

まず，負債の性質を深く理解しておかなければならない．その負債の満期と満期時点の潜在的な負債の価値を推定しなければならない．次にその時点で必要額を資産の売却等で調達できるかどうかがポイントである．資産の売却時の価格が特に重要である．

いろいろなストレス・シナリオの下で負債が決済できれば流動性リスクは生じないはずである．したがって，どのようなストレス・シナリオの集合を与えるかが重要である．下はその一部であるが，ほかにもあるかもしれない．

- 金利の上昇ショック

- 信用格付けの下落
- 大規模なオペレーションの障害
- 主要な流通チャネルの混乱
- 資本市場の機能不全
- 巨額保険金の支払い
- 突然の再保険の停止

このようなシナリオの下でも十分な流動性の資金を確保できれば，流動性リスクは顕在化しない．流動性リスクが難しいのは，このような事象が単独で発生する場合には対処できても，金融危機の局面では連鎖的に拡大してしまうことである．これは個々の会社では対応できない可能性がある．

例題 11.1 (ST9：2014 年 4 月より抜粋)　2 行の銀行が次のような流動性比率で運営されている．

表 11.1　A 行，B 行の流動性比率

	A 行	B 行
LDR	200%	90%
LCR	100%	85%
NSFR	60%	110%

LDR, LCR, NSFR とは以下のように定義されている．

- 預貸率 (LDR) とは，銀行が保有する預金に対する名目貸出総額の比率をいう．
- 流動性カバレッジ比率 (LCR) とは，30 日間のストレス下における総資金流出額に対する，銀行の高品質の流動資産の比率をいう．ストレス時の総資金流出額は，通常時の総資金流出額よりも著しく多額となる．
- 安定調達比率 (NSFR) とは，銀行の加重長期資産に対する安定調達額の比率をいう．安定調達額には自己資本，顧客からの預金，長期的なホー

ルセール調達などが含まれる．長期資産には，満期1年以上のすべての貸出，残存期間1年未満の貸出の一定比率額，国債・社債の一定比率額などが含まれる．

また，バーゼルIIIは，LCRの最低所要水準として100%，NSFRの最低所要水準として100%を導入した．

(1) これらの比率を考慮した場合，両行が直面しているリスクを説明せよ．
(2) バーゼルIIIの所要水準を踏まえた場合，銀行が資金調達構成を最適化するために講じるべき措置を概説せよ．

11.2　エマージング・リスク

第1章で紹介したその他のリスク**ブラックスワン**は，タレブの同名の著作[1]によってよく知られるようになった表現であるが，ごく稀にしか発生しない「想定外」のリスクを表し，計量化どころか想像することすら困難なものも含まれるということになる．ラムズフェルドによるリスクの4分類(「知るを知る」，「知らずを知る」,「知るを知らず」,「知らずを知らず」)はリスク管理者にとっての格言[2]となっているが,「知らずを知らず」の場合にはリスク分類すらできないことになる．

エマージング・リスクは，企業に大きな影響を与える可能性のある，発展または変化する定量化が困難なリスクとして定義されることがある．それらは，きわめて不確実で，データが欠如しており，しばしば会社の管理の責任範囲を超えている．例としては，気候変動，サイバーリスク，ユーロ通貨体制の崩壊の可能性などが挙げられる．

---

[1] Taleb [100].
[2] 知られていると知られていることがある (There are known knowns) はイラク政府がテロリスト集団に大量破壊兵器を提供している証拠がないことを記者会見でとがめられた，2002年2月当時のアメリカ国務長官ドナルド・ラムズフェルドによる返答ないし論法として知られる．

エマージング・リスクを特定するためには，データの限界があり，より日常的なリスクを重視しがちな ERM プロセスによって捕捉できないかもしれないため，特別な注意が必要になるかもしれない．

リスクの識別に関して，いくつかの方法とツールが提案されている．まず，方法としては，表 11.2 がある．

表 11.2　リスク識別のための諸手法

ブレインストーミング	あまり枠をはめないで自由に発言するミーティングにより多くのアイデアを出し合う．進行役の役割が重要である．
グループ分析	グループで行うアイデアの収集と選別の方法の一つ．各人が重要と思うリスクを洗い出し，進行役に提出する．進行役はそのリスクを巡って議論を誘導し，相互関連や重要性などを相互に認識する．その後，順位付けを行う．
サーベイ	多くの調査項目によるアンケート調査．調査の設計が最も重要で労力や費用もかかる．
ギャップ分析	同じ質問を，会社の経営陣とそれぞれの階層の従業員に行い，リスクの反応の差を分析する．
デルファイ法	専門家に対して匿名で質問し，その回答を分析して問題の本質に迫る方法．
インタビュー	個人に対する聞き取り調査．聞き取り対象や質問項目の選択がポイントだが，回答の趣旨を確認できるなどメリットもある．欠点は時間と労力を要すること．
ワーキンググループ	発見したリスクの詳細な性質について洞察を深めるには少数の専門家による討議が適切な場合がある．

また，よく使われるツールとしては，表 11.3 (次ページ) などがある．

エマージング・リスクの情報源として，世界経済フォーラム (World Economic Forum) のグローバル・リスク報告書 (The Global Risks Report) を紹介する．この報告書は専門機関がどのようなリスクを予測しているかを知るうえで参考になる．最新の発生可能性と影響度が大きい 5 大リスクは，表 11.4 (次ページ) のようになっている．

11.2 エマージング・リスク

表 11.3　リスク識別のための諸ツール

SWOT 分析	Strength (強味), Weakness (弱み), Opprtunity (機会), Threat (脅威) という四つの軸で，組織内外のリスク管理の背景を認識できる.
チェックリスト	特定の組織で使用されるリスク管理のチェック事項を文書化したもの.
早見表	リスクのカテゴリー分類に使われる表. PEST (Policy, Economy, Society, Technology) 分析などの分類が参考になることがある.
リスク分類表	チェックリストと早見表の中間的なものでリスクをカテゴリーに分類した完全な説明付きのリストとなっているもの.
質問項目リスト	リスクが発生しうる状況やイベントに関する質問項目のリスト.
ケーススタディ	類似組織の失敗事例などのケーススタディは自組織のリスク管理に有用な情報源となる.
プロセス分析	ビジネスのプロセスにわたるフローチャートの中でどこでリスクが発生するかを分析した詳細な見取り図.

表 11.4　世界経済フォーラムの 5 大リスク (2017 年)

	発生可能性	影響度
1	極端な気象事象	大量破壊兵器
2	大規模な難民の流入	極端な気象事象
3	巨大自然災害	水危機
4	広範囲のテロ攻撃	巨大自然災害
5	大量なデータ不正・盗難	気候変動対策の失敗

11.3 モデルリスク

モデルリスクは，リスク評価や金融取引の価格評価や経済価値ベースの保険負債の評価などをモデルを使用して行う場合に，モデルの設計，実装や使用の誤りによって生ずるリスクである．

Black-Scholes モデルのような単純なモデルではオプションをヘッジするには十分ではないことは分かっていても，現実的なモデルは複雑であり，瞬時の判断を要する現場の取引においてしばしば実用的でないということから，割り切って使うというような判断ミスからも発生する．しばしば，トレーディングの現場ではモデルリスクが原因で巨額損失が生じた事例は枚挙にいとまがない．

- フォワードレートが対数正規分布となるモデルは一般的には適合度が高いが，日本の超低金利金利市場では正規分布のモデルの方が当てはまりが良い．
- Black-Scholes で仮定している株式収益率が幾何ブラウン運動との仮定は近似にすぎず，実際は安定分布などに近い．
- そもそも理論的には完全市場を前提としているが，実際の市場は完全市場からほど遠い．
- 金融モデルの実装のためには，パラメーターの較正が必要だが，どの程度の頻度で行えばよいかルールを決めることは難しい．
- デリバティブの価格評価で重要なボラティリティや相関係数の推定はそもそも難しく，入力が間違って巨額損失を招いた事例も多い．

保険分野でも今後，モデルリスクの問題は，重要になってくる可能性が高い．投資型商品である変額年金の巨額損失は，保証やオプションのヘッジが機能しなかったことも一因であり，モデルリスクが関係している．このため，モデルガバナンスの考え方は有用であり，ソルベンシー II でも，内部モデルについていくつかの審査基準を設けているが，社内的にも以下のようなモデルの審査態勢 (モデル検証と完全性チェック) は急務である．しかし，高い専門性が要求される分野だけに人材確保など課題は大きい．

特に，モデル検証は，初期実装時と継続的にモデルが意図どおりに機能することを確認し，モデルの妥当性を確認するのに役立つ重要な活動である．

ソルベンシー II は，モデル検証，使用テスト，ドキュメンテーションなど，承認前およびモデルへの重要な変更があった場合に内部モデルの六つのテストを実行することを義務づけている．

- 使用テスト（use test）
- 統計的品質（statistical quality）
- カリブレーション基準（calibration standards）
- 検証基準（validation standards）
- 損益計算書（statement of profit and loss）
- 文書化基準（documentation standards）

第12章
ストレステストとシナリオ分析

　ストレステストは，通常のリスク計測法では捉えきれない異常時の極端なリスクを見積もるために利用される．例えば，東日本大震災級の地震や，かつてないほどのスーパー台風による水害，リーマンショックのようなグローバル金融危機の発生，大規模なテロ攻撃，サイバー攻撃など「想定外」の事象を想定する作業がストレステストである．

　ストレステストが金融機関や保険会社でここまで重視されるようになった契機は，グローバル金融危機であった．まずは，その間の経緯から見てゆくことにしよう．

12.1　当局のストレステストに関する関心

12.1.1　バーゼル委員会の取り組み

　バーゼル委員会では，2009年5月に「健全なストレステスト実務およびその監査のための諸原則」という文書を公表した．この文書は，金融危機以前のストレステストの実務の問題点を指摘した．その主なものは，

(1) **銀行のインフラ不足**：企業貸付の信用リスクやデリバティブのカウンターパーティリスクを含む銀行全体のリスクエクスポージャーの識別・把握する能力が不足していた．

(2) **ストレスシナリオの設計**：過去のイベントや相互関係のみに依存するシナリオは根本的に誤り．フォワードルッキングなリスク管理が必要．

(3) **流動性リスクの軽視**：市場流動性および資金流動性のリスクの認識が欠如していた．その規模と継続期間は想定を大きく超えていた．

(4) **ERM**：銀行全体のリスクをとらえる ERM が定着している銀行はきわめて少なく，ストレステストもリスクの連関を把握するには不十分であった．

であり，さらに，2009 年 7 月に「バーゼル II における市場リスクの枠組みの改訂」(通称，バーゼル II.5) を公表した．この文書は，内部モデル法として認められている市場リスク評価のための VaR の計算方式の中にストレス時のリスクを組み入れるストレス VaR の計算方式の導入が含まれている．このような当局のストレステスト重視の方針は，やがて当局主導のストレステストへと繋がって行った．

12.1.2　当局主導のマクロ・ストレステスト

　結論から言うと，銀行業界では 2007 年から 2009 年の金融危機以前に行われていたストレステストが，金融危機における損失を過小評価していたことが明らかになった．そのため，必要とするときに十分な資本の準備がなく，公的資金による救済 (bail-out) が行われることになった．

　金融危機後，欧米等の規制当局は，自国の主要銀行の自己資本充実度を点検し，投資家に対する信頼を取り戻すため，当局主導のマクロ経済ストレステストに基づくストレステストを実施した．このストレステストは銀行が行うストレステストの質を評価するためにも利用された．

　米国においては，三つの異なる当局主導ストレステストが実施された．

- **監督上の資本検証プログラム (SCAP)**：2009 年 5 月実施の 19 の国内大手銀行持ち株会社に適用する共通のシナリオに基づくストレステスト．

- **包括的資本検証レビュー (CCAR)**：2011 年と 2012 年に実施した，自行の資本計画を勘案したストレステスト (当局提案と自行のシナリオの組み合わせ).
- **ドッドフランク法ストレステスト (DFAST)**：2013 年以降実施されているドッドフランク法の枠組みの中で実施されるもので，大手のノンバンク金融機関も対象とする.

また，欧州では，欧州銀行監督局 (EBA) が 2010 年と 2011 年に域内 21 か国 90 機関に対して実施したストレステストがある.

これらの取り組みの結果，ストレステストは一部の銀行にとって規制上の資本充実度の確保が優先目標となった.

一方，保険業界は当初は金融危機とは直接の関係はないと考えられていたが，大手の国際展開している保険グループが子会社を通じて支払能力をはるかに超える信用デリバティブのプロテクションの引き受けを行っており，金融危機に深く関与していることが明らかになったことで保険会社にも同様な規制が必要であるとする意見が強まった．これがコムフレームという業界横断的なリスク規制という考え方に収れんして行った.

現在では，国際保険監督者機構 (IAIS) は，保険会社のシステミックリスクに対応するため，グローバルにシステム上重要な保険会社 (G-SIIs) に対して，再建破綻処理計画の策定を義務付けた.

日本では，2014 年から金融庁の「保険検査マニュアル」と「保険会社向けの総合的監督指針」の「統合的リスク管理態勢」の 1 項目の中に「ストレステスト」が新設された．その中で，書き出しに当たる主な着眼点の部分で，

―――― ストレステストの着眼点 ――――

保険会社は，将来の不利益が財務の健全性に与える影響をチェックし，必要に応じて，追加的に経営上又は財務上の対応をとって行く必要がある．そのためのツールとして，感応度テスト等を含むストレステスト (想定される将来の不利益が生じた場合の影響に関する分析) 及びリバース・ストレステスト (経営危機に至る可能性が高いシナリオを特定し，そのようなリスクをコントロールすべく必要な方策を準備するためのストレステ

スト) が重要である．特に，市場が大きく変動しているような状況下では，VaR によるリスク管理には限界があることから，ストレステストの活用はきわめて重要である．

と述べられており，当局の強い意志が見られる．

12.2　ストレステストの定義と課題

以上の経緯から，ストレステストに関する三つの重要課題は，

- シナリオ設定の方法 (How do we generate the scenarios?)
- シナリオの評価 (How do we evaluate the scenarios?)
- 結果の使い方 (What do we do with the results?)

ということであるが，それぞれにさまざまな困難を抱えている．

　ここで一般的な，リスクモデルによるシナリオとの違いを確認しておこう．一般のシナリオでは，将来見通しの下で外部の経済的および内部的なビジネス環境が定常的であることを仮定し，ほとんどの場合，平均的な歴史的経験やリスク変数間の関係を使用して予測することができるとの信念に基づいて作成する．

　これに対し，ストレステストは，環境が極端に悪化した非常時にどうなるかを理解するために利用される，事業の存亡にかかわる重大な結果に至るプロセスの理解を助けるリスク測定の補完的な作業である．

- **シナリオ**：シナリオは，ある時点または一定期間の将来の可能性のある環境を表す．シナリオにおけるこれらのイベントまたは状況の変化の影響は，単一の変数またはリスク要因の突然の変化によるシステムへのショックから発生する可能性がある．シナリオは複雑なものになることもあり，おそらく一連のカスケードイベントによって生成され，時間の経過とともに変化する多くの要因の変化や相互作用が含まれる．

- **ストレステスト**：ストレステストとは，一定期間にわたる，(単一または複数の) リスク要因が原因となり，重大な悪影響をもたらす特定のシナリオ・セットの下での企業または経済の財務状態を予測したものである．ストレステストの根底にあるシナリオの可能性は，「例外的」ではあるが，同時に「起こりうる」ものでなくてはならない[1]．

ここで，『「例外的」ではあるが，同時に「起こりうる」もの』という文学的な表現をどのように実務的に実現するかが，機能するストレステストを実施することが最も困難な課題の一つである．「例外的」とは通常を超える異常事態ではあるが，「起こりうる」はまったく空想上の架空の設定であってはならず，一定の「客観性」も要求される．さらに，必要なシナリオがリストアップされていないという「網羅性」が求められる．また，過去何十年の間に起きなかったとしても，これから起きるかもしれない事態を想像力を働かせて想定しなければならない．いわゆる想定外を想定する「フォワードルッキングな視点」が必要とされるのである．それに加えて，巨額の財務的損失は東日本大震災の例を見ると分かるように，巨大地震 ⇒ 大津波 ⇒ 原発事故のように一連のカスケードイベントによって引き起こされることも多く，「ダイナミック性」について考慮すべきである．

次に，頑健なストレステストの枠組みにおいて，ストレステストは以下の項目のような検証を目的としている．

- 事業内で保有している資源の十分性
- 現在の戦略的事業計画とリスクアペタイトの再確認
- リスクへの対応策と復旧計画のいくつかの側面の適切性

また，通常の基準ケースの事業計画の見通しによって見落とされている，新しいリスクを特定するプロセスを支援することも目的とする．このように，ス

---

[1] グローバル金融システム委員会 (Committee on Global Financial System) 報告書 (2000),「大規模金融機関におけるストレステスト：ストレステストの現状とテスト結果の集計に関する論点」より．

トレステストは管理ツールと監督ツールの両方に用いられ，規制当局においてはこのアプローチを使用して，個々の企業のリソースおよび計画の頑健性のみならず，業界全体の資本の脆弱性およびシステミックリスクをも検証している．

12.3　ERM プロセスの一部としてのストレステスト

12.3.1　ERM の中での利用法

ERM プロセスの中でのストレステストに関連する重要な利用法は次のとおりである．

● エマージング・リスクの特定

まず，ストレステストは，経営者が，ある保険会社，また特定のビジネスモデルが潜在的に晒される可能性のあるリスクの種類と程度を定量化するために使用することができる．複数の期間にわたる複数のリスク要因の影響を分析することにより，通常はリスク尺度と必要資本で評価されたリスク評価が大きくなる．

● リスクアペタイトの決定支援

エマージング・リスクとビジネス脆弱性の評価とは別に，ストレステストのもう一つの重要な役割は，軽減策や緊急対策およびその効果の見積もりである．ストレステストは，どのような状況がリスクアペタイトの限度を超えるリスク暴露をもたらすかを理解することにより，リスクアペタイト限度の合理性を経営陣が理解するのを助けることができる．あるいは，保険者のリスクアペタイトが，格下げ等の特定の不利な業績に関して定義されている場合，ストレステストは経営陣がそのアウトカムやリスク許容度，またはリスクアペタイトの限度に寄与する要因を理解することができる．

● 戦略的な意思決定

規制当局は，潜在的なシステミック・リスクの脅威に対して，幅広い適用を含むストレステスト分析が有用であることを認めている．規制当局が複数の企

業に対して同じシナリオの影響をテストするよう求める場合がある．リバース・ストレステストは，規制当局が財務体質および／またはビジネスモデルの頑健性を評価するのに有用な方法である．

● ──── モデルの検証

ストレステストおよびリバース・ストレステストは，ほとんど観察されないテールイベントに焦点を当てることができるため，モデル検証の重要な手段となる．

● ──── 規制当局との相互作用

リスクと資本指標の将来を見通すことに関わる上級管理職の有用性と同様に，上級管理職をストレステストのプロセス全体に関与させることも有用である．ストレステストのプロセスは有用なリスクコミュニケーションツールであり，経営陣がさまざまな行動措置を取る上でのトレードオフとともに，戦略的決定の意味を理解するのに役立つ．

12.3.2　実務で使用されるストレスの種類とシナリオテスト

ストレステストは，経営陣のリスクワークショップの一環として，またはリスク測定プロセスの一環として，メンバー間のコミュニケーションツールとしても使用することがある．実際には，次のタイプのシナリオがよく使用される．

- リバース・シナリオ (またはリバース・ストレステスト)：具体的な悪い財務成果の想定から逆にそうなるシナリオを探索する．
- ヒストリカル・シナリオ：典型的には，複数年度にわたる事象の系列およびリスク要因による詳細な結果が出力される．
- 合成シナリオ：最近の動向やリスク要因の動きの極端なバージョンを外挿することによって，将来予測シナリオを導出．
- 企業固有のシナリオ：特定の企業または業界全体の固有のシナリオにより特定の結果が出力される．

- シングルおよびマルチ・イベント・シナリオ：単一または複数のイベントが寄与する将来のシナリオの特定の結果が出力される．
- グローバル・シナリオ：グローバル規模で発生するイベントの影響を検証．

12.4 ストレステストの手順と手法

以下，具体的なストレステストの手順と手法について説明してゆくことにしよう．

まず，ストレスシナリオの作成において，「フォワードルッキング性」，「客観性」，「網羅性」，「ダイナミック性」の 4 条件が必要とされていることを思い出そう．これら 4 条件を満足するシナリオを具体的に作成することは簡単ではない．

いくつかの方法論があるが，最も役立つシナリオは，経営戦略の承認およびリスク軽減のための行動を承認するリスク管理委員会や理事会からの意見をもとに構築されたものである．経営陣が事業への影響を見るために，悪影響を及ぼす状況の洗い出しから作業を開始するのはある意味で当然である．まず，その会社の弱点を客観的に評価するのである．ただ，経営陣がすべての情報や知識があるわけではないので，内部・外部の専門家の見方や幅広い意見の聴取，また各種情報源を調査することも重要である．

各種情報源の中には，各国中央銀行・国際機関が発表している以下のような報告書がある (次ページ表 12.1)．これらの報告書には，当局の立場からのバイアスがかかっている可能性はあるが，「客観性」や「網羅性」という軸から見ると，いくつかの報告書を見比べることで，有用な基本シナリオ集合を収集することができる．このほか，金融経済誌などのマスメディア情報やインターネットの情報なども活用できる．

これを見やすくまとめて整理する方法として，ヒートマップと呼ばれる図がよく利用される．ヒートマップでは，地域別に，実体経済，金融システム，株式市場，為替市場などの見通しをリスクの程度に応じて色分けすることで，自然にストレスシナリオの候補が浮かび上がってくる．さらに，IMF や BIS，日本銀行などにおいて定量的な早期警戒指標が開発されており，この指標の動

表 12.1　当局のストレスシナリオ

発行機関	報告書名	概要	発行時期
日本銀行	金融システム・レポート	日本の金融システムの安定性評価	年2回
IMF	Global Financial Stability Report	国際金融システムの安定性評価	年2回
IMF	World Economic Outlook	世界経済の現状と将来見通し	年2回
FRB	Moneary Policy Report to the Congress	世界経済の現状と将来見通し	
ECB	Financial Stability Review	欧州の金融システムの安定性評価	年2回
BOE	Financial Stability Report	英国の金融システムの安定性評価	年2回

向によってストレス事象の選択を行うことが考えられる．

また，第 11 章のエマージング・リスクの節で紹介した世界経済フォーラムのグローバルリスク報告書は経済リスク以外のリスクについてカバーしており参考になる．

次にダイナミック性のあるシナリオ作成のためには以下のような方法が考えられる．

- **過去のストレス事象の情報の活用**：過去のストレス事象は，そのままストレステストのシナリオとして利用することはフォワードルッキング性からみて有用でないかもしれない．しかし，リーマンショックのように不動産バブル，その崩壊，サブプライム問題の惹起，不動産証券化商品価格の崩壊，流動性危機のような連鎖の経験は，カスケードイベントに基づくシナリオの作成に有益な情報となりうる．
- **マクロ経済モデル**：マクロ経済学のモデルによって経済変数間の連関を表現して予測に利用することも有力な方法の 1 つである．

シナリオが作成されると，実際に企業財務への影響を評価するためには，シナリオをリスクパラメーターに変換する必要がある．例えば，信用リスクを例にとれば，実体経済の低迷により景気が減速すると貸付先の倒産や債券の信用格付けなどの低下をもたらすことにより企業財務に悪影響をもたらす．生命保険会社にとっては，超低金利 (ましてマイナス金利) はストレス事象の最上位に位置するものである．

最後に，ストレステストの重要性が増すにつれ，その品質保証の観点も重要になってきている．リスク・ガバナンスの一環として，ストレスシナリオの作成手順の検証やバックテスト，内部監査などの枠組みにも留意しなければならない．

12.5　リバース・ストレステスト

リバース・ストレステストは，業績悪化をもたらすような，ストレスやシナリオイベントを逆探索するプロセスである．企業業績が悪化して事業継続困難に陥るケースをまず定義しなければならない．業績の悪化の定義としては，最悪の場合は，各国の規制やガイドラインの下で会社が破産したり，よりましな場合には「ビジネスモデルの失敗」と定義される信用格付けが下がるシナリオをとる．

しかしながら，特定の想定の業績悪化をもたらす可能性があるリスクファクターの組み合わせにはさまざまなものがあるため，リスクファクターイベントの最も可能性の高い組み合わせをもたらすような方法でストレステストを導き出すことが重要である．このようなリバース・ストレステストの効用は，企業がストレステストの検討から学び，ビジネス戦略を変更して失敗の可能性を減らす機会を提供することである．あるいは，破綻後を想定した，G-SIIs に課されるような再建破綻処理計画の策定にも利用される．

リバース・ストレステストは，複雑なリスクモデルによるリスク量を，少数の重要なリスク要因のみを用いて説明することにより重要なリスクが何かについて理解させるのに役立つ．

選択されたシナリオの可能性をテストすることに加えて，派生したリバー

ス・ストレステストやシナリオも，時間の経過とともに安定性をテストすることができ，モデル化された結果の理解を大きく助ける．

同様に，モデルの検証目的で，リスク測定モデルの結果が直感的に理解できるかどうかを検討することもできる．

リバース・ストレステストやシナリオの経時的変化を見れば，ビジネス状況の変化や採用されたモデル化アプローチとの一貫性をチェックすることができる．

例題 12.1 (ST9：2010 年 4 月より抜粋)　ABC 社は，英国に本社を置く損害保険会社であり，財物に対する自然災害リスクの引き受けを専門に取り扱っている．

- 引受リスクのおよそ 90%は，米国の暴風から生じる損害を対象にしている．
- 過去 5 年間各年における損害率は，10%，140%，50%，30%，90%であった．
- 保険料収入の年ごとの推移は，長年にわたって安定している．
- ABC 社は，ニューヨークとロンドン両都市に保険事務所を設けている．

2008 年 12 月 31 日現在の概算貸借対照表 (単位：100 万ポンド)

資産の部：	
現金	100
政府証券	100
米国住宅メーカーへの持分投資	100
資産の部合計	300
負債の部：	
未払保険金	240
正味株主資本：	60

2008 年 12 月 31 日をもって終了する年度の概算損益計算書 (単位：100 万ポンド)

総収入保険料	150
差引：直接新契約費用	30
正味収入保険料	120
運用収益 (費用)	−30
保険金等支払	108
営業費用	24
税引前利益	−42
税金 (税率 28%)	0
税引後利益	−42

(1) ABC 社の主要なビジネスリスク，すなわち引き受けている事業によって特にさらされているリスクについて説明せよ．それぞれのリスクについて，解答に以下の内容を含めること．

　(a) リスクの説明

　(b) リスクの規模の概算見積り (単位：100 万ポンド)

　(c) 何らかの相関があれば、その説明

(2) この事業について感応度分析とシナリオテストの両方を実施するために利用できる一つの単純なモデルの構成について説明せよ．

(3) (a) ABC 社がそのビジネスリスクについてよりよく理解するために，感応度分析がどのように役に立つかについて説明せよ．

　(b) 適切な感応度分析の例を四つ挙げよ．

(4) (a) ABC 社がそのビジネスリスクについてよりよく理解するために，シナリオテストがどのように役に立つかについて説明せよ．

　(b) 適切なシナリオテストの例を四つ挙げよ．

第13章
経済資本と価値創造

13.1 経済資本

　経済資本は，バーゼルⅡなどの規制に直面する金融機関において開発され，業界標準となった，規制資本とは異なる内部のリスク量を計測化する手段である．欧米の保険業界においても現在では非常によく使われるリスク管理手段であり，不確実な事象から生起するすべてのリスクを計測する共通の尺度であると考えられている．しかし，それだけではなく，株主価値の向上を目的とする経営目標と結びついたパフォーマンス尺度の基本となる重要な概念でもある．株主価値創造は，リスクに限定されず，リスクとリターン，伝統的なリスクと金融の機能を束ねるものである．経済資本は，以下の特徴を満たすような資本として定義される．

- 悪い結果をカバーする十分な剰余金
- リスク耐性の所与の水準
- 特定された測定期間

経済資本のよく使われる定義は

　定義 13.1　事前に決められた信頼水準で計算された1年間の潜在的な予測できない経済的価値の損失額

というものである.

これは，バーゼルIでの市場リスク計測に用いられるVaR (バリュー・アット・リスク) の定義と類似しているが，基本的には以下の点で異なる．VaRは，一般にはポジションを解消できる期間を想定するので，1日から10日程度であるが，経済資本は資本再調達が可能な期間として，通常1年としていることが多い．VaRの信頼水準は95%が多いが，経済資本は格付けBBBからAAの倒産率である99.5%から99.97%を使うことが多い．VaRの信頼水準95%は20営業日に一度は経験する頻度の高い事象であるが，経済資本の信頼水準99.5%は一生に一度経験するかどうかの稀な事象である．これは事業単位に必要以上の資本が配分されていることを意味する．

銀行では経済資本の計算に一般的にはVaRが使われることが多い．しかし，保険，特に損害保険ではVaRはしばしばミスリーディングとなる．損害保険会社の契約ポートフォリオの損失分布は裾が広がり，しかも歪みも大きいことが知られており，低頻度で巨額損失のリスクを抱えている．そのため，TVaRの方が推奨されている．これはある閾値を超える損失額の平均値であり，VaRよりも保守的である．

経済資本は，規制資本や格付機関の資本とは区別される．経済資本は，特定の会社の特有のリスクに対し計算されるものであるのに対し，規制資本などは業界平均に基づき算出されているため自社のリスク管理に利用するには不都合な場合が多い．

保険会社は銀行とは異なり，責任準備金という負債を保有し，通常のリスクはまず責任準備金で吸収される．しかし，通常の範囲を超えるリスクについては自己資本で吸収しなければならない．

保険会社の損失は，まず期間利益の喪失という形で現れ，次に資本金の毀損，最後には負債の提供者，すなわち保険契約者の債務と社債権者などの不履行という事態に立ち至る．

保険契約者の債務の削減ということは，保険金や給付金の削減ということであり，支払責任を全うできないことを意味する．したがって，保険会社は十分な資本を積んでおき，通常の範囲を超えるリスクであっても，考えられる最悪の場合に備えた資本を保有するように努力する必要がある．

この最低資本の金額を決定するために利益 (損失) の確率分布を利用する．図 13.1 は，財務上の利益 (損失) の確率分布の模式図を表している．確率分布の平均値はゼロよりも大きいので，利益の期待値は正値であることが分かる．しかし，分布は左裾の方にまで伸びており，このような事態が生ずる可能性を示している．このような損失が発生する可能性があるため，事前に損失額に対応する自己資本を積み立てておけば，保険金削減などの事態を未然に防止できることになる．

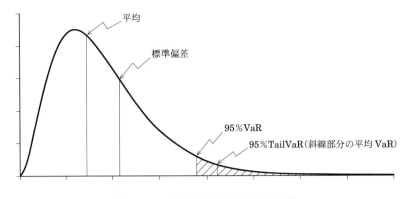

図 13.1　典型的な保険の損失分布の形状

保険会社にとって，すべての可能性のある損失を株主資本で吸収することは必ずしも経済的に得策ではないかもしれない．倒産リスクを考慮すると信頼区間に加えて，時間軸の選定も重要である．

保険会社は，経済資本をどのように計算すれば良いのであろうか？

一つの方法は，リスク区分ごとにそれぞれのリスク・モデルを構築する方法である．例えば，ファクターモデルでは，そのリスクの原因となるファクターと損失額の確率分布の関係を記述する．

シナリオ法では，あるシナリオの発生確率と発生した場合の損失額を記述する．

いったんリスク区分ごとのモデルができると，会社全体のリスク量を分散効果を考慮して統合する．この方法の利点は，会社の損失がどのリスクによってどの程度発生するかを明確に表すことが可能な点である．これにより損保リス

クと市場リスクはそれぞれ別々にコントロール可能となる．

　もう一つの方法は動的財務分析 (DFA) と呼ばれるもので，リスク・ファクターすべてを同時に確率論的に動かしてシミュレーションを行う．一回のシミュレーションで経済資本の総額が得られるが，リスクごとの寄与を体系付けて分析するのは容易ではないという欠点がある．しかし，関連するリスクのモデル化が同時に行えるという利点もある．SST では各リスクゴリーごとに確率分布で表現するので，この方法で経済資本を求めることは自然である．

13.2　リスク統合

13.2.1　リスク合算法

　金融機関や保険会社が，リスク分類に従ってリスク量を計算したあと，そのリスク量を会社全体のリスクに合算するかどうかということが問題になる．それぞれのリスク間の依存関係があるため，合算したリスクはそれぞれの分類のリスク量の単純和より小さくなるはずである．リスク尺度を ρ とすると，各 i のリスク X_i とその総和 $X = \sum_i X_i$ の間に，$\sum_i \rho(X_i) \geq \rho(X)$ が成り立つということである．これを「劣加法性」と呼ぶことは既に説明した．リスク尺度の公理の中で基本的な性質であるが，VaR では成り立たない．

　以下の方法がリスク合算でよく使われる方法である．まず，i 区分のリスク量を $E_i = \rho(X_i)$ とすると，

- **総和法**：単純なリスク量の合算．$E_{\text{total}} = \sum\limits_{i=1}^{n} E_i$
- **分散共分散法**：同時分布が多変量正規分布と仮定する．それぞれのリスクを分散効果を考慮して合算する．すなわち，

$$\sigma_{\text{total}}^2 = \sum_{i=1}^{n} \sum_{j=1}^{n} \rho_{ij} \sigma_i \sigma_j$$

と σ_{total} を計算しておいて，VaR は標準偏差に信頼水準に対応する z 値[1])を乗じて計算する．

---

[1]) 正規分布の分位点．例えば，99％点は 2.326．

- **ハイブリッド法**：上記の組み合わせ．$E_{\text{total}} = \sum_{i=1}^{n} \sum_{j}^{n} \rho_{ij} E_i E_j$
- **コピュラ関数法**：コピュラ関数を使って同時分布を表現する (Sklar の定理 $F(x_1, x_2) = C(F_1(x_1), F_2(x_2))$). 正規コピュラ，$t$–コピュラ，Clayton コピュラなどがよく用いられる．

最後のコピュラ関数法は，リスクの依存性を正確に表すことができるため，リスク量の精密な計算ができるという利点があるが，計算量が多くなるという欠点がある．ただ，リスク間の依存性に関するコピュラの選択とパラメーター推定は一般には十分なデータが得られず困難であるため，何らかの根拠に基づいて想定されることが多い．

13.3 リスク合算の計算例

XYZ 保険グループは，生損保事業を営んでおり，1 年間の 99.5%タイルの TVaR による四つの分類によるリスク量は表 13.1 のとおりであった．総和法とハイブリッド法を用いて，会社全体の合算リスクを求めることにしたい．

表 13.1 経済資本の推定値

	生保 (1)	損保 (2)
保険リスク (IR)	20	60
市場リスク (MR)	70	120
信用リスク (CR)	5	10
オペレーショナル・リスク (OR)	5	10

また，それぞれの (事業 2) × (リスク分類 4) = 8 の相関行列は表 13.2 のように仮定する．保険リスクは，他のリスクとは独立であるが，市場リスク，信用リスク，オペレーショナル・リスクはそれぞれ正の相関がある．

この条件で計算すると，

表 13.2　リスク・部門の相関

	IR1	MR1	CR1	OR1	IR2	MR2	CR2	OR2
IR1	1.0	0.0	0.0	0.0	0.0	0.0	0.0	0.0
MR1	0.0	1.0	0.5	0.2	0.0	0.4	0.0	0.0
CR1	0.0	0.5	1.0	0.2	0.0	0.0	0.6	0.0
OR1	0.0	0.2	0.2	1.0	0.0	0.0	0.0	0.0
IR2	0.0	0.0	0.0	0.0	1.0	0.0	0.0	0.0
MR2	0.0	0.4	0.0	0.0	0.0	1.0	0.5	0.2
CR2	0.0	0.0	0.6	0.0	0.0	0.5	1.0	0.2
OR2	0.0	0.0	0.0	0.0	0.0	0.2	0.2	1.0

全体のリスク量 (単純和)　300

- 保険リスク (80) + 市場リスク (190) + 信用リスク (15) + オペリスク (15) = 300
- 生保リスク (100) + 損保リスク (200) = 300

全体のリスク量 (相関考慮)　180.42

- 保険リスク (63.25) + 市場リスク (161.31) + 信用リスク (13.60) + オペリスク (11.18) − 分散効果 (37.21) = 180.42
- 生保リスク (76.49) + 損保リスク (141.14) − 分散効果 (37.21) = 180.42

13.4　資本配分

　リスク合算したリスク量をビジネスラインやリスクごとに資本を適切に配分する方法を資本配分という．それぞれのビジネスラインは割り当てられた資本に基づいて事業を行うことで会社全体の資本の効率性を向上させることができる．

　資本配分で最も単純な手法は，それぞれの事業部門の経済資本に比例して割り当てることだが，全体の経済資本に与える限界的な影響を考慮していないので問題がある．

限界寄与度を考慮する場合には，オイラー (Euler) 則 $x_i \dfrac{\partial E}{\partial x_i}$ に基づいて割り当てるのが合理的とされ，よく使用されている[2]．オイラー (Euler) 則は，リスク尺度が正の同次性を持つときに成り立つ性質である．

定義 13.2 関数 ρ とリスクを表す確率変数 X があるとき，任意の定数 $\lambda > 0$ に対し，自然数 q があって，

$$\rho(\lambda X) = \lambda^q \rho(X)$$

が成り立つとき，ρ は次数 q の同次性を持つという．

各事業部門のリスクを X_i とし，会社全体 (N 部門) のリスクを $X = \sum_{i=1}^{N} X_i$ とする．それぞれの部門について，加重 u_i を割り当てた加重平均 (確率変数) を $X(u) = \sum_{i=1}^{N} X_i$ とし，次の関数 $f_\rho(u) = \rho(X(u))$ を考える．

このとき，次の命題が成立する．

命題 13.1 ρ をリスク尺度とし，f_ρ を上で定義した関数で連続微分可能であると仮定する．このとき，

$$\rho(X) = \sum_{i=1}^{N} \dfrac{\partial f_\rho}{\partial u_i} u_i. \tag{13.1}$$

例えば，リスク尺度を標準偏差とするとき，以下のようになる．

例 13.1 $\rho(X) = \sqrt{u' \Sigma u}$, $u = (u_1, u_2, \cdots, u_N)$ なので，

---

[2] その他の資本配分手法として，限界寄与度比例法，ゲーム理論を使ったシャープレイ法の利用のほか，研究レベルでは数学的には Kalkbrener [82] によって考案された公理論的な資本配分法が存在する．

$$\frac{\partial f_\rho}{\partial u_i} = \frac{\sum_{m=1}^{N} \sigma_{u_m, u_i} u_i}{\sqrt{u' \Sigma u}} = \frac{\sigma_{X_i, X}}{\sigma_X}$$

となる. $\sigma_{X_i, X}$ は全損失と部門 i の共分散を表す項である. $u_i = 1$ とおくと, $\frac{\sigma_{X_i, X}}{\sigma_X}$ となるが, これは全損失への部門 i の限界寄与度を表す. XYZ 保険グループの例では, 全リスク量は表 13.3 のように配分される.

表 13.3 経済資本の推定値

	生保 (1)	損保 (2)	合計
保険リスク (IR)	2.22	19.95	22.17
市場リスク (MR)	47.14	103.09	150.23
信用リスク (CR)	1.30	4.16	5.46
オペリスク (OR)	0.55	2.00	2.55
計	51.21	129.21	180.42

以下は, 国際的な保険グループが行う資本配分についての CERA 試験の問題である.

例題 13.1 (ST9：2016 年 9 月より抜粋) パープル・リミテッドは, X 国, Y 国, Z 国の 3 国で事業を営む国際的な生損保兼営保険会社である. それぞれの事業会社は現地国の規制を使用して必要資本を算出し, その結果を X 国のグループ本社に提出する. 本社はその価額を X 国の現地通貨 (ドル) に換算する. 次にグループ本部が, 比例配分方式を使用して, 分散効果を含め, それぞれの事業会社に資本を配分する.

(1) パープル・リミテッドにとっての資本配賦の用途について概要を述べよ. それぞれの 3 国の事業会社の各リスクカテゴリーについて決定された分散効果考慮前の資本額, 分散効果総額および (分散効果考慮後) 必要資本総額は表 13.4(次ページ) のとおりである.

表 13.4　パープル・リミテッド社の資本配分

金額単位：百万ドル	X国	Y国	Z国
下記リスクに係る分散効果考慮前の資本			
金利リスク	2	12	5
信用リスク	3	14	10
株式リスク	8	8	2
生命保険リスク	6	19	0
損害保険リスク	9	0	15
オペレーショナルリスク	3	6	2
分散効果考慮前の資本総額	31	59	34
分散効果	(12)	(9)	(4)
必要資本	19	50	30

　パープル・リミテッド (すなわち，グループレベル) の必要資本総額は 6600 万ドルである．使用された比例配分方式は，それぞれの国の事業会社について決定された単体の (分散効果考慮後) 必要資本に比例して三つの事業会社それぞれに資本を配賦するものである．

(2) この方式に基づき，三つの事業会社それぞれに配分される資本を計算せよ．

(3) この資本配分方式の長所と短所について論じよ．

13.5　保険会社の価値創造

13.5.1　経済資本の経営への利用法

　経済資本の最も重要な役割は，「リスクを伴う事業展開の下で，ソルベンシーを確保した状態を維持するためにはどの程度の資本が本当は必要なのか？」という問いに答えることにある．規制資本は，必ずしもその問いには答えてくれない．規制資本の目的は監督のためであり，企業経営者の視点では設計されていないからである．したがって，リスクアペタイトの枠組みで純粋の経営目的

に合致した経済資本の概念をカスタマイズしなければならないのである．

そのほかの経営への利用法は，いくつか考えられる．

- **業績評価と報酬設計**：RAROCに代表されるリスク調整済み収益指標によってグループ内企業，部門，個人に対する業績評価指標を提供することが可能できる．これによる報酬設計を行えば収益の大きさの評価ではなくリスクテイクも勘案できる公平な評価ができるかもしれない．
- **事業の参入・撤退の判断**：経済資本により事業評価を行うことにより，その事業の追加，削除による経営効率性の変化を見ることで判断材料を提供する．
- **取引のプライシング**：既契約や新規契約をリスクプライシングすることにより，経済合理的な取引となるため，契約ポートフォリオのリスクリターン構造が改善する．

これらの目的でよく利用されるのが RAROC に代表される RAPM (risk-adjusted performance measurement) と呼ばれる尺度である[3]．以下，RAROCを説明する．

13.5.2 RAROC

RAROC (risk-adjusted return on capital) は，主に資本予算計画のために利用される指標で，実務慣行では次の計算式を用いることが普通である．

$$\text{RAROC} = \frac{\text{期待収入} - \text{費用} - \text{期待損失}\,(-\text{税金}) + \text{リスク資本収益} \pm \text{移転価格}}{\text{経済資本}}$$

ここで，分母は事業単位に配分された経済資本である．分子は純収益(期待収入と期待損失の差額)の期待値で税引前と税引後のいずれも使われる．リスク資本収益として経済資本に対する無リスク金利による利息を分子に加算することが通例である．また，移転価格として事業部門とコーポレート部門での移転価格制度にもとづきリスクヘッジ費用を事業部門に賦課するものである．

---

[3] 内容は説明しないが，RORAC, RAROA, RORAA, Sharpe Ratio などがある．

例 13.2 ある銀行が，100 億円の企業貸付を実行しようとしている．利回りは 5%とし，営業費用は 5000 万円で実効税率は 30%である．この貸付 100 億円のための資金調達は個人預金で 1%の金利を支払っている．このポートフォリオの非期待損失は 7%であり，対応する経済資本は 7 億円である．無リスク金利は 1%であり，期待損失も 2%である．この前提の下で，この案件の RAROC は，

$$\mathrm{RAROC} = \frac{(50000 - 5000 - 10000 - 20000 + 700)(1 - 0.3)}{70000} = 0.157$$

で 15.7%となる．

RAROC は予算のための手法であるが，期待収益 (損失) を実現収益 (損失) など決算の数値に置き換えると業績評価指標としても使用できる．

資本の効率的使用の結果得られた付加価値の尺度として，次の EIC (Economic Income Created：経済収益創造) と SV (Shreholder Value：株主価値) がよく使われる．r_H をリスクに対応するハードルレートとして，

- **EIC**：経済資本に対して得られた付加価値として EIC $= (r_A - r_H)\mathrm{EC}$.
- **SV, SVA**：将来期間の利益を考慮した割引現在価値は株主価値 (SV) と呼ばれ，r_G をキャッシュフロー成長率とすると，

$$\mathrm{SV} = \frac{r_A - r_G}{r_H - r_G}\mathrm{EC}$$

である．これから株主価値の付加価値 (SVA：Shreholder Value Added) は，

$$\mathrm{SVA} = \left(\frac{r_A - r_G}{r_H - r_G} - 1\right)\mathrm{EC}$$

となる．

最後にまとめとして，国際的に業務を展開する保険グループのリスクレポートの中から資本配分の実例を紹介する．

例 13.3（アリアンツ・グループのリスクレポート） 実際の保険会社グループにおける資本配分の例としてドイツのアリアンツのリスクレポートの二つの図を掲載する．図 13.2 左側はリスク別，右側は事業別による資本配分で，それぞれ 2011 年末と 2012 年末の総和法とハイブリッド法の数値を示している．リスク別には，市場リスクと保険リスクが大きく，事業別には保険事業が大きく，生保が損保をやや上回っている．

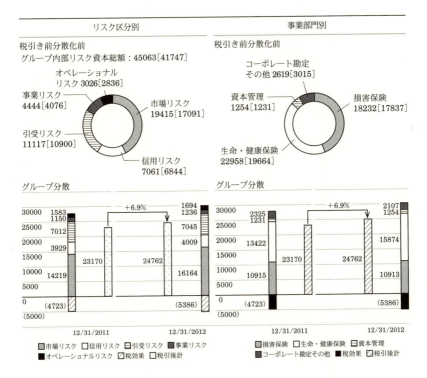

図 13.2 アリアンツ・グループのリスク別・部門別資本配分

第14章

保険ERMの枠組みとORSA

　ERMという用語の拡大に貢献したのは，COSO(Committee of Sponsoring Organizations of the Treadway Commision)という団体が2004年に公表した報告書「事業リスクマネジメントのフレームワーク」であろう．

　COSOは，公認会計士，CFO，監査人などの支援により1985年結成された非営利団体(委員会)であり，1980年代前半に企業の不適切な業務運営による破たんが相次ぎ発生したことから企業の内部統制やリスク管理の適正化に関して多くの提言を行ってきた．特に，1992年の報告書「内部統制：統合フレームワーク」は企業のリスク管理のフレームワークとして大きな影響を及ぼし，その例としてはバーゼル委員会の報告書「銀行組織における内部管理体制のフレームワーク(1998年)」やEnron事件の後で立法された2007年の企業改革法(SOX法)があげられる．2004年報告書「事業リスクマネジメントのフレームワーク」はまさしくERMのための報告書であり，その理念は図14.1(次ページ)のようなキューブ(立方体)で表されている

　それによると，ERM全体は四つの目的と八つの構成要素と八つの組織単位が立方体上の小さな128個 $(4 \times 4 \times 8)$ のブロックに分けられ，それぞれが機能を発揮をすることによってERMが実現するというのである．四つの目的は，ERMの異なる側面を表しているが互いに排他的ではなく，それぞれが重要である．また八つの構成要素はその目的を実現するための実践プロセスを表す．これによりリスク管理に関わるメンバーは，自分や組織の行動がどのブロックに属するかをチェックしながら責任範囲や役割が明確化される．

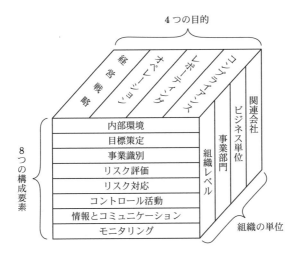

図 14.1　COSO の立方体

このような ERM の考え方は，COSO 報告書によって一挙に産業界に拡大することになり，金融界においても銀行の市場リスク計測方法として有名になった VaR を提唱した G30 報告書に影響を与え，BIS 規制や各国の銀行監督にも採り入れられることになった．

ここで企業が ERM を導入するメリットが何かについて以下の例題を見て考えよう．

例題 14.1（ST9：2010 年 9 月より抜粋）　ERM を成熟した企業に適用する利点について述べよ．

14.1　ERM の体系

ERM はリスク管理の一つの大きな体系であって，多くの文献でさまざまな定義が提案されている．本節では，執筆時点までに，国際アクチュアリー会（IAA）でほぼ合意されていると考えられる内容についてできるだけ簡潔に解説してゆくことにしたい．

ERM システムの体系は連続的な進化過程であり，会社の状況や外部環境により不断の見直しが必要である．読者は，ERM には，このような動的なリスク管理の本質があることを強調しておくことが重要であろう．

さて，ERM システムの主要な 10 要素として挙げられるのは，

(1) ガバナンス (Risk Governance)

(2) 戦略 (Risk Strategy)

(3) 識別 (Risk Identification)

(4) 事前影響評価 (Risk Assessment)

(5) 測定 (Risk Measurement)

(6) 対応 (Risk Response)

(7) 監視 (Risk Monitoring)

(8) 報告 (Risk Reporting)

(9) リスクとソルベンシーの自己評価 (Own Risk and Solvency Assessment)

(10) システムの評価 (Evaluation of an ERM System)

である．以下，それぞれの要素について説明してゆく．

●——(1) ガバナンス

コーポレートガバナンスとは，**企業統治**または**企業支配**と翻訳されている．企業の意思決定は通常取締役である経営者が行うが，実はステークホルダー(利害関係者) がさまざまな影響を与える．株主，経営者，従業員，顧客，取引先などが相互にチェックし，経営の独占的支配，反社会的行動を制御すべきという意味を含むことがある．

多くの会社が，ERM システムについて考察するきっかけは，現在のリスクガバナンスの検証を行うことからだと言う．

ガバナンスを実行する上で重要なのは，役割と責任の付与，政策と手続き，内部統制であるとされる．

●──**(2) 戦略**

　リスク戦略にはいくつかの異なる要素があるが，通常，企業は，企業の目的，原則，リスクアペタイト，およびリスクに関する責任を定義し，文書化することになる．リスク戦略は通常，同社の事業戦略と一致することを目指している．

　会社の事業戦略がリスクアペタイトから派生しているのか，事業戦略を最初に定義し，リスクアペタイトを設定しているのかについては，しばしば議論がある．実際には，二つは通常，内部的に一貫しているという重要なポイントと並行して開発され，進化してゆくものである．企業の実践は，基盤となるビジネスの性質，規模，複雑さによって大きく異なる．また，一部の企業では，この節で説明した要素の一部 (つまり，リスクアペタイト，リスクトレランス，リスクリミット) を使用しないことを選択することもある．

●──**(3) 識別**

　この項では，新たなリスクとグループリスクを具体的に参照しながら，リスク識別プロセスについて説明する．業界のベストプラクティスは，新たに発生するリスクを個別に検討するが，すべての企業がそれを別々のカテゴリーとして扱うわけではない．

　中核的なリスク管理プロセスは，典型的には，リスクの体系的な特定，評価，測定，対応，モニタリング，および報告を含むリスク管理の制御サイクルを中心に構成されている．サイクルの正確な手順は，状況によって企業ごとに異なるが，必要に応じて実証できるプロセスを十分に考えておくことが重要である．

●──**(4) 事前影響評価**

　リスク事前評価またはプロファイルには，

(1) リスクの詳細を十分に記述すること
(2) 財務的影響と非財務的影響の双方を考慮したリスクによってもたらされる結果
(3) リスクの適切な分類

(4) リスクの可能性と影響を考慮した固有のリスクアセスメント (多くの場合，高／中／低の定性的な表現で表される)
(5) コントロールまたはリスク軽減戦略の有効性の評価
(6) コントロールまたはリスク軽減の適用後の残余リスクアセスメント
(7) 容認できない残余リスクを適切な限度以下に抑えるために必要な行動の記述

の項目が含まれる．

●——(5) 測定

リスク測定は，企業が直面するリスクに関する重要な定量的情報を提供することによって，企業の意思決定およびプロセス (資本管理および業績測定を含む) を支援するために使用される．対象とするリスクの性質，規模および複雑さは，重要性および比例性 (すなわち，努力の程度がリスクまたは潜在的損失の大きさに比例するかどうか) によって評価し，最も適切なモデルを選択する．リスク測定には，

(1) リスク尺度
(2) モデル
(3) データ
(4) 合算
(5) フォワードルッキング評価
(6) ストレステストとシナリオ分析
(7) リスク測定の文書化と報告

の項目が含まれる．リスク測定の内容については，すでに第 6.1 節で詳しく説明したているので再確認されたい．

●──(6) 対応

リスクへの対応は次の 4 類型 (ないしその組み合わせ) によって特徴付けられる.

- 回避 (**Avoid**)：リスクをとらない.
- 受容 (**Accept**)：リスクを受け入れる.
- 軽減 (**Mitigate**)：リスクを減らす (ヘッジ, 保険, 予防).
- 分散 (**Share**)：大数の法則を利用.

●──(7) 監視

会社はリスク関連事項について監視する必要があるかもしれない. これらには,

(1) リスクの精査の結果報告
(2) リスクコントロールの自己評価
(3) 定義したリスク限度, 許容度, リスクアペタイトの観察
(4) KRI (Key Risk Indicator)
(5) リスク管理行動計画

が含まれる.

●──(8) 報告

効果的な ERM を実施するためにはいくつかの属性に含まれる定性的なリスク管理情報を必要とする.

- **即時性**：リスク情報および関連するデータの要約は理想的には会社がリスクを管理できる十分な速度で提供されること. 報告の頻度は, リスクの内容, 会社の状況, 外部環境による.

- **包括性**：提供される情報は理想的には包括的であり，すべてのリスクを適切なレベルで網羅していること．状況によっては，情報過多は情報過少と同様に不適切情報になる可能性があることに注意．理想的には，取締役会，上級管理職などのさまざまなニーズを認識し，明確かつ簡潔になるように，報告を聞き手に合わせて調整すること．
- **一貫性**：一貫性のある評価を受けるために，理想的には，提供される情報は収集と報告の両面で一貫していること
- **正確性**：すべてのリスク情報は理想的には，正確で，背後にあるリスクを適切に反映すること．リスクデータは突合，検証されることがある．
- **監査可能性**：すべてのリスク情報が監査可能であり，プロセス全体が透明で適切に文書化されることが理想的
- **フォワードルッキング性**：提供されるリスク管理情報は，現在および過去のデータのみに依存するのではなく，フォワードルッキングの要素を組み込むこと

●──(9) リスクとソルベンシーの自己評価

ORSAは幅広いテーマであるが，以下はIAISのICP16で概説されている重要な要件の1つとなっている．これには，

(1) リスク管理の妥当性の定期的な評価
(2) 現在および今後の可能性のあるソルベンシーの妥当性に関する定期的な評価
(3) ORSAを担当する取締役および上級管理職
(4) 引受，信用，市場，運営，流動性およびグループメンバーシップを含む包括的なすべての重要なリスク
(5) ビジネスを管理するために必要な資金の決定
(6) 資本と財源を考慮したリスク管理行動
(7) 資本の質の評価

(8) 将来の財政状態の予測や資本要件を満たす能力を含む事業継続能力の分析

が含まれる．

●──(10) ERM システムの評価

最後に，採用した ERM システム全体の評価自体を実施し，ERM システムも不断の見直しを行う必要がある．ある種の状況下では，アクチュアリーが ERM システムの品質に関して意見を求められる可能性がある．

14.2　組織とガバナンス

この節では，ERM を実施する組織とガバナンスの在り方について論ずる．

●──役割と責任

どんな企業においても経営を行うためには，社長，取締役，管理職，従業員といった役職があり，それぞれの役割と責任が付与されている．

多くの会社が図 14.2 (次ページ) のような，「3 本の防衛線」モデルを採用している．通常の業務機能に加え，二つの重層的監視機能を設けるところに特徴がある．

- 第 1 線は，業務管理と人事を含む通常業務の運用を管掌する．
- 第 2 線は，業務の支援と監視，第 1 線の運用の監督を管掌する．
- 第 3 線は，独立の立場で第 1 線と第 2 線の運用の監査と確認を管掌する．

アクチュアリーの任務および責任は，三つの防衛線のいずれか，または三つすべての範囲内にあることができ，異なる会社は異なる方法で自分自身を構成する．アクチュアリーは，通常，リスク管理やその他の部門内でも働くことがある．2 線目は 1 線目の活動に独立したチャレンジを提供することが重要であるが，そうするためには，効果的に信頼関係を維持しなければならない．このバランスを維持することが困難な場合がある．

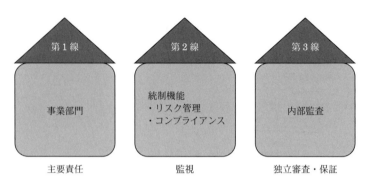

図 14.2　3 本の防衛線

　取締役会，同委員会および上級管理職は，しばしば 3 本の防衛線が担当する主要な利害関係者とみなされている．彼らは，通常，目標の設定，戦略の定義，ガバナンス体制の確立を担当している．多くの企業は，ERM システムが頑健であることを保証するために，さまざまな当事者の役割と責任を割り当てる．保険会社の組織内の考慮すべき主要な関係者には，

- 取締役会 (BoD)
- リスク委員会
- 最高財務責任者 (CFO)
- 最高リスク責任者 (CRO)
- リスク管理機能
- チーフ・アクチュアリー
- 保険数理機能
- コンプライアンス
- 内部監査

が含まれる．
　会社は通常，選択された最終的な構造において潜在的な利益相反と独立基準に対処しているかどうかを検討する必要がある．また，エージェンシー・リス

クと，経営陣が株主および／または保険契約者に異なる利益をもたらす可能性を考慮することもある．

リスク管理のガバナンスモデルには，3本の防衛線モデルのほかに，以下の例題に示すようなモデルがある．

例題 14.2 (ST9：2011年4月より抜粋) X銀行は個人向けの貸付と住宅ローンを専門とする銀行である．同行のフロントオフィスは収益の最大化を重視し，一方，リスク管理部門は損失の最小化を重視している．

(1) リスク管理について同行の部門をこのように組織化する利点と短所を述べなさい．
(2) 同行の部門を組織化する別の方法を二つ挙げ，それぞれの利点と短所について論じなさい．

● ── リスク方針と手続き

多くの企業は，リスク戦略を文書化し，リスクに対する基本方針を公表している．また，多くの場合，さまざまなリスクに対するリスク方針が確立されている．

- 信用リスク
- 保険リスク
- 流動性リスク
- 投資リスク
- オペレーショナル・リスク

個々の企業に要求される正確なリスク方針は，その企業の個々の状況，そのリスクとエクスポージャーに依存する．また，再保険やヘッジなどのリスク軽減手法と関連した方針を策定することが望ましい．リスク方針では，多くの場合，

- 特定のリスクに関連する会社の目的
- リスク戦略へのリンク

リスクの測定方法を含む，実行されるべき業務には，

- 役割と責任
- 適用されるプロセスおよび報告手順
- 方針違反に関連する上位者への伝達プロセス
- 方針の見直しの頻度

がある．

その後，これらの分野におけるリスクの測定および報告方法を定期的に要約する手順が必要となる．

●──内部統制システム

企業内の重要なプロセスとコントロールを扱う内部統制システムは，ほとんどの企業にとって重要な留意事項である．ここでも内部統制にはさまざまな定義があるが，頻繁に使用される定義はCOSO内部統制統合フレームワークによって採用されている．内部統制は，企業の取締役会，経営陣およびその他の人事によって影響を受け，業務，報告およびコンプライアンスに関する目標の達成に関する合理的な保証を提供するためのプロセスである．COSOの内部統制の枠組みには，五つの要素，

- 制御環境
- リスクアセスメント
- 制御アクティビティ
- 情報とコミュニケーション
- 活動の監視

がある．

内部統制システムの一部として，ふつう，すべてのプロセスと統制の明確な文書が存在する．内部監査は，通常，定められたプロセスおよび統制の遵守を定期的にレビューする．コンプライアンス機能は，しばしば内部統制システムの一部とみなされ，前述の「リスク方針および手続」も同様である．

例題 14.3 (ST9：2010 年 4 月)　以下の設定に基づき，XYZ 社のコーポレートガバナンスをどのように改善することが可能であるかについて論じよ．

- XYZ 社は Z 証券取引所上場の大手製薬会社．
- S 博士は 30 年間 XYZ 社に勤続．
- S 博士は，検査技師としてスタートし，10 年前には取締役に昇進し，5 年前には最高経営責任者 (CEO) となった．
- 昨年，XYZ 社の会長が退任し，博士は現行の職責に加えて会長職を兼任．
- S 博士は，薬理学やバイオテクノロジーなどの事業の諸側面を理解するには専門知識が必要であるとして，取締役全員がその業種の専門家でならなければならないと強く主張している．
- S 博士は，1 年のどこかの時点で取締役のひとり一人とランチを共にすることによって各人の業績を査定．
- その会合では，各取締役の給与も話し合いで決定．
- 取締役は，利益相反を避けるため，XYZ 社の株式所有を認められていない．

●──リスク文化

リスク文化は，組織が直面しているリスクとそれに伴うリスクを特定し，理解し，議論し，行動する方法を決定する組織内の個人およびグループの行動の規範および伝統と定義することができる．リスク管理が組織内の上級管理職によって適切にサポートされているかどうかなど，適切なリスク文化があるかどうかを検討することが重要である．取締役会や上級管理職，特に最高経営責任者 (CEO) は，リスクに関する見解に対する重要性や，新しいタイプのリスクについてリスク管理機能が重要なビジネス上の意思決定に果たす役割の重要性

を判断する．

　一例として，リスクの考慮事項はしばしば製品開発と価格設定の不可欠な部分を形成する．製品開発および価格決定には，株主の経済価値創造要件，顧客の公正な取り扱い，法定要件への影響，資本投資の回収のスピード，財務への影響，リスク許容度に対するテール・イベントの影響が考慮される可能性がある．特に，製品がリスクポジショニングに重大な悪影響を及ぼさないことがしばしば望まれる．さらに，製品の価格設定および製品設計は，多くの場合，顧客のニーズを満たし，合理的なリターンを提供し，明確な情報を提供するように設計されている．多くの企業はすべてのスタッフをリスク管理に関与させており，双方向で効果的にコミュニケーションが行われていることを確認することが重要である．リスク文化を定期的に評価することで，社内の態度やリスク文化の動向を時間をかけて把握することができる．

　リスク文化は，潜在的な有害リスク結果と潜在的利益または販売目標との相対的重要性など，リスクに関する問題意識と意見をテストするスタッフ調査を通じて測定することができる．企業は，しばしば，従業員が潜在的な損失やリスクを適時に是正することの重要性を意識している．リスクや潜在的な損失を認識し，それを報告しないことの重大性を知らせることが重要である．企業は，従業員が潜在的に匿名で問題や不適切な行動を報告することを可能にする独立したチャネルの確立を検討するかもしれない．リスク文化に大きく寄与し，リスク管理の相対的重要性に貢献する項目は報酬である．企業は，業績を考慮するのではなく，特定の部門のリスク調整後の業績に報酬を関連付けることがある．これが行われないと，期待収益率を上げるために従業員がより多くのリスクを払うインセンティブが生じる可能性があるが，それに対応して大幅な損失のリスクが増加する．同様に，短期的な業績によって報酬が過度に影響を受ける場合，短期的な業績に焦点を当てるリスクがある．一部の企業や規制当局は，長期的な措置や，ボーナスの払い戻しや，このリスクを緩和するためのボーナスの強制的延期などのその他の機能を導入している．

14.3 リスクアペタイト・フレームワーク

ERM で注目されるのは，従来のリスク管理を脱皮し，「(1) 戦略」の中にあるリスクアペタイトという概念を前面に押し出しているところである．

例えば，リーマンショック後に G20 により設立された金融安定理事会 (FSB) はリスクアペタイト・フレームワークを実効的なリスクアペタイト・フレームワークの諸原則を公表しその重要性をアピールした．

その枠組みの中で使われている用語の定義は以下のとおりである．

- **リスクアペタイト** (Risk appetite)：金融庁文書などではリスク選好度と訳されている．組織や個人が目的を達成するために受け入れる用意のあるリスクの程度 (水準と種類) をいう．組織全体の目標と制限の設定のほか，そうした全般的な言明を，リスク許容度のより詳細な内容にまで落とし込んだものも反映していると解釈できる．
- **リスク容量** (リスクキャパシティ，Risk Capacity)：組織が持つことのできるリスク量を指し，経済資本など何らかの一貫した尺度で測定される．キャパシティに余裕があれば，現行のリスク許容度やリスクリミットに違反することなく，組織の経済価値を高める積極的な行動をとることが可能になる．
- **リスクプロファイル** (Risk Profile)：組織のリスクエクスポージャーの完全な記述を指し，これには将来発生して組織の現行事業に影響する可能性のあるリスクも含まれる．
- **リスクアペタイト・フレームワーク** (RAF：Risk Appetite Framework)：リスクアペタイトが構築，伝達，監視されるアプローチ (方針，プロセス，コントロール，システムなど) すべてを含む概念．リスクアペタイト・ステートメント (RAS)，リスクリミット，関係者の役割と責任の規定が含まれる．RAF は組織の戦略と結びついて決定される．
- **リスクアペタイト・ステートメント** (RAS：Risk Appetite Statement)：金融機関や保険会社が，そのリスクアペタイトを文書化したもの．金融機関が事業目的を達成するためにとりたいと考えるリスクの水準と種類を記述した文書．

- **リスクトレランス** (Risk tolerance)：リスクトレランスはリスクアペタイトの構成要素であるリスクの種類とその程度を定義するもの．したがって，その総和はリスクアペタイトの範囲内に収まる．リスクトレランスはリスク量の限度のような形で表現されるだけでなく，ある資産比率の限度や子会社の売上に対する損失率の限度などのようにリスクと直接関係しないものも多い．
- **リスクリミット** (Risk limit)：リスクトレランスをより具体的に実現するために，事業単位，グループ企業単位やリスクの種類単位で，経営管理上詳細に定めているリスクの限度額．リスクリミットが遵守されていれば，個々の事業単位は，許容されたリスク許容度の範囲内で業務を行っているとみなされる．リスクリミットは，リスクキャパシティの一つの構成要素とみなすことができる．

より詳しくリスクアペタイトという用語[1]を検討してゆくことにしよう．金融安定理事会 (FSB) では，以下のように定義している．

――――――――――――― リスクアペタイトの定義 ―――――――――――――
会社の戦略的目標および事業計画を達成するために，金融機関が自らリスク容量の範囲内で，進んで受け入れるリスクの種類 (types) と総量 (aggregate level)．

RAF では，上位概念としてリスクキャパシティの考え方と，どの程度のリスクテイクを行ってどのような収益をあげるかという経営の基本方針を宣言する．中位概念に位置するのは，リスクカテゴリー (市場リスク，保険リスクなど) ごとのリスクテイクの方針等を記述する．下位概念では，個別のリスク (市場リスクの中の日本株など) にまで細分化してゆく．

RAF の具体的な設計については，会社の経営基本方針そのものに組み込まれるべきものであるため，各社各様の独自の内容になる．欧米の先進事例の中

---

[1] リスクアペタイトはリスク選好と翻訳されることがあるが，期待効用理論の risk preference という用語と混乱する恐れがあるため以下，リスクアペタイトと言う．

には，リスクアペタイトとしてテールリスクをできるだけとらず，中程度のリスクで収益性の高いリスクプロファイルを選択することや，そのためのそれぞれのリスクの種類や限度の特定，グループ全体の目標資本の水準などかなり具体的に記述し，経営方針の骨格部分に組み込まれているケースもある．

14.4 ORSA

もう一つ注目されるのは，「(9)ORSA」であるが，ERM のプロセスの重要な骨格部分を成すものである．ORSA は「リスクとソルベンシーの自己評価」と訳されているが，本質は「評価」だけではなく評価に至るまでのソルベンシー確保のための手続きや手段を含む体系を指す概念となっている．ソルベンシー II では，ORSA を全面的に採用し，以下のような定義を与えている．(レベル 1 枠組み指令第 45 条第 1 項)

ORSA

すべての保険会社は，リスク管理態勢の一環として，ORSA を実施しなければならない．ORSA には，少なくとも以下の評価を含まなければならない．

(a) 固有のリスクプロファイル，承認されたリスクトレランス，事業戦略を考慮した全体的なソルベンシー要件

(b) 継続的な規制要件 (規制資本要件および技術準備金) の遵守

(c) 保険会社のリスクプロファイルが SCR 前提から乖離する程度

(a) は自社のソルベンシー要件，(b), (c) は規制要件との関係を規定している．
　(a) は，ERM の基本的な考え方であるすべてのリスクを対象とする全体的なソルベンシー要件を会社自体が決定する．そのプロセスは，①評価および認識の基礎，から始まって②対象とするリスク，③リスク管理の手法，④リスクとソルベンシーの自己評価，⑤経営者行動，⑥将来見通し，⑦ストレステストからなるが，ORSA は④だけを指すのではなく，このプロセス全体を意味

する概念が含意されている．この中でも，経営者行動，将来見通し，ストレステストが重要な項目となる．

続く例題は具体的に，保険会社がどのようにRAFを作成してゆくかを示したものである．

例題 14.4 (ST9：2010年4月より抜粋)　ある歴史の長い生命保険会社は，今日まで伝統的な無配当の医療保障付生命保険だけを販売してきた．同社は，可能なかぎり資産と負債のマッチングを図っている．また，ユニットリンク型商品[2])の導入によって事業を多角化し，貯蓄商品の取り扱いを開始することを考えている．

(1) 取締役会はどのような形でリスクアペタイトを表明するのがよいか．主なリスク指標の例を挙げながら述べよ．また，それがどのようにリスク許容度につながるかを述べよ．
(2) この保険会社が，ユニットリンク事業を導入すべきか否かという戦略を評価するためにこのリスクアペタイトをどのように用いるか説明せよ．
(3) ユニットリンク事業の導入によってこの保険会社が追加的に被るリスクについて述べよ．

[2)]欧州では変額商品をユニットリンク型商品と呼ぶことが多い．

第15章
ソルベンシー規制の動向

15.1 グローバル金融危機後の金融・保険監督

保険のソルベンシー規制について詳しく説明する前に，グローバル金融危機後の国際的な金融・保険監督の変化についてその特徴を簡単に紹介してゆく．その特徴が，最近の金融・保険の規制の枠組みに大きく影響しているからである．最初に，標語的な表現をいくつか挙げてみよう．

- ミクロプルーデンス政策からマクロプルーデンス政策へ
- 規制型手法から監督型手法へ (細則主義から原則主義へ)
- 「大きすぎて潰せない」への対応
- 資本の量と資本の質
- 流動性とレバレッジ
- フォワードルッキング
- プロシクリカリティ

最初のミクロプルーデンス政策とは，個々の金融機関の経営危機を防ぐことを目的とし，マクロプルーデンス政策は金融システム全体のシステミックリスクに重きを置くことを目的とする監督手法とされる．金融危機後は，各国の監督当局が協調して危機の伝染の防止に注力し，マクロプルーデンス政策を重視し，さまざまな安全装置を用意するようになった．

次の規制型手法から監督型手法への転換は，具体的には細則主義 (rule-based) から原則主義 (principle-based) へと読み替えることができる．従来の規制は当局が事細かにルールを決め，それを遵守させることに重きを置いていた．ところが，金融市場は日進月歩であり，このやり方では規制が追い付かないばかりでなく，場合によっては正反対の効果を持つことさえあった．リーマンショックは証券化の進展に規制が追い付かなかったという一面もあった．そこで，一番，商品を理解している金融機関や保険会社のリスク管理にも一定程度責任を持たせ，当局はその内容を監視し，監督するという考え方が生まれてきた．これが監督型手法であり原則主義である．

　ところが，金融機関 (保険会社) との情報の非対称性があるため，細部にわたるきめ細かい監督の実現のためには，このような監督型手法には限界がある．特に，国際的に活動する大手コングロマリットの活動は一国の監督機関では対応できず，しかも，いったん破綻するとその影響は世界中に波及し，まさしく「大きくて潰せない」(TBTF：Too Big Too Fail) ため公的資金による救済になってしまう．しかも，そのことを見越してモラルハザードが起きていたのではないかという疑いもあった．その対応として，大手の国際的に活動する金融機関，保険会社に対する G-SIFIs, G-SIIs という仕組みが作られることになった．

　資本の量と質についても大きく見直さなければならなくなった．まず，資本量がストレス時の損失の吸収には不十分なばかりでなく，また資本の質では，ハイブリッド資本など損失吸収力に問題がある資本の存在が明らかになったため，適格資本の要件を厳格化した．

　流動性とレバレッジは，特にデリバティブ市場で問題になったため，過度なレバレッジに対する規制を導入し，流動性の枯渇の問題に対処するようになった．

　フォワードルッキング (forward-looking) は，過去と同じことが将来に起きるという前提に立たず，想定外のことも想定するという立場への変更であり，ストレステストの重視につながった．

　さらに，金融資本市場にはバブル現象がたびたび起きるものの，その最中には気づかず，バブル崩壊後に経済には深い爪痕が残り，長期に低迷する実体経

済が残されるということが繰り返されてきた．金融機関にはこの現象を増大させるプロシクリカリティ(景気変換増幅効果) があるため，これを抑制する反循環的 (countercyclical) 規制が導入されつつある．

15.2 バーゼル銀行規制

● ── バーゼル I

　金融機関の国際的なリスク規制の必要性に関する各国監督当局の問題意識は，国際的業務を展開する大銀行の間のリスク遮断の問題から始まった．すなわち，古くは 1974 年の西ドイツのヘルシュタット銀行とニューヨークのフランクリン・ナショナル銀行の破綻に端を発する国際業務に関する資金決済の不履行の問題があったが，その後も 1982 年にはイタリアのアンブロシアーノ銀行の破綻に際し，預金者の保護に対する監督上の責任の所在を巡って国際紛争が生ずることになった．その間，各国監督当局は自己資本比率規制などのリスク規制を講じてきたものの，各国がバラバラな規制を行ってもその効果には限界があった．すなわち，国際的な銀行監督の仕組みを作る必要性が高まってきたのである．

　そもそもバーゼル委員会は，スイスのバーゼルにある BIS (国際決済銀行) が事務局機能を担うことになったため，バーゼル委員会と呼ばれることになった．このように銀行危機対応に関する話し合いの場として発足したバーゼル委員会であったが，次第に銀行危機の事前予防へと議論が進み，紆余曲折を経て，いわゆるバーゼル合意が 1988 年に成立することになった．

　バーゼル I は，いわゆる信用リスク規制であり，クック比率 (Cooke ratio) と呼ばれる．銀行のカテゴリー別の保有資産残高にリスクの掛け目を乗じて得られるリスク加重資産 (RWA) の合計に対し，8%以上の自己資本 (コア資本に補足的資本を加算，日本の主張によって補足的資本の中に株式含み益の 45%が入ることになった) を確保することが要請されることとなった．この算出方式が理論的に優れているとは，とても主張できるものではないが，その「簡明性」，「透明性」ゆえ，その後の改定に際しても，同方式が継続的に使用されることになった．

クック比率は，オンバランス資産とオフバランス資産の双方に定められており，現金と OECD 諸国の発行する債券は 0%，企業貸付は 100%，抵当権のない住宅ローンは 50%などと決められている．オフバランス資産は**与信相当額**として表され，信用度が同じ貸付の元本とみなす考え方が基本で，商品によってさまざまな換算を行う．

結局，N 個のオンバランス資産項目 L_i と M 個のオフバランス資産項目 C_i を有するリスク加重資産は，w_i, w_i^* をそれぞれオンバランス，オフバランスの資産量のエクスポージャーとして，

$$\sum_{i=1}^{N} w_i L_i + \sum_{j=1}^{M} w_j^* C_j$$

となる．

1996 年になってバーゼル I の改訂が行われた．これは，銀行業務の中で，伝統的な預貸業務に加え，トレーディング業務が増大し，リスク管理上，市場リスクが無視できない存在になってきたからである．基本的にはトレーディング勘定の市場リスクに対しても，追加資本を求めるというのが改訂の内容である．当局は市場リスクに対してもカテゴリー別に所要資本の計算法に関する「標準的手法」を定めている．しかしながら，市場リスクに対しては「内部モデル法」の使用も初めて認めることになった．

当時，先進的な銀行では，リスク管理のため内部モデルを開発して，使用していたため VaR によるリスク量の計測を行っていた．例えば，J.P.Morgan が開発して公開したソフトウェア「Risk Metrics」はデファクトスタンダードとして一世を風靡した．当局の示したリスク量は VaR で 10 日間で信頼区間 99%という水準であった．この VaR を使って，kVaR + SRC が内部モデルを使用する銀行の所要資本となる．k は 3 倍以上の乗数，SRC は社債などの個別リスクに対する係数で当局により決められている．この所要資本は RWA に対応させるため 12.5 倍 (0.08 の逆数) され，所要資本の以下の式に変更された．

所要資本 = (信用リスク RWA + 市場リスク RWA) の 8%

● ── バーゼル II

　国際的に活動する銀行に対する共通のリスク規制の枠組みとして 1988 年のバーゼル合意 (バーゼル I) は見事な成功を収め，その後のバーゼル委員会方式の基礎を築いた[1]．しかし，一部不完全な規制もあり，見直しの必要性を求める声が，上がってきた[2]．

　1996 年 6 月にバーゼル委員会は，バーゼル II と呼ばれる新たな規則を提案し，長期の討議を経て，2007 年に適用された．バーゼル II の所要資本は「国際的に活動する銀行」に適用され，国内のみで活動する銀行には適用されない．バーゼル II は，以下の 3 本の「柱」の上に立つ．

- 最低所要 (自己) 資本
- 監督上の検証
- 市場規律

　第 1 の柱では，銀行勘定の信用リスクに対応する最低所要資本には取引先の信用度が反映されることになった．また，オペレーショナル・リスクが所要資本に算入された．この結果として改定後の基準は，以下の式に変更された．

$$所要資本 = (信用リスク RWA + 市場リスク RWA + オペレーショナル・リスク RWA) の 8\%$$

　第 2 の柱では，各国の監督上の検証プロセスの標準化を図るもので，各国監督当局の裁量を認めつつ，全体の整合性や適切な早期介入などを求める．また，銀行のリスク管理技術や運用の高度化を促す役割も期待する．

　第 3 の柱では，銀行に資本とリスクの配分方法についての情報を一層開示することを求める．これは，株主や格付け機関などに詳しい情報を開示することにより，銀行に健全なリスク管理能力の向上を努めさせる圧力になるという

---

[1] 保険会社のソルベンシー規制もソルベンシー II のようにバーゼル規制の大きな影響を受けて進展してきた．

[2] 例えば，企業向け貸付は信用度にかかわらず 100％の掛け目が適用され，デフォルトの相関も考慮されないなどの問題があった．

ものである．

　第1の柱では，RWA 計算について多くの改善が見られた．まず，内部モデルの考え方が大幅に採り入れられ，銀行自らが主導してリスク管理を行うことを奨励するようにした．

●──信用リスク

　信用リスクに関しては，

(1) 標準的手法
(2) 基礎的内部格付け (IRB) 手法
(3) 先進的内部格付け手法

の3手法が選択できるようになった．標準的手法では，信用度が銀行と企業をほぼ同等に扱うように改めた．

　IRB 手法の基礎にある考え方は，1ファクター正規コピュラ・モデルである．N 個の貸付の大きなポートフォリオを想定する．

- WCDR：1年間の最悪ケースのデフォルト割合．最悪ケースとは 99.9% の信頼水準で超えることのないデフォルト割合．
- PD：1年以内にデフォルトする確率
- デフォルト時点のエクスポージャー
- デフォルト時損失率 (デフォルト時損失／エクスポージャー)

　WCDR の公式については，第9章 (信用リスク) で説明した．これから，ある N 個の貸付ポートフォリオの損失が

$$\text{EAD} \times \text{LGD} \times \text{WCDR} \times N$$

よりも 99.9% の確率で下回ることになる．

　これを応用して，大企業向け貸付や中小企業向け貸し付けの公式を開発し，これに基づき所要資本を計算するものとした．

● ── オペレーショナル・リスク

オペレーショナル・リスクについても,

(1) 基礎的指標
(2) 標準的手法
(3) 先進的計測手法

の3手法が選択できるようになった.
　基礎的指標手法は,年間の粗利益の過去3年平均に15%を乗じたものである.標準的手法は異なる事業分野に異なる乗数を適用する.先進的計測手法は,自行の内部モデルに基づき1年間に信頼水準99.9%のVaRを求める.

● ── 監督上の検証

第2の柱では,以下の四つの基本原則を定めている.

(1) 銀行は自行のリスクと対応する資本の充実度を検証する.
(2) 監督当局は規制資本の順守状況をモニターし,必要なら必要な行動をとる.
(3) 最低自己資本を上回り,それを維持する経営を行うように促す.
(4) 最低自己資本を下回る前に早期に介入し,資本が維持・回復しない場合には改善行動をとる.

● ── 市場規律

バーゼル委員会は銀行に対し,リスクの評価方法と資本の充実度についての開示を増やすように促している.

15.3　保険会社のソルベンシー規制

保険会社のリスク規制は,バーゼル規制のような国際的な統一基準は作成されていないが,欧州のソルベンシーIIプロジェクトはEU加盟国共通の基準

であり，ある意味では今後の国際基準設定への一里塚となる実験といえよう．

15.3.1　日本：ソルベンシーマージン比率規制

1992 年 (平成 4 年) の保険審議会答申において，規制緩和・自由化の流れの中で，通常予測できる範囲を超えるリスクに対する備えとして支払余力 (ソルベンシーマージン) の必要性を指摘しており，それを受けて試行的にソルベンシーマージン比率の計算が行われ，当局への報告が行われていた．

しかし，日本における法律の裏付けを持つソルベンシーマージン比率規制として導入されたのは，1996 年の保険業法第 130 条と関連する業法施行規則においてであった．

保険業法第 130 条 (健全性の基準)

内閣総理大臣は，保険会社に係る次に掲げる額を用いて，保険会社の経営の健全性を判断するための基準として保険金等の支払能力の充実の状況が適当であるかどうかの基準を定めることができる．

一　資本金，基金，準備金その他の内閣府令で定めるものの額の合計額．
二　引き受けている保険に係る保険事故の発生その他の理由により発生し得る危険であって通常の予測を超えるものに対応する額として内閣府令で定めるところにより計算した額．

この「一　資本金，基金，準備金その他の内閣府令で定めるものの額の合計額」に当たる部分をソルベンシーマージン (支払余力) と呼び，保険会社がリスク対応のために利用できる資本 (相互会社の場合には剰余金) であり，「二」が，保険会社の抱える「通常の予測を超える」リスクの総量ということになる．ソルベンシーマージン比率は，「一」の「二」$\times \frac{1}{2}$ に対する比率として定義され，保険会社の健全性を示す指標として利用される．この比率が 200%を下回ると，保険会社の財務健全性が十分でないとみなされ，金融庁の是正措置命令が発動される．

15.3.2 健全性の基準

●──リスク相当額

リスク相当額は，保険会社を取り巻く通常の予測を超えるリスクを以下のように区分して，その区分ごとに計算し，分散効果を考慮した上で合計して算出される．生命保険と損害保険でリスク区分や計算方法は以下のように異なっている．

●──生命保険

$$\sqrt{(R_1+R_8)^2+(R_2+R_3+R_7)^2}+R_4$$

それぞれの "R" の内容は表 15.1 のとおりである．

表 15.1　生命保険のリスク区分

リスク区分	内容
R_1(保険リスク [生保])	大災害や流行病などによる保険金支払超過リスク
R_2(予定利率リスク)	資産運用利回りが予定利率を下回るリスク
R_3(資産運用リスク)	保有資産価値の下落リスク
R_4(経営管理リスク)	業務 (運営管理) 上，発生するリスク
R_7(最低保証リスク)	変額商品の最低保証に関わるリスク
R_8(第三分野リスク)	経験率が不足し不確実性が大きい第三分野商品特有のリスク

●──損害保険

$$\sqrt{(R_5+R_8)^2+(R_2+R_3)^2}+R_4+R_6$$

R_2, R_3, R_4, R_8 は生保と共通しているが，R_5 と R_6 は損保固有の項目である．

その後，ソルベンシーマージン比率の高い会社が破綻したことなどを受け，基準の厳格化の機運が高まり，2007 年の「ソルベンシー・マージン比率の算出

表 15.2 損害保険のリスク区分

リスク区分	内容
R_2(予定利率リスク)	資産運用利回りが予定利率を下回るリスク
R_3(資産運用リスク)	保有資産価値の下落リスク
R_4(経営管理リスク)	業務 (運営管理) 上，発生するリスク
R_5(普通保険リスク [損保])	平常時における保険金支払超過リスク
R_6(巨大災害リスク)	巨大災害など異常時の保険金支払超過リスク
R_8(第三分野リスク)	経験率が不足し不確実性が大きい第三分野商品特有のリスク

基準等に関する検討チーム」報告書により，見直しの提言が行われ，2012年度末から新しいソルベンシー規制が導入された．同報告は，中期的に EU で導入されたソルベンシー II で採用された「経済価値ベース」の規制を中期的目標とすべきことも提言し，金融庁は導入に向けてフィールドテストや ERM ヒアリングなどを重ねて実施しており，その方向で進んでいる．

15.3.3 米国：RBC 規制

米国には，銀行における FRB (Federal Reserve Fund：連邦準備金制度) のような連邦レベルの保険監督システムはなく，州法によって各州の保険監督官によって規制されている．しかし，ソルベンシー規制など米国内で共通の基準で規制する必要があるものについては，NAIC (National Association of Insurance Commisioners：全国保険監督官協会) が連邦レベルの諮問機関となっている．NAIC は 1870 年代に州際保険会社の監督を協議するために始まり，当初は統一財務諸表の開発を行っていたが，保険規制などの他分野にも拡大していった．

1980 年代から 90 年代はじめにかけて，保険会社の破たんが相次いだが，契約者保護基金により部分的に救済された．アクチュアリー団体の研究を基礎として，NAIC はいわゆる，リスクに基づく資本 (Risk-based Capital) の要件を開発し，1993 年に生命保険，1994 年に損害保険に適用を開始した．この枠

組は完全なものとはいえず，業界内で論議を巻き起こした．しかし，財務力の弱い会社を特定し，早期是正を行う仕組みは当時としては画期的なものであったと評価される．

RBC は目標となる最適な資本水準を表すというよりは，保険会社の規模やリスクプロファイルに応じて企業経営を行っていくのに必要な資本の最低金額を表すものとして測定される．RBC の計算においては，オペレーショナルリスクと大災害リスクを除く特定の重大なリスクが測定される．

大きく生保，損保の事業区分の下に以下のリスク区分がある (表 15.2, 15.3, 次ページ)．RBC 規制は，ファクターベースの公式に基づき区分ごとに計算され，それらのリスクは平方根の公式によってリスク統合されており，これらは互いに相関がないものとみなされている．すべての事業区分において，子会社への出資リスクについては分散投資効果は考慮されない．

RBC 比率は，$\dfrac{総調整自己資本}{\frac{1}{2}\mathrm{RBC}}$ で計算する．ただし，

$$\mathrm{TAC} = 資本 + 剰余 + \mathrm{AVR}(資産評価準備金) + 配当負債 \times 50\%$$

で RBC は生保，損保で以下の計算式になる．

- 生命保険：$\mathrm{RBC} = C_0 + C_{4a} + \sqrt{(C_{1o} + C_{3a})^2 + C_{1cs}^2 + C_2^2 + C_{3b}^2 + C_{3c}^2 + C_{4b}^2}$
- 損害保険：$\mathrm{RBC} = R_0 + \sqrt{R_1^2 + R_2^2 + R_3^2 + R_4^2 + R_5^2}$

それぞれのリスク分類は表 15.3 (生保)，表 15.4 (損保) のとおりである．

その中でも，年金や一時払生命保険の金利リスク (C_{3a} リスク) と変額年金の各種保証にかかるリスク (C_{3b} リスク) については，多数のシナリオを用いてリスク評価を行い，当該リスクへの対応が行われるようになった．前者のリスクへの対応は C3 PhaseI と呼ばれ，後者のリスクへの対応は 2005 年決算から適用され C3 PhaseII と呼ばれる．

具体的な評価方法については，確率論的手法と決定論的手法で算定した額のうちいずれか大きい額としてリスク額が計算される．

表 15.3　損害保険のリスク区分

C_0:資産リスク	保険関連会社への投資に係る損失リスク
C_{1cs}:資産リスク	非系列の普通株式と非保険関連会社への投資に係る損失リスク
C_{1o}:資産リスク	その他の資産 (再保険を含む) に係る損失リスク
C_2:保険リスク	死亡率等の悪化に伴う発生する損失リスク
C_{3a}:金利リスク	解約の増加，金利変動によるキャッシュフロー変動等のリスク
C_{3b}:医療保険信用リスク	マネージドケアで合意した医療サービスが提供されず，代替的保障を提供するための支出が生じるリスク
C_{3c}:市場リスク	変額年金の最低保証等に係る損失リスク
C_{4a}:ビジネスリスク	訴訟等の経営リスク，支払保障基金への拠出リスク等
C_{4b}:医療保険運営リスク	経営リスクのうち，医療保険運営に係るリスク

表 15.4　生命保険のリスク区分

R_0:資産リスク	関連保険会社投資等に係る損失リスク
R_1:資産リスク	固定利払債券，担保貸付等に係る損失リスク
R_2:資産リスク	株式投資，不動産等長期性資産等に係る損失
R_3:信用リスク	再保険以外の信用リスク，再保険回収リスクの $1/2$
R_4:保険引受リスク	支払備金リスク，再保険信用リスクの $1/2$，過度の保険料増収リスク (支払備金積み不足)
R_5:保険引受リスク	正味収入保険料リスク，過度の保険料増収リスク (保険料)，代替的保障提供で支出が生じるリスク

　損保では，R_4 要素が多くの種目において支配的であるが，生保では市場リスク (C_1 と C_3) が大きいと考えられる.

　RBC は保険監督の段階的な行政の介入基準にも利用されている．RBC が 200% を下回ると，当局は最初の介入段階に入る．監督当局に対し，会社は，潜在的なリスクを特定し，是正措置計画の提出を義務付けられる．

　会社の資本が RBC の 70% を下回ると，当局が経営権を掌握する，より厳しい措置となる．当局は，新契約の差し止めや資産ポートフォリオのリスク削

減を行う権限を持つ．

15.3.4　EU：ソルベンシー II

　欧州連合諸国の保険規制の共通基準として適用されていたソルベンシー I は，1970 年代の第 1 次生命保険指令 (79/267/EEC) や第 1 次損害保険指令 (73/239/EEC) で大枠が策定された．

　その特徴は，リスク量を責任準備金の一定割合と危険保険金の一定割合の合計とするなど簡便であるが，実際の保険会社のソルベンシーの計測には限界があるという認識が次第に監督者の間で強まってきた．

　1990 年代になると採択された EU 第 3 次指令で EU 域内での単一市場・単一免許が導入されたことから，各国まちまちとなっているソルベンシー規制の統一の必要性が高まり，また制度と金融市場とのかい離も生じていたため，現行制度の見直しが課題にあげられた．これらに対処するため，EU は当面の対応としてのソルベンシー I 改正と本格的対応のソルベンシー II の導入の二段階の対応を行うこととした．ソルベンシー I は，2002 年に合意され，2004 年から実施された．ソルベンシー I では，EU 共通の規制に加えて各国独自の規制強化策が認められたため，イギリスで独自の規制策が実施されるなど多くの国で各国独自の規制要件が強化された．

●──ソルベンシー II の導入

　ソルベンシー II は，いわゆるラムファルシー・プロセス (Lamfalussy process) に従って決定された最初の保険規制である．このプロセスは，規制の設計の段階でさまざまな当事者の役割を規定し，それぞれの段階ですべての当事者が参画することを保証する EU 独自の金融規制決定のプロセスである．ラムファルシー・プロセスは四つのレベルを含む (次ページ表 15.5)．

●──目的

　ソルベンシー II の目的は，保険会社の健全性を確保して状況悪化への耐性を備えることで保険契約者の保護を図ることにある．それと共に，競争条件を整備してより良い商品を市場に提供し EU の市場競争力を高めることも目的

表 15.5　ラムファルシー・プロセスの四つのレベル

	定義	内容	責任主体
レベル 1	ソルベンシー II 指令	全体の枠組原則	EC
レベル 2	実施指針	詳細な実施指針の合意の下で EC	EC
レベル 3	監督基準	日常的な監督に適用するガイドライン	EIOPA
レベル 4	評価	監視，法令遵守と実行	EIOPA

の一つである．ソルベンシー II は，生命保険，損害保険および再保険に適用される．ソルベンシー II は，現行の単純なファクター基準の資本要件を，より洗練されたリスク感応度の高い制度に改正しようとしている．保険会社は，その保有する主要なリスクをすべて勘案してより効率的なリスク管理を行うことが求められる．また，保険持ち株会社など保険グループに対しての規制を整備し，保険グループの本社の監督者が保険グループ全体に対するモニタリングを行うとともに，グループとしてのリスク分散効果を反映することで得られる資本要件の削減効果を保険グループに還元し，EU 単一市場・単一免許のメリットを生かそうとしている．

● ── 三つの柱手法

　ソルベンシー II では，銀行の新 BIS 規制 (バーゼル II) の監督手法として採用された三つの柱手法が保険用に修正して適用されている．これは，銀行，保険，証券という三つの金融セクターの監督手法の整合性が保たれるべきであるとの考え方による．

(1) 第 1 の柱；定量的要件

　監督当局の介入のレベルに対応して，二つの資本要件，すなわち，ソルベンシー資本要件 (SCR) と最低資本要件 (MCR) が設けられている．ソルベンシー資本要件 (SCR) は，リスクベースの規制資本要件で，資本水準

規制のキーとなるものである．SCR は保険会社が保有する主要なリスクで計量化可能なものすべてをカバーする．SCR の算出方法には，標準的手法と内部モデル手法の二つがある．MCR は，SCR よりは低い資本要件で，これを下回ると最終的な監督措置 (即ち免許の取消し) の引き金となるものである．また，資産・負債の評価基準，特に技術的準備金の評価基準が設定されている．

(2) **第 2 の柱；監督活動**

定性的な監督要件で，保険会社のリスク管理に関する要件や監督活動を含むものである．保険会社はそのリスク管理の一環として，リスクとソルベンシーの自己評価 (Own Risk and Solvency Assessment) の実施が求められる．これは，保険会社の内部評価過程という側面と保険監督者の監督ツールという側面の二面を持つ．

(3) **第 3 の柱；法定報告と公衆開示**

監督者への法定報告と一般への公衆開示である．一定の情報の公衆開示によってもたらされる市場規律が保険会社の安定性を強化する．また，公衆開示と法定報告の対象となる情報を明確に区分し，法定報告では企業機密情報を含むより広範な情報の報告を求めている．

● ── **財務的資源の適切な評価**

ソルベンシー評価に際しては，経済価値ベースのトータル・バランスシート・アプローチ (Total Balance Sheet Approach) が用いられている．これは，貸借対照表の全体としての評価額を用いる手法であり，資産と負債は一貫性を持って評価される．資産・負債の双方のすべてのリスクが考慮され，それらの相関関係も勘案される．このようにして評価された結果，利用可能資産の額が，非劣後債務と所要資本の合計額をカバーしていることが必要となる．即ち，この手法では，適格自己資金 (Eligible Own Fund) が SCR を上回っていなければならない．

● ── 技術的準備金

技術準備金は，現在出口価値の考え方で最良推定値とリスク・マージン (ヘッジ可能リスクを除く) の合計額として算出される．ほぼ SST と同様の概念である．

● ── 適格自己資金

適格自己資金 (Eligible Own Fund) は，リスクバッファーとして機能するかまたは必要となった場合に損失の吸収に充てる利用可能財務資源に対応するものである．

15.4 グローバル金融危機後の規制の枠組みの変化

15.4.1 金融安定委員会 (FSB)

リーマンショックの及ぼした甚大な影響は，各国の政府レベルにおいても深刻な反省を促すことになった．2009 年 4 月の第 2 回 G20 ロンドン・サミットの宣言を踏まえ，従来あった金融安定化フォーラム (FSF：Financial Stability Forum) はより強固な権限と能力を擁する金融安定化理事会 (FSB：Fianancial Stability Board) に改組され，金融システム安定化の司令塔の役割を果たすことになった．主な役割は，

(1) 国際金融システムに影響を及ぼす脆弱性の評価と対応措置の特定・見直し
(2) 金融安定化に資する金融当局間の協調と情報交換
(3) 規制上の基準の遵守におけるベストプラクティスに関する助言・監視等

である．ちなみに，FSB には世界主要国・地域の中央銀行や金融監督当局のほか，バーゼル銀行監督委員会 (BCBS)，保険監督者国際機構 (IAIS)，証券監督者国際機構 (IOSCO)，IMF，世界銀行などが参加している．

15.4.2　バーゼルIII

　2007年–2008年のリーマンショックとそれに続く欧州債務危機は，銀行の自己資本規制がいかに危機に対し脆弱であるかを明らかにした．特に，資金流動性と市場流動性に対する備えは明らかに不十分であった．各国の規制当局も世界規模のシステミックリスクの発生を防ぐことはできなかった．今日では銀行規制と銀行のリスク管理体制に欠陥があったことが関係者すべてに理解され，同じ失敗を繰り返さないためにさまざまな改革が進められることになった．

　リーマンショックを思い起こすと，いわゆる低格付けの「サブプライム」の不動産証券化商品の問題にに端を発した証券化派生商品市場の混乱から，2008年9月には投資銀行のLehman Brothersが破綻し，有力投資銀行のGoldman SachsとMorgan Stanleyは銀行持ち株会社に転換，FNMAとFreddie Macが国有化，保険大手のAIGが一時的に実質破綻，その後，欧州の大手金融グループ，Fortisの解体，売却，アイスランドの金融システム崩壊へとまさにグローバルな金融危機というべき歴史的な事件となった．さらに，この危機はギリシャの財政破綻を契機として，欧州の銀行システムの債務危機につながり，金融安定化までに多くの努力と時間が費やされた．

　グローバル金融危機における失敗をまとめておくことにしよう．以下の事実は，多くの論者に指摘されてきた．

- **自己資本**：金融危機に対応するには水準・質とも不十分だった．特にTierIにおけるハイブリッド資本は役に立たなかった．
- **レバレッジ**：利益を上げるために過度のリスクをとり，レバレッジが課題になっていた．
- **利益相反**：格付け機関が報酬を得て，証券化商品の格付けを付けていた．
- **トレーディング勘定のルール**：流動性の低い信用デリバティブを大量に保有していたが，VaRでの計測は過小評価となっていた．
- **流動性リスク管理**：短期の市場性資金調達で流動性の低い資産や証券化商品で運用していた．
- **報酬とガバナンス**：役員報酬がストックオプションなど過度の利益志向になっており，また内部統制も効いていなかった．

- **システミックリスクの理解**:「大き過ぎて潰せない (Too big to fail)」を逆手にとった巨大金融機関のモラルハザードがあった.

バーゼル III はこれらの問題に対処するために設計され，銀行に対する規制であると同時に，金融システムのシステミックリスクへの対応のための規制でもある．対応策は，以下の四つである．それぞれ簡単に説明する．

(1) **自己資本比率の引き上げ**：自己資本比率の内容が改正された．国際基準行については，まずリスク吸収能力が高い普通株式を TierI の基本とし，普通株式などの TierI 比率が 4.5%，TierI 比率は 6%，総自己資本で 8% とされた．

(2) **資本の質の向上**：いわゆるハイブリッド資本は排除され，CoCo 債[3]と呼ばれる商品のみが認められることになった．また，TierII も劣後債務や CoCo 債のような偶発転換社債に限定され，TierIII は廃止された．

(3) **リスク捕捉の強化**：トレーディング勘定の証券化商品についてストレス VaR の採用やリスクウェイトの強化．

(4) **マクロプルーデンスによる補完**：新たにエクスポージャー (オンバランス・オフバランス) に対する TierI 資本の比率を 3%以上とするレバレッジ比率規制が導入された．かねてより問題になっていた景気循環増幅効果を弱めるべくカウンターシクリカル資本バッファーという資本の追加賦課を行う仕組みを導入．SIFIs と呼ばれる最大手金融機関については，さらに追加資本を求める規制を導入．

なお，そのほかにオペレーショナル・リスクの AMA の廃止と標準的手法の見直し，信用リスクの標準的手法の見直しなど，改訂作業は今の進行中である．

---

[3] Coco 債 (Contingent Convertible Bonds：偶発転換社債) とは，発行体である金融機関の自己資本比率があらかじめ定められた水準を下回った場合などにおいて，元本の一部または全部が削減される，または，強制的に株式に転換されるなどの仕組み (トリガー) を有する証券のこと．

15.4.3　EU：ソルベンシー II

　金融危機を契機に，ソルベンシー II によって長期保証契約が提供困難になる懸念が示された．この懸念に対処するため，受給開始後終身年金など長期保証契約への影響度調査 (LTGA) が実施され，表 15.6 のような「長期保証契約への緩和措置」が盛り込まれた．

表 15.6　長期保証契約への緩和措置

項目	概要	効果
ボラティリティ調整	保有債券の運用利回りと保険負債の割引率が大きく乖離することにより，資産と負債の評価が不整合となることを避けるため，債券利回りの一部を保険負債の割引率に上乗せ．	金融市場のストレスが引起こす保険会社のリスク性資産圧縮インセンティブを緩和．
マッチング調整	資産と負債のキャッシュフローがマッチングしており，将来キャッシュフローの予見可能性が高い契約について，保険負債の割引率に対応資産の利回りを基に上乗せ．	資産と負債がマッチングしている実態が反映されるは，金利変動の影響を回避．
超長期金利の補外	保険負債の割引率において，終局金利を用いて市場で観察可能な年限を超える部分を補外．終局金利は「期待実質金利＋期待インフレ率」．	補外部分の金利変動を抑制し，負債のボラティリティを抑制．
移行措置	基準導入時の既保有契約を対象に，基準導入後，一定年数 (最大 16 年間) にわたり，新基準と旧基準 (SolI) の割引率を補間した率を使用．	保険会社の財務状況の激変緩和．

　内容的には，反景気循環プレミアム (CCP；counter-cyclical premium)，マッ

チング調整，イードルカーブの補外，経過措置からなる．CCP は，金融市場がストレス状態にあると当局が認定した場合，割引率に当局所定の金利を一律上乗せするもの，マッチング調整は資産と負債のキャッシュフローがマッチングしており，将来キャッシュフローの予見可能性が高い契約について，資産収益率に基づく割引率を使用するもの，イードルカーブの補外は一定年限までの金利は市場の値を用いるが，それより長期の年限の金利は固定的な値に収束させるというものである．CCP は最終的には，ボラティリティ調整 (volatility adjustment) という当局の判断ではなく社債スプレッドの水準により調整する仕組みに変更された．

15.4.4 IAIS

保険監督に関する国際的な基準設定は IAIS (保険監督者国際機構) が担っている．IAIS は，1994 年にスイスのバーゼルに設立した団体で，約 140 か国の保険監督機関や監督者がメンバーとなっている．主な目的は，

(1) 効果的かつ国際的に整合的な保険監督の促進
(2) 世界の金融安定への貢献
(3) 国際保険監督基準の策定及び実施の促進
(4) 保険監督者間の協調の促進，
(5) 他の金融分野の監督機関との連携

等にある．ICP (保険基本原則) は，(3) に属する活動である．

IAIS は，ICP を通じて，各国の保険監督において遵守すべき原則・基準を定めている．ICP16 には ERM，ICP17 には資本十分性，ICP24 にはマクロ・プルデンシャルについての原則が記述されている．

これらの規定は，IMF が実施する FSAP (金融セクター評価プログラム) を通じ，各国の保険監督当局の制度設計に対する影響力は強い．

日本では，2011 年末～2012 年初にかけて，FSAP が実施され，評価書も公表されている．評価書の総論としては，日本の金融市場は，金融システムの強

化がなされている旨の評価が下されたが，保険セクターに対する各論として，経済価値ベースソルベンシーに関する言及を行った．(5) に属する活動として，バーゼル規制と同じく国際的に活動する保険グループ (IAIG) について共通の資本規制を適用しようとするコムフレーム[4]という国際的な監督の枠組みの検討を行っている．共通の資本規制は ICS (International Capital Standards) と呼ばれ，2019 年完成，2020 年実施を目指している．

他方，グローバルな金融危機対応の一環として，IAIS では 2014 年 10 月，金融機関の G-SIFIs の保険版である G-SIIs (Globally Systematically Important Insurers) を指定し[5]，それらの会社には基礎的資本要件 (BCR：2014 年 11 月確定) に加え，より高い損失吸収能力をもつ上乗せ資本 (HLA：2015 年 11 月確定) を課すことにした．BCR は ICS 完成後，ICS に置き換えられる予定である．

また，ORSA (Own Risk Solvency Assesment) という ERM フレームワークやソルベンシー II の中での中核となる機能について，IAIS も ICP16 (ソルベンシー目的での ERM) の中で強調しており，各国監督当局に ORSA の実施を求める以下のような 1 節がある．

────── リスクとソルベンシーの自己評価 (ORSA) ──────
監督者は，保険者が自らのリスク管理の適切性と現在もしくは起こりうる将来のソルベンシー状況の適切性を評価するために，定期的にリスクとソルベンシーの自己評価を行うことを要求する．

この規定から，ORSA は各国の監督者に大きな影響を及ぼし，保険会社 ERM の中核となる仕組みとして位置づけられることになろう．

---

[4] ComFrame (コムフレーム) は，"Common Framework for the Supervision of Internationally Active Insurance Groups (IAIG)" の略語で，IAIG に対する共通のフレームワークという意味である．

[5] 2014 年 11 月現在 9 社 (アリアンツ，AIG，ジェネラリ，AVIVA，AXA，メットライフ，平安保険，プルデンシャル・フィナンシャル (米)，プルデンシャル (英)) が選定．

15.4.5 米国

NAIC (全米保険監督官協会) は，SMI (solvency modernization initiative) と称するソルベンシー基準の見直しプロジェクトを実施した．当プロジェクトは，2008 年に開始し，2013 年 8 月に「米国の州ベースの保険財務規制システムとソルベンシー現代化イニシアチブ」(ホワイトペーパー) を採択している．検討は，欧州ソルベンシー II 等の国際動向を分析し，米国制度の改定要否を検討することを出発点として発足し，ソルベンシ II や IASB 保険プロジェクトの調査を行い，採用する可能性のあるアイデアの特定や原則主義ベースの評価を行った．しかし，ホワイトペーパーでは，市場整合的評価に対し，慎重に捉える方向性が示され，現行の枠組みを大きく変えずに国際動向を踏まえてアップデートする方向で対応する．特に，変額年金や無失効保証付ユニバーサル保険の販売など，保険商品が複雑化してきたことに対応して，従来の画一的な算式ベースの責任準備金評価手法を見直すもの PBR (原則主義ベースの責任準備金評価) を検討することになっている．

15.4.6 日本

2007 年の「ソルベンシー・マージン比率の算出基準等に関する検討チーム」報告書により，以下のような提言がなされた．

- ソルベンシー規制の今後あるべき姿として，経済価値ベースで保険会社のソルベンシーを評価する方法を目指すべきである．このような評価手法を導入するに当たっては，新しい手法を導入するための検討課題や困難性について十分に研究を行いながら進める必要がある．
- 我が国における経済価値ベースでのソルベンシー規制の導入に向けた検討や試行を十分なスピード感をもって進めていく必要がある．

それを受けて，金融庁は 2010 年 6 月，2014 年 6 月，2016 年 6 月に全保険会社を対象としたフィールドテストを実施している．直近のフィールドテスト[6]は IAIS の ICS に準じたものであるとしている．その趣旨は，「各保険会

---

[6] 正確には，経済価値ベースの評価・監督手法の検討に関するフィールドテスト．

社において，改めてフィールドテストを実施することにより，各保険会社の対応状況や直近の低金利下におけるソルベンシーの状況を把握し，その過程で抽出された実務上の課題等を今後の導入に向けた検討に活用」するものとされる．その概要は以下のようなものである．

- 全保険会社を対象に，アンケート方式により経済価値ベースの資産，保険負債，資本の質，各種所要資本の計算等を実際に行うことを要請し，その過程における課題等の報告を求める．
- 計算方法，金利水準，リスク係数等の前提条件については，金融庁が提示．その際の計算方法は，IAIS で検討されている ICS (国際資本基準) と基本的に整合的なもの．
- すでに，自主的に，内部モデル等により，経済価値ベースの保険負債評価に基づくリスク管理等を行っている先進的な保険会社に対しては，当該内部モデルの実態等についてもアンケート調査を実施．
- 回答の回収後，集計を行い，全体の傾向および把握された主な課題等について，概要を公表 (個社の結果は公表しない)．

2016 年のフィールドテストの金融庁による結果の概要は以下のとおりであった．まず計算の前提条件については，ICS フィールドテストの仕様書における MAV (市場調整評価) 手法に基づいた計算方法とした．計算基準日は，原則として平成 28 年 3 月 31 日とした．また，経済前提に対する感応度を把握するために，以下のシナリオに基づく計算も実施した．

(a) 経済前提のみ，平成 27 年 3 月 31 日時点のものに変更
(b) 円金利のイールドカーブを 50bps 上昇 (パラレルシフト)
(c) 円金利のイールドカーブを 50bps 下降 (パラレルシフト)
(d) 株式・不動産の時価を 10%下落
(e) 為替レートを 10%円高

生命保険会社については，保険負債の割引金利の補外方法[7]の違いによる影響を把握するため，以下の2種類の方法を試行した．

(a) フォワードレートが UFR[8] に収束するように補外する方法[9]
(b) 市場の金利を参照する期間の最終年限のフォワードレートを一定として補外する方法

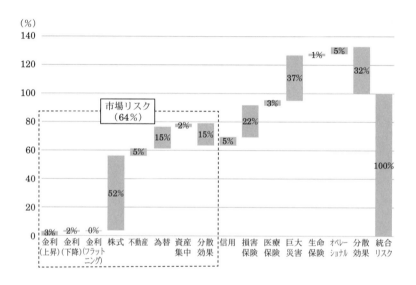

図 15.1　生命保険会社の所要資本の内訳 (平成 28 年 3 月末，単体ベース)

---

[7] 保険負債の割引金利は，一定の流動性がある信頼度の高い期間は市場の金利を参照する一方で，それを超える期間は何らかの方法で設定 (補外) する必要がある．

[8] Ultimate Forward Rate の略 (終局フォワードレート).

[9] ICS フィールドテストにおける仕様であり，円金利の場合，補外開始点は 30 年，収束期間は 30 年，UFR の水準は 3.5%とされている．なお，UFR の水準はマクロ経済的な観点から設定されており，円金利の 3.5%は，長期経済成長率 1.5%と長期インフレターゲット 2.0%の合計．

ESR[10]は，2015年3月末の経済前提では生命保険会社が150%（41社平均），損害保険会社が201%（51社平均），2016年3月末の経済前提ではそれぞれ104%（同），194%（同）と，いずれも適格資本が所要資本を超える水準となった．また，生命保険会社のESRについては，経済前提（特に，円金利）に対する感応度が大きいことが確認された．生命保険会社について，ESRの分子の適格資本の内訳を分析したところ，評価差額等の割合が大きく，これが経済前提に対する純資産の変動性の主因となっていた（前ページ図15.1）．なお，損害保険会社については，経済前提に対する感応度は生命保険会社と比較して小さかった（図15.2）．

また，金融庁はこの間，毎年のようにERMに関するヒアリング調査も行っている．平成28年9月15日に公表されたORSAレポートとERM態勢に関する報告書の概要も公表している．対象は国内の保険会社および保険持株会社22社である．ヒアリング項目は，

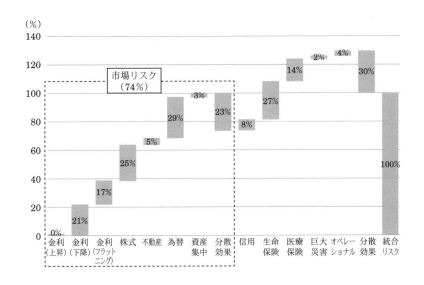

図 **15.2** 損害保険会社の所要資本の内訳（平成28年3月末，単体ベース）

---

[10] Economic Solvency Ratio の略（経済価値ベースのソルベンシー比率）．経済価値ベースの適格資本を所要資本で除した値．

(1) リスク選好 (アペタイト) に関するフレームワーク
(2) リスクとソルベンシーの自己評価 (ORSA)
(3) ERM の活用状況
(4) グループ ERM と内部監査体制
(5) 低金利下における金利急騰リスクへの対応
(6) 自然災害リスクへの対応

など多岐にわたる．結論的には，業界全体として ERM 態勢は進展してきているが，まだ多くの課題が積み残されている会社もある．グループベース ERM と内部監査態勢は緒についたばかりであり，継続的な取り組みが必要とされた．さらに内部モデルの開発についても論理的妥当性の検証など継続的な取り組みが必要とされている．

Appendix

A.1 年表

年	事件	国際金融規制
1990 年前	プラザ合意 (1985), ブラックマンデー (1987)	ISDA 発足 (1985), バーゼル I 公表 (1988)
1991 年	湾岸戦争	
1992 年		バーゼル I 完全適用
1993 年		G30 レポート
1994 年	FRB ショック	デリバティブ指針
1995 年	ベアリング銀行破綻	
1996 年		市場リスク修正合意公表
1997 年	アジア通貨危機	市場リスク修正合意適用
1998 年	ロシア危機	
1999 年	LTCM 破綻	
2000 年		ストレステスト報告書
2001 年	米国同時多発テロ	
2002 年	ユーロ発足	米国・企業改革法
2003 年	イラク戦争	
2004 年		バーゼル II 公表
2004 年		COSO・ERM の枠組み
2006 年		バーゼル II 適用
2007 年	サブプライム危機	バーゼル II 先進的手法適用
2008 年	リーマンショック, AIG 破綻	金融安定化フォーラム (FSF) 報告
2009 年		バーゼル III 市中協議案公表
2009 年		金融安定化理事会 (FSB) 創設
2010 年	ユーロ危機	G20 バーゼル II 是認
2011 年	東日本大震災	トレーディング勘定ルール適用
2011 年		G-SIBs29 行公表
2012 年	習近平政権誕生	
2013 年		バーゼル III 適用開始
2014 年	ウクライナ危機	
2015 年		
2016 年以降		バーゼル III の完全適用 (2019)

年	海外・国際保険規制	日本
1990 年前	ソルベンシー I (1973)	
1991 年		バブル崩壊
1992 年		保険審議会答申
1993 年	米国 RBC 規制	
1994 年	IAIS 設立	
1995 年		
1996 年		金融ビッグバン,保険業法改正
1997 年	IASB 保険契約	山一証券,北海道拓殖銀行破綻
1998 年		日本長期信用銀行破綻
1999 年		東邦生命破綻
2000 年		第百,千代田,協栄生命破綻
2001 年		東京生命破綻
2002 年		
2003 年	SST プロジェクト	
2004 年		
2004 年		
2006 年		会社法施行
2007 年		バーゼル II 適用開始
2008 年	米国 SMI, SST 大規模会社適用	大和生命破綻
2009 年		
2009 年		
2010 年	IAIS ComFrame 開発開始	
2011 年	IAIS：ICP16 改訂 (ORSA, ERM)	金融庁 ERM ヒアリング
2011 年	SST 本格適用	
2012 年		第 2 次安倍政権
2013 年	G-SIIs9 社公表	日銀異次元緩和
2014 年		
2015 年		
2016 年以降	ソルベンシー II (2016)	

A.2　CERA シラバスとの対応

ERM の国際資格試験 CERA のシラバスにおいては，

(1) ERM の概念と枠組み

(2) ERM のプロセス

(3) リスクの分類と特定

(4) リスク・モデリングとリスクの統合

(5) リスク尺度

(6) リスク・マネジメントのツールと技術

(7) エコノミック・キャピタル

の 7 つの大項目について，さらに細分化した小項目を学習の基礎としている．(括弧内はブルームの分類を示す．2014 年に改定)

●──ERM の概念と枠組み

(a) ERM の概念，それを推進するドライバー，その結果組織に生じる価値を記述する．(2-3)

(b) ERM において主要な用語を説明する．(2-3)

(c) 組織における ERM に対する適切な枠組みおよび許容しうるガバナンスの構造を分析する．(4-5)

(d) 組織がどの程度リスク管理の文化 (危険意識，説明責任，規律，協力，報償，コミュニケーションを含む) を持つか評価する．(4-5)

(e) ガバナンスの問題 (市場行動，監査，法務リスク) についての理解を明示する．(3-4)

(f) 監督法規等 (例えば，Basel II, Solvency II, Sarbanes-Oxley, COSO, Aus/NZ 4360, ISO 31000) におけるリスクの枠組およびこれらの基礎となる原則についての理解を明示する．(3-4)

(g) 監督当局，格付機関，証券アナリスト，会社の利害関係者の視点，ならびにどのように彼らが組織のリスク及びそのリスク管理を評価するかについての理解を明示する．(3-4)

(h) 組織のリスク特性のより良い評価，エコノミックキャピタルの可能な削減，格付の改善などを通じて，ERM のプロセスが組織に対する価値をどのように創造し得るのかを提案する．(5)

(i) 組織のリスク特性の変化から生じるリスクとリターンのトレードオフを述べる．(3-4)

●――ERM のプロセス

(j) どのように，組織のリスク選好度，定量化されたリスク許容度，リスク哲学，リスク目的を表現するかを明示する．(3-4)

(k) どのように，望ましいリスク特性と適切なリスクフィルターを表現するかを明示する．(3-4)

(l) 財務，非財務リスクから生じる会社全体のリスクエクスポージャーを査定する．(6)

(m) 顧客，行政監督者，政府，取締役，専門アドバイザー，株主ならびに一般大衆を含めた多様なステークホルダーについて，リスク測定とその管理についての関心を比較する．(4)

(n) 伝播およびそれが異なるステークホルダーにどのように影響するか明示する．(3-4)

(o) 成功したリスク管理機能と組織のリスク管理機能の構造の要素を評価する．(4-5)

(p) 財務やその他のリスクと機会が戦略の選択にどのように影響するか，そしてどのようにＥＲＭが事業体の戦略立案に適切に組み込まれるかを決定する．(4-5)

(q) リスク管理コントロールサイクルのようなリスクコントロールプロセスおよび他の類似する手法の応用について明示する．(3)

(r) 実際 (ケーススタディー) や仮定の状況に対処するための ERM による解決や戦略を提案する．(5-6)

● リスクの分類と特定

(s) リスクと不確実性によって意味づけられるものを説明する．(2)
(t) リスクの異なる定義と概念を記述する．(2)
(u) リスクの分類を議論する．(2-3)
(v) 事業体が直面する財務および非財務リスクを調査し解釈する．これらのリスクには，為替リスク，信用リスク，スプレッドリスク，流動性リスク，金利リスク，株式リスク，災害／保険リスク，プライシングリスク，準備金リスク，その他の商品リスク，オペレーショナルリスク，プロジェクトリスク，戦略リスク等が含まれるがこれらに限らない．(3-4)

● リスク・モデリングとリスクの統合

(w) 事業体が直面するそれぞれの財務および非財務リスクはどのように定量分析に従っていくことができるかを明示する．(3-4)
(x) 相関関係を組み込んだ全社レベルのリスク統合技術を明示する．(3-4)
(y) 多変量リスクのモデリング過程の一部として適切なコピュラを評価し，選択する．(4-5)
(z) リスク計測過程の中でのシナリオ分析とストレステストの活用を明示する．(3-4)
(aa) モデルリスク軽減のため極値理論 (EVT) の活用を検査する．(4)
(bb) 分布のテイルとテイル相関ならびに低頻度高損害事象の重要性を明示する．(3-4)
(cc) モデルとパラメータのリスクについての理解を明示する．(3-4)
(dd) 多様なリスクを扱うための確率論的手法を含む適切なモデルを評価し，選択する．(4-5)

● ── リスク尺度

(ee) 統合リスク管理のプロセスの中で，リスク・エクスポージャーとリスク許容度の主要なタイプを定量化するためのリスク・メトリックを適用する．(3-4)

(ff) VaR や TVaR のようなリスク尺度の特性と限界を明示する．(3-4)

(gg) 最近の統計手法を用いて定量的な金融や保険のデータを分析する (資産価格，信用スプレッドとデフォルト，金利，事故，訴訟，損害を含む)．(4-5)

(hh) 事業体が直面するさまざまな財務・非財務リスクの計測，モデリング，管理のベストプラクティスを評価する．(4-5)

(ii) 確定利付証券にかかわる信用リスクを分析する．(4-5)

● ── リスク・マネジメントのツールと技術

(jj) リスク管理の合理的根拠とリスク・ヘッジの適切な程度の選択を述べる．(3-4)

(kk) リスク最適化と ERM 戦略が組織の価値に与える影響を明示する．(3-4)

(ll) 第三者にリスク移転する方法を明示し，実施した場合のコストと利益を推定する．(3)

(mm) 移転することなくリスクを減少させる方法を明示する．(3-4)

(nn) デリバティブ，合成証券および金融契約がどのようにリスクの減少あるいは最もそれを保持できる者に割り当てるのに使用されるか明示する．(3-4)

(oo) 所与の状況に対して適切なヘッジ戦略 (例えば，再保険，デリバティブ，金融契約) の選択を決定する．そのヘッジ戦略は，収益が信用リスク，ベーシス・リスク，モラル・ハザードおよびその他のリスクを含む固有のコストとバランスがとれるものである．(4-5)

(pp) ダイナミック・ヘッジングを含めた市場リスクのヘッジの実用性に対する理解を明示する．(3-4)

(qq) デリバティブに関する信用リスクを定義する．出再保険に関する信用リスクを定義する．カウンターパーティー・リスクを定義する，包括的なデューディリジェンスおよびカウンターパーティー・エクスポージャーの統合的上限の使用について明示する．(3-4)

(rr) キー・レート・リスクを含む株式および金利リスクのコントロールにファンディングとポートフォリオ・マネジメント戦略を適用する．イミュナイゼーションの概念を最近の改良と実務上の制約を含め説明する．(3-4)

(ss) アセット・アロケーションを含む投資方針と戦略の制定への ALM 原則の適用を分析する．(4-5)

(tt) その他の重要なリスク (例えば，オペレーショナル，戦略，法務，および保険リスク) および不確実性を特定し，解釈する．そして，可能な低減戦略を明示する．(3-4)

●──エコノミック・キャピタル

(uu) 価値の経済的尺度 (例えば，EVA，エンベディッド・バリュー，エコノミック・キャピタル) の概念を解釈し，企業の意思決定プロセスにおける利用を明示する．(3-4)

(vv) リスク計測を応用し，エコノミック・キャピタルの評価においてそれらをどのように使用するかを明示する．(3-4)

(ww) 業績を測定するために，リスク／資本／ヘッジ戦略の "コスト" をビジネス・ユニットに配賦／充当する技術を提案する．(5-6)

(xx) 典型的な金融機関に対するエコノミック・キャピタルのモデルを開発する．(5-6)

参考文献

[1] 天谷知子 (2012),『金融機能と金融規制——プルーデンシャル規制の誕生と変化』, 金融財政事情研究会.

[2] あらた監査法人 (2013),『保険会社の「経済価値ベース」経営——規制・リスク管理・財務報告の国際動向』, 中央経済社.

[3] ERM 経営研究会 (2015),『保険 ERM 経営の理論と実践』, 公益財団法人 損害保険事業総合研究所編, 金融財政事情研究会.

[4] エイオン・ベンフィールド・ジャパン株式会社 (2012),『自然災害リスクに係る外部調達モデルの構造等に関する調査報告書』.

[5] 大岡英興, 長野哲平, 馬場直彦 (2006),「わが国の OIS (Overnight Index Swap) 市場の現状」,『日銀レビュー』, 金融市場局, 2006.8.

[6] 大山剛, 他 (2012),『これからのストレステスト』, 金融財政事情研究会.

[7] 菅野正康 (2011),『リスクマネジメント』, ミネルヴァ書房.

[8] 菅野正康 (2014),『入門 金融リスク資本と統合リスク管理』, 金融財政事情研究会.

[9] 木島正明 (1999),『期間構造モデルと金利デリバティブ』, 朝倉書店, シリーズ 現代金融工学.

[10] 木島正明, 田中敬一 (2007),『資産の価格付けと測度変換』, 朝倉書店.

[11] 金融庁 (2017),『経済価値ベースの評価・監督手法の検討に関するフィールドテストの結果概要について』.

[12] 金融庁金融研究研修センター (2008),「欧州の先進的な保険リスク管理システムに関する研究会報告書」, 2008.9.9.

[13] 楠岡成雄, 長山いずみ (2017),『数理ファイナンス』, 東京大学出版会.

[14] 楠岡成雄, 伏屋広隆 (2017),「市場リスクの計量化における統計学的問題点」,『JARIP ジャーナル』, **9**.

[15] 新日本有限責任監査法人 (2013),『ORSA：リスクとソルベンシーの自己評価——保険会社における ERM 態勢整備』, きんざい.

[16] 田中周二編 (2002),『生保の株式会社化』, 東洋経済新報社.

[17] 田中周二 (2016),「市場整合性とは何か？ その有用性と限界」,『JARIP ジャーナル』, **7**.

[18] 茶野努, 他 (2015),『経済価値ベースの ERM』, 中央経済社.

[19] 塚原英敦 (2007), 「リスク尺度――理論と統計手法」, 『リスクと保険』, **3**.

[20] 中原玄太 (2014), 『LIBOR ディスカウントと OIS ディスカウント』, 金融財政事情研究会.

[21] 日本アクチュアリー会 (2009), 「保険契約の技術的準備金等の経済価値ベース評価における日本での実務面に関する調査・研究（中間報告）」, 『会報別冊』, 第 240 号.

[22] 日本アクチュアリー会 (2013), 「経済価値ベースのソルベンシー規制に係る技術的検討　諸外国等の規制動向」, 2013.8.

[23] 日本アクチュアリー会国際基準実務検討部会（生保・損保）(2015), 「ソルベンシー資本要件計算の標準的公式における基本的な前提（EU ソルベンシー II）」, 『会報別冊』, 第 273 号.

[24] 日本アクチュアリー会国際関係委員会外国文献研究会 (2016), 「収益発生の認識――5 つの財務報告基準における保険会計」, 『会報別冊』, 第 275 号.

[25] 森本祐司, 祖父江正, 松平直之 (2011), 『"全体最適" の保険 ALM』, 金融財政事情研究会.

[26] 三石宣史 (2010), 「生命保険事業における複製ポートフォリオの応用」, 『リスクと保険』, **6**.

[27] 有限責任監査法人トーマツ金融インダストリーグループ (2011), 『IFRS 保険契約』, 清文社.

[28] 米山高生, 酒井重人, 他 (2015), 『保険 ERM 戦略――リスク分散への挑戦』, 保険毎日新聞社.

[29] Sandstrom,A. (2010), *Handbook of Solvency for Actuaries and Risk Managers : Theory and Practice*, Chapman & Hall/Crc Finance Series.

[30] Cairns,A.J.G. (2004), *Interest Rate Models An Introduction*, Princeton University Press.

[31] Artzner, P., Delbaen,F., Eber,J., and Heath,D. (1997), "Thinking coherently", *Risk Magazine*, **10**(11) : 68–71.

[32] Artzner, P., Delbaen, F., Eber, J.-M., and Heath, D. (1999), "Coherent measures of risk", *Mathematical Finance*, **9**(3) : 203–228.

[33] American Academy of Actuaries (2002), "Fair Valuation of Insurance Liabilities : Principles and Methods".

[34] Bauer, D., Kiesel, R., Kling, A. and Rus, J. (2006), "Risk-neutral valua-

tion of participating life insurance contracts", *Insurance : Methematics and Economics* **39**, 171–183.

[35] Scherer,B. (2003), *Asset and Liability Management Tools*, Risk Books.

[36] Björk, T. (2009), *Arbitrage Theory in Continuous Time*, 3rd edition, Oxford Finance；『数理ファイナンスの基礎――連続時間モデル』，前川功一訳，朝倉書店，2005.

[37] Boller,P., Gregoire,C., Kawano,T. (2016), "IAA Risk Book : Chapter 4. Operational Risk", approved on 15 September 2015 and amended on 8 March 2016 IAA；ピーター・ボーラー，キャロライン・グレゴワール，河野年洋，「リスクブック：第 4 章――オペレーショナルリスク」，日本アクチュアリー会 e-learning 教材.

[38] Brace,A., Gatarek,D., and Musiela,M. (1997), "The market model of interest rate dynamics", *Math. Finance*, **7**(2) : 127–155.

[39] Brigo D., Mercurio F. (2006), *Interest rate models - theory and practice*, 2nd ed., Springer.

[40] Cairns, A.J.G., Blake, D. and Dowd, K. (2006), "A two-factor model for stochastic mortality with parameter uncertainty : Theory and calibration", *Journal of Risk and Insurance*, **73** : 687–718.

[41] Casualty Actuarial Society (1998), "DFA Research Handbook", Casualty Actuarial Society.

[42] CEIOPS (2007, 2008, 2012), "Solvency II Technical Specifications for QIS3/QIS4/QIS5".

[43] CFO Forum (2008), "Market Consistent Embedded Values Principles".

[44] Chan,W.S., Li,W.K., and Tong,H., editors (2000), *Statistics and Finance : An Interface*, Imperial College Press, London.

[45] Chen,X. and Fan,Y. (2004), "Evaluating density forecasts via the copula approach", *Finance Research Letters*, **1**(1) : 74–84.

[46] Christoffersen,P.F. (2003), *Elements of Financial Risk Management*, Academic Press, San Diego.

[47] CRO Forum (2014), "Principles of Operational Risk Management and Measurement".

[48] Crouhy,M., Galai,D., Mark,R. (2014), *The Essentials of Risk Management*, Second Edition, McGraw-Hill Education；ミシェル・クルーイ，ロバート・マーク，ダン・ガライ (2015),『リスクマネジメントの本質 第 2 版』，訳者代表 三浦良三，共立出版.

[49] Daily,P., Keller,J., and Fischer,M. (2007),"Modeling Beyond Parameters : Why European Windstorms Need a Different Approach", AIR Worldwide Corporation.

[50] Delbaen.F., Shachermeyer,W. (1994), "A general version of the fundamental theorem of asset pricing", *Math Ann* **300** : 463–520.

[51] Denneberg,D. and Maass,S. (2006), "Contribution values for allocation of risk capital and for premium calculation", Working Paper.

[52] Denzler,S.M., Dacorogna,M.M., Müller, U. A., and McNeil,A.J. (2006), "From default probabilities to credit spreads : credit risk models do explain market prices", *Finance Research Letters*, **3** : 79–95.

[53] Doff,R. (2007), *Risk Management for Insurers Risk : Control, Economic Caital and Solvency* II, Risk Books.

[54] Deprez,O. and Gerber,H.U. (1985), "On convex principles of premium calculation", *Insurance : Mathematics and Economics*, **4**(3), 179–189.

[55] Dimson,E., March,P., and Staunton, M. (2003), "Global evidence on the equity risk premium", *Journal of Applied Corporate Finance*, **15**(4).

[56] Denault,M. (2001), "Coherent allocation of risk capital", *Journal of Risk*, **4**(1).

[57] Efron,B. and Tibshirani,R. (1993), *An introduction to the bootstrap*, Chapman & Hall.

[58] Young,E. (2008),"The meaning of market consistency in Europe".

[59] Föllmer,H. and Schied, A. (2002), "Convex measures of risk and trading constraints", *Finance Stoch.*, **6**(4) : 429–447.

[60] Föllmer,H. and Schied,A, and Weber,S. (2009), "Robust preferences and robust portfolio choice", In Bensoussan, A., Zhang, (eds.) *Handbook of Numerical Analysis, Mathematical Modeling and Numerical Methods in Finance*, 29–89.

[61] Frye,J. (1997),"Principals of risk : Finding VAR through factor-based Interest rate scenarios", *VAR : Understanding and Applying Value at Risk*, p. 275. Risk Publications.

[62] Frittelli,M. and Gianin,E.Rosazza. (2002), "Putting order in risk measures", *J. Bankingz & Finance*, **26** : 1473–1486.

[63] Furrer,H.J. (2009), "Market-Consistent Valuation and Interest Rate Risk Measurement of Policies with Surrender Options", Preprint.

[64] Gerber,H.U. (1997), *Life Insurance Mathematics*, 3rd ed., Springer;『生命保険数学』，山岸義和訳，シュプリンガー・ジャパン，2007.

[65] Glasserman,P. (2004), *Monte Carlo Methods in Financial Engineering*, Springer.

[66] Gnedenko,B. (1943),"Sur la distribution limite du terme maximum d'une série aléatoire", *Annals of Mathematics*, **44**, 423–453.

[67] Groupe Consultatif (2012),"An actuarial view of market consistency", Solvency II Wire. http://www.solvencyiiwire.com/

[68] Broekhoven,H.v. (2002), "MARKET VALUE OF LIABILITIES MORTALITY RISK : A PRACTICAL MODEL" *North American Actuarial Journal*, **6**(2), April, 2002.

[69] Heston,S.L. (1993), "A Closed-Form Solution for Options with Stochastic Volatility with Applications to Bond and Currency Options", *The Review of Financial Studies*. **6** (2) : 327–343.

[70] Hull,J.C. (2017), *Options, Futures, and Other Derivatives*, 10th Edition, Pearson.

[71] Hull,J.C. (2018), *Risk Management and Financial Institutions*, 5th edition, Wiley Finance.

[72] IAA (2004),"A GlobalFramework for Insurer Solvency Assessment";「保険者ソルベンシー評価のための国際的枠組み」,『日本アクチュアリー会会報』，第 216 号.

[73] IAA Risk Margin Working Group (2008),"Measurement of Liabilities for Insurance Contracts : Current Estimates and Risk Margins";「保険契約に係る負債の測定；現在推計とリスク・マージン」,『会報別冊』, 第 241 号，日本アクチュアリー会保険会計部会 (生保・損保).

[74] IAA (2013),"Discount Rates in Financial Reporting - A Practical Guide", IAA Monograph.

[75] IAA (2010),"Stochastic Modeling : Theory and Reality from an Actuarial Perspective", IAA Monograph.

[76] IAA (2010),"Note on the use of Internal Models for Risk and Capital Management Purposes by Insurers", Solvency Subcommittee of the IAA Insurance Regulation Committee.

[77] IAA (2013),"Stress Testing and Scenario Analysis", Insurance Regulation Committee.

[78] IAA (2010),"Comprehensive Actuarial Risk Evaluation", Enterprise and Financial Risk Committee.

[79] IASB (2007),"Discussion Paper : Preliminary Views on Insurance Contracts. Part I/II".

[80] Institute of Actuaries, Faculty of Actuaries(2001),"The Fair Valuation of Liabilities";「負債の公正価値評価」,『日本アクチュアリー会会報別冊』, 第218号, 2004.

[81] Institute of Actuaries (2004),"MARKET CONSISTENT VALUATION OF LIFE ASSUMNCE BUSINESS";「生命保険事業の市場整合的価値評価」,『日本アクチュアリー会会報』, 第230号, 2007.

[82] Kalkbrener, M. (2005), "AN AXIOMATIC APPROACH TO CAPITAL ALLOCATION", *Mathematical Finance* **15**(3).

[83] Kemp,M. (2009), *Market consistency : Model Calibration in Imperfect Markets*, Wiley Finance.

[84] Klugman,S.A., Panjer,H.H., Willmot,G.E. (2008), *Loss Models : From Data to Decisions*, 3rd Edition, Wiley Series in Probability and Statistics.

[85] Koller,M. (2011), *Life Insurance Risk Management Essentials*, EAA Series, Springer.

[86] Kriele,M. Wolf,J. (2014), *Value-Oriented Risk Management of Insurance Companies*, EAA Series, Springer.

[87] Longstaff,F.A. and Schwartz,E.S. (2001). "Valuing American Options by Simulation : A Simple Least-Squares Approach", *The Review of Financial*

Studies, **14**(1) 113-147.

[88] McNeil,Alexander J., Frey,R. and Embrechts,P. (2015), *Quantitative Risk Management Concepts, Techniques and Tools*, Revised Edition；『定量的リスク管理』, 訳者代表　塚原英敦, 共立出版, 2008.

[89] Merton,R.C. (1974), "On the Pricing of Corporate Debt : The Risk Structure of Interest Rates", *Journal of Finance*, **29** : 449–470.

[90] Meyers,G.G., Klinker,F.L., and Lalonde,D.A. (2003), "The Aggregation and Correlation of Insurance Risk", *Casualty Actuarial Society Forum*, Summer, 15–82
(http://www.casact.org/pubs/forum/03sforum/03sf015.pdf). Nelsen, R.B. (2006), *An Introduction to Copulas*, Springer.

[91] Bowers,N.L.Jr., Gerber,H.U., Hickman,J.C., Jones,D.A., Nesbitt,C.J. (1986), *Actuarial Mathematics*, The Society of Actuaries.

[92] Redington,F.M. (1952),"Review of the Principles of Life-Office Valuations", submitted to the Institute of Actuaries.

[93] Renshaw,A.E, and Haberman,S. (2006),"A cohort-based extension to the Lee-Carter model for mortality reduction factors." *Insurance : Mathematics and Economics* **38** : 556–70.

[94] Reitano,R.R. (2000),"Two Paradigms for the Market Value of Liabilities", *North American Actuarial Journal*.

[95] SCOR Switzerland AG (2008), *From Principle-Based Risk Management to Solvency Requirements-Analytical Framework for the Swiss Solvency Test*, 2nd Edition.

[96] SFOPI (2004),"White Paper of the Swiss Solvency Test", 2004 November.

[97] Shi,J., Samad-Khan,A., Medapa,A. (2000),"Is the Size of an Operational Loss Related to Firm Size", *Operational Risk Magazine*, **2**(1).

[98] Shiu,E.S.W. (1990), "On Redington's Theory of Immunization", *Insurance : Mathematics and Economics* **9** : 171–175.

[99] Sweeting,P. (2017), *Financial Enterprise Risk Management*, International Series on Actuarial Science, 2nd edition, Cambrdge University Press.

[100] Taleb,N.N. (2015), *The Black Swan : The Impact of the Highly Improbable*,

Second Edition, Random House Trade Paperbacks.

[101] Tanaka,S. and Inui,K. (2011),"Market-Consistent Valuation of Insurance Liabilities with special emphasis on illiquidity risk premium and Insurance ALM in Japanese context", Asia Pacific Risk and Insurance Association.

[102] Panjer,H.H. (2006), *Operational Risk : Modeling Analytics*, Wiley-Interscience.

[103] Panjer,H.H. et al (1998), *Financial Economics With Applications to Investments, Insurance and Pensions*, Society of Actuaries.

[104] Vasicek,O. (1987), "Probability of Loss on a Loan Portfolio", Working Paper, KMV.

[105] Vanderhoof,I.T., Altman,E. (1998), *The Fair Value of Insurance Liabilities*, The New York University Salomon Center Series on Financial Markets and Institutions, Kluwer Academic Press.

[106] Vanderhoof,I.T., Altman,E. (2000), *The Fair Value of Insurance Business*, The New York University Salomon Center Series on Financial Markets and Institutions, Kluwer Academic Press.

[107] Wüthrich,M.V., Bühlmann, H.,Furrer.H. (2000), *Market-Consistent Actuarial Valuation*, EAA Lecture Notes, Springer.

[108] Wüthrich,M.V., Merz.M. (2013), *Financial Modeling, Actuarial Valuation and Solvency in Insurance*, Springer Finance.

索引

●アルファベット

AMA 218
American Academy of Actuaries 52
AR 140
ARCH 140
Bests 194
BIA 218
BIS 277
Black-Sholes 55
calibration 58
CAPM 5
catastrophe 182
CCAR 236
CCP 294
CDO 209
CDS 206
CLO 209
Cooke ratio 277
COSO 9
countercyclical 277
CRO フォーラム 217
CSA 26
CSM 62
CTE 123
CVA 26
DFA 249
DFAST 236
EAD 192
EBA 236
EC 288
Edward Altman 45
EIC 256
EIOPA 288
ERM 9
ERP_t 100
ES 123
ESR 299
Euler 則 252
EWMA 140, 154
extrapolation 60
F. M. Redington 45
Fama-French の 3 ファクターモデル 160
FF レート 26
Fitch 194
FNMA 291
Fortis 291
Freddie Mac 291
FSAP 294
FSB 290
FSF 290
FTAP 84
G-SIFIs 295
G-SIIs 295
GAAP 62
GARCH 140
Gnedenko 149
Goldman Sachs 291
Heath-Jarrow-Morton の枠組み 78
HJM の枠組み 78

IAIG	295	RAROC	255
IAIS	58, 64, 294	RBC 規制	284
ICP	294	RCSA 手法	221
ICS	295	Redington 理論	29
IFRS17	62	reserve	182
IRB 手法	280	return level	150
Irwin T. Vanderhoof	45	return period	150
ISDA	206	Risk Metrics	278
JCR	194	Robert R. Reitano	46
KCIs	223	RWA	277
KMV モデル	200	S&P	194
KRIs	223	SA	218
LDA	220	SCAP	235
Lee-Carter モデル	133	SCR	14
Lehman Brothers	291	SMA	219
LGD	192	SMI	296
Libor	24	SST	11
LSMC 法	112	SV	256
LTGA	61, 293	SWOT 分析	231
M^2	9, 39	TBTF	276
mark-to-market	49	trend	174
mark-to-model	49	TVaR	121
MCEV	64	UFR	298
MCR	14	Vapo	86
MM 命題	5	VaR	121
Moody's	194	volatility	174
Morgan Stanley	291		
NAIC	296		

●ア行

アクチュアリアル・モデルによる評価方法　　49

OIS	26, 61	厚みのある流動的な	47
parameter	174	アメリカン・プットオプション	113
PCA	161	アルキメデス型のコピュラ	146
PD	192	イールドカーブ	20
premium	182	移行措置	293
Protected Vapo	89		
R&I	194		

維持費リスク　179
一般化極値分布　149
一般化クレイトン　147
一般化パレート分布　149
一般に認められた会計原則　62
入れ子型シミュレーション　112
インタビュー　230
エクイティ　210
エクスポージャー　192
エマージング・リスク　229
オイラー則　252
欧州銀行監督局　236
大きくて潰せない　276
オペレーショナル・リスク　7, 213
オリジネーター　209
オルタナティブ投資　23

●カ行

外挿　60
解約失効リスク　177
カウンターパーティ・リスク　7
拡大資本　103
確率的ディストーション　82
確率的割引ファクター　83
確率論的シナリオ　126
確率論的シミュレーション法　151
ガバナンス　260
貨幣の時間価値　59
監視　263
間接法　46
完全複製　93
完備　76
キーレート・デュレーション　39
企業価値無関連性命題　5
企業金融　5

企業支配　260
企業統治　260
技術的準備金　12, 44, 290
規制資本　247
基礎的指標手法　218
基礎的内部格付け手法　280
期待キャッシュフロー複製ポートフォリオ　100
期待デフォルト頻度　200
規模の経済　2
逆搾取サイクル　2
逆選択　2
キャッシュフロー・マッピング　160
ギャップ分析　230
共単調加法性　69
極値理論　149
金融安定委員会　290
金融安定化フォーラム　290
金融価格カーネル　83
金融セクター評価プログラム　294
金融派生商品　23
金利スワップ　24
金利の期間構造　20
クーポン　20
クック比率　277
グループ分析　230
クレイトン　147
クレジットメトリックス　204
クレジットリスク・プラス　205
グローバル・リスク報告書　230
グンベル　146
景気変換増幅効果　277
経済価値ベース　284
経済シナリオ・ジェネレーター　55
経済資本　246

契約上のサービスマージン　62
ケーススタディ　231
決定論的ストレステスト　126
原価　27
原価法　27
健康保険　3
現在出口価値　62
原則主義　276
ケンドールのタウ　142
健保引受リスク　7
較正　58
購入保証契約　98
コーポレート・ファイナンス　5
コーポレートガバナンス　260
国際決済銀行　277
国際保険会計基準　62
コピュラ　144
コピュラ関数法　250
コムフレーム　236, 295
コモディティ　23
コンベクシティ　37

●サ行

サーベイ　230
再帰期間法　150
再帰水準法　150
債券　19
最終利回り　20
最小二乗モンテカルロ法　112
細則主義　276
裁定機会　71
最低所要資本　14
最低法定資本　11
再保険　188
最尤法　134

サンクコスト　48
3本の防衛線　265
時価法　27
時間依存複製　108
識別　261
事業費リスク　179
資金流動性リスク　226
資産価格の基本定理　84
資産キャッシュフロー　29
市場価格　27
市場整合性　44
市場整合の準備金　18
市場整合的な潜在価値会計　64
市場整合的評価　11
市場に基づく評価方法　49
市場リスク　7
市場流動性リスク　226
指数加重移動平均法　154
システマティック・リスク　5
システミックリスク　291
事前影響評価　261
実確率　74
質問項目リスト　231
シナリオ　237
シナリオ分析　222
シニア　210
支払余力　282
死亡リスク　174
資本　19
資本コスト法　59
資本資産価格理論　5
資本配分　251
集計値複製　108
修正デュレーション　38
重要統制指標　223

重要リスク指標　223
主成分分析　161
証券化商品　23, 209
条件付請求権　76
状態価格デフレーター　82
状態価格密度　74, 83
剰余金　19
新契約費リスク　179
慎重性　4
新保険業法　3
スイス・ソルベンシー・テスト　8, 11
スコアカード　221
ステークホルダー　10
ストレステスト　234
スピアマンのロー　142
スポットレート　21
スワップション　24
正規平均混合分布　136
整合的リスク尺度　67
静的複製　55
生保引受リスク　7
生命保険　3
世界経済フォーラム　230
責任準備金　18
責任準備金対応債券　28
ゼロクーポン債　20
全国保険監督官協会　284
潜在価値　44
先進的計測手法　218
先進的内部格付け手法　280
尖度　136
全米保険監督官協会　296
戦略　261
戦略リスク　215
総和法　249

測定　262
その他有価証券　28
「ソルベンシー・マージン比率の算出基準等に関する検討チーム」報告書　284
ソルベンシー資本要件　14
ソルベンシーマージン　282
損害保険　3
損保引受リスク　7

●タ行

対応　263
大災害リスク　182
第三分野保険　3
貸借対照表　17
大数の法則　2
楕円型分布　136
チェックリスト　231
チャーニング　216
長期保証契約への影響度調査　293
長寿リスク　174
超長期金利の補外　293
直接法　46
低価法　27
適格自己資金　290
出口価値　51
デフォルト・プット・オプション　64
デフォルト確率　192
デフォルト時損失　192
デュレーション　9, 37, 38
デリバティブ　23
デルファイ法　230
同値マルチンゲール確率　76
動的財務分析　249
動的複製　55

トータル・バランスシート・アプローチ　289
特別目的会社　209
凸保険料計算原理　70
凸リスク尺度　68
トランシェ　210
トレンドリスク　174

●ナ行
内部統制システム　268
日本アクチュアリー会　18
ノン・システマティック・リスク　5

●ハ行
バーゼル I　277
バーゼル II　279
バーゼル III　291
売買目的有価証券　28
ハイブリッド法　250
早見表　231
パラメーターリスク　174
反循環的規制　277
ピアソンの相関係数　142
備金リスク　182
ビジネスリスク　215
ヒストリカル・シミュレーション法　151
標準責任準備金制度　18
標準的計測手法　219
標準的手法　218, 280
非流動性商品　47
非流動性プレミアム　61
頻度・損害規模手法　220
ファクターモデル手法　159
フィールドテスト　296
フィルトレーション　86
ブートストラップ法　21, 151

風評リスク　215
フォワードルッキング　275
フォワードレート　21
不完全複製　95
複製可能なリスク　50
複製不可能なリスク　50
含み損益　27
不動産　23
不偏最適複製ポートフォリオ　98
プライベート・エクイティ・ファンド　23
フランク　147
ブレインストーミング　230
プロシクリカリティ　275, 277
プロセス分析　231
分位関数　67
分位点法　58
分散共分散法　154, 249
米国アクチュアリー学会　52
平準純保険料式責任準備金　18
ヘッジファンド　23
報告　263
法則複製　94
保険監督者国際機構　58, 64
保険基本原則　294
保険キャッシュフロー　29
保険負債評価　86
保険料計算原理　69
保険料リスク　182
ボラティリティ更新　154
ボラティリティ調整　293
ボラティリティリスク　174

●マ行
マーケット・バリュー・マージン　57
マクロ・ストレステスト　235

マクロプルーデンス　275
マコーレー・デュレーション　38
マッチング調整　293
マルチンゲール測度　84
満期保有目的有価証券　28
ミクロプルーデンス　275
未公開株式　23
三つの柱手法　288
無形資産リスク　7
無裁定価格　71
無裁定価格理論　71
無リスク証券　73
明示的計算基礎法　58
メザニン　210
モーメント・マッチング法　134
目標資本　11
モジュール　7
モデルガバナンス　131
モデル構築手法　151
モデルリスク　232
モラルハザード　2

●ヤ行

歪みリスク尺度　69
予定計算基礎率　44

●ラ行

ラドン–ニコディム微分　76
ラムファルシー・プロセス　287
履行価値　62
リスクアペタイト　261
リスクアペタイト・ステートメント　271
リスクアペタイト・フレームワーク　271
リスク加重資産　277
リスク合算法　249
リスク中立確率　74

リスク調整済み割引率法　53
リスクとソルベンシーの自己評価　264
リスクと統制の自己評価手法　221
リスクトレランス　261, 272
リスク負担資本　11
リスクプレミアム　22
リスクプロファイル　271
リスク文化　224, 269
リスク分類表　231
リスクマージン　57
リスク容量　271
リスクリミット　261, 272
利付債券　19
リバース・ストレステスト　240
流動性ブラックホール　226
流動性リスク　226
レバレッジ　275
ロス・トライアングル　13, 135

●ワ行

ワーキンググループ　230
歪度　136
割引債　20
割増負債評価　89
1ファクター・コピュラ・モデル　201

田中周二●たなか・しゅうじ

1951年生まれ．東京大学理学部卒業．
日本生命保険，ニッセイ基礎研究所を経て，日本大学大学院総合基礎科学研究科教授．
博士（数理科学）．
日本アクチュアリー会正会員，日本年金数理人会正会員．日本アクチュアリー会理事，
日本保険・年金リスク学会（JARIP）元会長．
編著書に，『企業年金ビッグバン』（共著，東洋経済新報社），『企業年金の会計と税務』
（共著，日本経済新聞社），「シリーズ＜年金マネジメント＞」［第1巻『年金マネジメントの基礎』，第2巻『年金資産運用』，第3巻『年金ALMとリスクバジェティング』］
（編集，朝倉書店），『Rによるアクチュアリーの統計分析』（朝倉書店），『年金数理』（共著，日本評論社）がある．

保険リスクマネジメント　　　　　　　　アクチュアリー数学シリーズ6
2018年9月20日　第1版第1刷発行

著　者	田　中　周　二
発行者	串　崎　　　浩
発行所	株式会社　日本評論社

〒170-8474　東京都豊島区南大塚3-12-4
電話　03-3987-8621 [販売]
　　　03-3987-8599 [編集]

印　刷	藤原印刷
製　本	井上製本所
装　釘	林　健造

Ⓒ Shuji TANAKA 2018
Printed in Japan　　　　　　　　　　　　　ISBN 978-4-535-60718-7

JCOPY 〈（社）出版者著作権管理機構　委託出版物〉
本書の無断複写は著作権法上での例外を除き禁じられています．複写される場合は，そのつど事前に，（社）出版者著作権管理機構（電話：03-3513-6969，fax：03-3513-6979，
e-mail：info@jcopy.or.jp）の許諾を得てください．
また，本書を代行業者等の第三者に依頼してスキャニング等の行為によりデジタル化することは，個人の家庭内の利用であっても，一切認められておりません．

| アクチュアリー数学シリーズ（全6巻） |

①アクチュアリー数学入門［第4版］

黒田耕嗣・斧田浩二・松山直樹●著

アクチュアリーになるための基礎を解説する書籍の第4版。平成27年度までの資格試験出題箇所、女性アクチュアリー座談会を追加！　◆本体2,900円＋税　／A5判

②経済リスクと確率論

黒田耕嗣●著

保険やファイナンスなどで発生するさまざまなリスクの評価において、確率論がどのように使われているのかを解説する。　◆本体3,000円＋税　／A5判

③年金数理

田中周二・小野正昭・斧田浩二●著

個人や企業での需要拡大で関心が高まる「年金」の、制度や背景にある数理、設計方法と、近年の展開について解説する。　◆本体3,200円＋税　／A5判

④損害保険数理

岩沢宏和・黒田耕嗣●著

損害保険の仕組みから、「確率過程論」「コピュラ」など、リスク管理に必要な数学・統計学まで、この一冊で要所を紹介する。　◆本体3,200円＋税　／A5判

⑤生命保険数理

黒田耕嗣●著

アクチュアリーの基礎となる生命保険の数学を、試験の要所などを中心に、豊富な演習問題とともに紹介する。　◆本体2,800円＋税　／A5判

⑥保険リスクマネジメント

田中周二●著

金融危機を乗り越えて世界各国で取り組みが進む、ERMの数学的枠組みとモデリングについて、最新の動向を含めて紹介。　◆本体4,400円＋税　／A5判

日本評論社
https://www.nippyo.co.jp/